"十四五"职业教育国家规划教材

机械零件与典型机构

（第三版）

JIXIE LINGJIAN YU DIANXING JIGOU

主　编　赵玉奇　车世明　郜海超

副主编　常新中　徐钢涛

新形态
教材

中国教育出版传媒集团

高等教育出版社·北京

内容提要

本书为"十四五"职业教育国家规划教材。本书对接新版《职业教育专业目录》,适应专业转型升级要求,依据国家教育部最新发布的《高等职业学校专业教学标准》中关于本课程的教学要求,参照相关国家职业技能标准和行业职业技能鉴定规范组织编写。

本书构建"德技并修、工学结合"体系,是理论教学、实训教学、工匠精神、工业文明与文化教育相结合的一体化教材。

本书内容包括认知机器、机械连接、机械传动、机械支承、典型机构、减速装置、综合实训。在7个部分中,安排基本理论15章、实践与训练项目24个、工业文明与文化6项,使知识学习、技能训练、职业道德培养实现有机融合。实训从设备器械的识别、选择、调节、使用入手,到工艺参数的选择、技能技术的训练,由简单到复杂、由具体到综合,逐步深化,实现全面素质与综合职业能力的培养。实践与训练中附有相应的考核标准。

本书适合高等职业教育机电类各专业的教学,也可作为有关工程技术人员、技术工人的参考书籍。

图书在版编目(CIP)数据

机械零件与典型机构 / 赵玉奇,车世明,郜海超主编. —3版. —北京:高等教育出版社,2023.2(2025.7重印)
ISBN 978-7-04-059386-0

Ⅰ.①机… Ⅱ.①赵… ②车… ③郜… Ⅲ.①机械元件—高等职业教育—教材②机构学—高等职业教育—教材
Ⅳ.①TH13②TH112

中国版本图书馆CIP数据核字(2022)第167491号

策划编辑	张尕琳	责任编辑	张尕琳 班天允	封面设计 张文豪	责任印制 高忠富

出版发行	高等教育出版社	网　址	http://www.hep.edu.cn	
社　址	北京市西城区德外大街4号		http://www.hep.com.cn	
邮政编码	100120	网上订购	http://www.hepmall.com.cn	
印　刷	上海叶大印务发展有限公司		http://www.hepmall.com	
开　本	787 mm×1092 mm　1/16		http://www.hepmall.cn	
印　张	19.75	版　次	2014年9月第1版	
字　数	431千字		2023年2月第3版	
购书热线	010-58581118	印　次	2025年7月第4次印刷	
咨询电话	400-810-0598	定　价	47.00元	

本书如有缺页、倒页、脱页等质量问题,请到所购图书销售部门联系调换

配套学习资源及教学服务指南

 ## 二维码链接资源

　　本书配套视频、图片、拓展阅读等学习资源，在书中以二维码链接形式呈现。手机扫描书中的二维码进行查看，随时随地获取学习内容，享受学习新体验。

打开书中附有二维码的页面　　　　　**扫描二维码**　　　　　**查看相应资源**

 ## 教师教学资源下载

　　本书配有课程相关的教学资源，例如，教学课件、习题及参考答案、应用案例等。选用书的教师，可扫描下方二维码，关注微信公众号"高职智能制造教学研究"，点击"教学服务"中的"资源下载"，或电脑端访问网址（101.35.126.6），注册认证后下载相关资源。

★ 如您有任何问题，可加入工科类教学研究中心 QQ 群：240616551。

本书二维码资源列表

续　表

页码	类　型	名　　称	页码	类　型	名　　称
71	德技铸匠工坊	第四章　联轴器、离合器与制动器	131	图片	齿面点蚀
77	微视频	带传动应用举例	132	图片	齿面胶合
79	微视频	同步带传动	132	图片	齿面磨损
97	德技铸匠工坊	第五章　带传动	132	图片	齿面塑性变形
98	微视频	链传动应用举例	134	微视频	直齿轮的齿面形成
98	微视频	链传动组成与工作原理	134	微视频	斜齿轮的齿面形成
107	德技铸匠工坊	第六章　链传动	136	图片	斜齿轮几何尺寸
108	微视频	齿轮传动的应用	137	微视频	斜齿轮的当量齿数
109	微视频	齿轮传动分类	138	微视频	外啮合直齿圆锥齿轮传动
110	微视频	渐开线形成过程	139	图片	直齿圆锥齿轮几合尺寸
111	微视频	不同基圆的渐开线	140	微视频	齿轮润滑方法
112	微视频	渐开线齿轮的啮合传动	142	德技铸匠工坊	第七章　齿轮传动
113	微视频	齿轮结构组成	143	微视频	圆柱蜗杆传动
115	微视频	齿数、模数与分度圆比较	143	微视频	圆弧面蜗杆传动
115	微视频	齿数、模数与轮齿比较	144	微视频	蜗杆的加工
118	微视频	公法线长度测量	147	微视频	导程角与螺旋角的旋向
119	微视频	分度圆弦齿厚测量	149	微视频	蜗轮回转方向的判定
120	微视频	内啮合齿轮传动	151	图片	蜗轮的结构
120	图片	内齿轮的几何要素计算	154	德技铸匠工坊	第八章　蜗杆传动
120	微视频	齿轮齿条传动	155	微视频	圆柱齿轮定轴轮系
124	微视频	盘形铣刀加工	155	微视频	圆锥齿轮定轴轮系
124	微视频	指状铣刀加工	155	微视频	行星齿轮传动装置
125	微视频	齿轮插刀加工齿轮	158	微视频	惰轮
125	微视频	齿轮滚刀加工齿轮	161	微视频	差速器模型
126	微视频	变位齿轮的原理	163	微视频	实现大传动比传动
126	图片	变位齿轮的齿廓	163	微视频	轮系应用实例
128	图片	齿轮精度等级选择	164	微视频	实现分路传动
130	图片	轮齿折断	165	微视频	汽车差速器装置

本书是"十四五"职业教育国家规划教材,适用于高等职业教育机电类相关专业。

本书建设以习近平新时代中国特色社会主义思想为指导,贯彻落实党的二十大精神、《国家职业教育改革实施方案》,对接新版《职业教育专业目录》,适应专业转型升级要求,依据国家教育部最新发布的《高等职业学校专业教学标准》中关于本课程的教学要求,参照相关国家职业技能标准和行业职业技能鉴定规范编写而成。

本书落实立德树人根本要求,力图构建"德技并修、工学结合"育人生态,集理论教学、实训教学、工匠精神、工业文明与文化教育于一体,注重体现以下特色:

1. 落实立德树人根本任务,强化职业道德培养

本书落实课程思政要求,新增"德技铸匠工坊"栏目,涵盖"实践与训练""看视频学技术""学榜样做工匠"等内容及资源,有效助学助教。本书中设置安全素养与安全技术、质量与质量管理、6S 管理、绿色制造、创新改变世界、精益生产等工业文明与文化的最新成果,引用《大国工匠》《大国重器》等优质资源,以此来培养工匠精神、劳动精神,树立社会主义核心价值观,熏陶、培养学生的职业道德与职业素养,实现学生由自然人向职业人、社会人的转变,培养中国特色社会主义事业合格接班人。

2. 采用结构化方式,理论、实践、文化三位一体,育人功能最大化

本书设置认知机器、机械连接、机械传动、机械支承、典型机构、减速装置、综合实训 7 个部分内容。根据知识学习、技能形成和职业道德养成的教学规律,构建理论、实践、文化三位一体教材结构,实现知识、技能、态度与情感等育人功能最大化。

3. 注重理论与实践结合,突出职业性

本书理论内容 15 章,实践与训练项目 24 个。理论内容的取舍,体现以生产实际为依据,突出技术性与应用性;实践与训练项目以技能培养为主线,实现理论与实践结合。按照职业技能标准要求,实践与训练项目着重体现工具使用、机器机构认知、专项技能训练、综合技能训练,突出职业性。实训项目开发既体现工程的技术性,又体现技能形成的过程性,让学生在做的过程中形成职业能力。

4. 服务产业发展，对接职业标准，增强职业教育的适应性

本书服务产业发展，对接职业标准，充分体现新技术、新材料、新工艺、新标准、新规范，教学内容、教学资源素材取材于生产岗位，充分反映岗位职业能力要求；为实现产教融合、工学结合，本书由校企"双元"合作开发，行业企业人员深度参与编写；可结合"1+X"证书试点工作，实现课证融通、书证融通。

5. 教学资源配套合理，支持各种教学模式，可实现做中学、做中教

本书应用移动互联网技术等现代教育信息技术手段，一体化开展新形态教材建设，提供种类丰富的配套教学资源，包括电子教案、教学课件、教学素材资源等，图文并茂，直观易懂，延伸了课堂教学空间。针对职业教育生源和教学特点，本书以真实生产项目、典型工作任务等为载体，支持项目化、案例式、模块化等教学方法，支持分类、分层教学，可实现做中学、做中教。

本书经过多所职业院校教育教学实践的锤炼，涵盖面广、使用广泛。

本书分7个部分，共16章，按照专业教学标准的要求和各校实际，建议安排60学时～72学时进行教学。

模　块	教　学　单　元	建议学时数
认知机器	第一章　机械概述	6～8学时
机械连接	第二章　键连接、销连接	3～5学时
	第三章　螺纹连接	3～5学时
	第四章　联轴器、离合器与制动器	2学时
机械传动	第五章　带传动	4～6学时
	第六章　链传动	2学时
	第七章　齿轮传动	10学时
	第八章　蜗杆传动	2学时
	第九章　齿轮系	4学时
机械支承	第十章　轴承	4学时
	第十一章　轴	2学时
典型机构	第十二章　平面连杆机构	5学时
	第十三章　凸轮机构	3学时
	第十四章　其他运动机构	4学时

续　表

模　　块	教 学 单 元	建议学时数
减速装置	第十五章　减速器	2学时
综合实训	第十六章　综合实践与训练	4～8学时
合　　计		60～72学时

　　本书由赵玉奇、车世明、郜海超担任主编，常新中、徐钢涛担任副主编，尚峰参与编写。教材在编写过程中得到河南省职业技能鉴定指导中心、郑州金诚模具制造有限公司、洛阳质量计量检测中心、洛阳中集凌宇汽车有限公司等有关专家的帮助指导，在此一并致谢。

　　由于编者水平有限，书中难免有错误和不妥之处，恳请广大读者批评指正。

编　者

Contents | # 目　录

第三部分　机械传动

第四部分　机械支承

第五部分　典型机构

第一部分 认 知 机 器

　　装备制造业是为国民经济各行业提供技术装备的战略性产业。机器是人类社会文明的象征,高科技装备更是国家实力的展现。

　　本部分围绕机器的组成、机械零件设计、金属材料与热处理、机械零件材料的选择、零件的受力与变形分析等内容展开,通过典型机器的认知实践活动,从多维度正确全面认知机器,为安全文明使用机器提供支持。

微视频

机械在各行业中的应用

中国工作站

嫦娥三号月球探测器

山东号航母

复兴号列车

春风号盾构机

机器人生产线

第一章

机械概述

第一节 机器的组成

一、机器和机构

1. 机器

机器是执行机械运动的装置,用来变换或传递能量、物料与信息,从而代替或减轻人们体力和部分脑力劳动。比如自行车、洗衣机、打印机、机床、汽车、火车、轮船、飞机、卫星等都是机器。

现代机器一般由动力部分、传动部分、执行部分、控制系统和辅助系统五个部分组成,如图1-1所示。

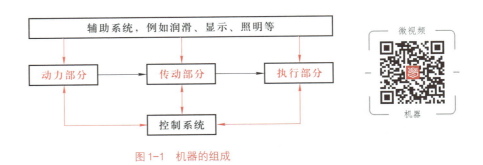

图1-1 机器的组成

动力部分是将其他形式的能量转变为机械能,并驱动整部机器完成预定功能的动力源。一般情况下,一部机器只用一个动力源;复杂的机器也可以有多个动力源。动力源的动力输出大多数呈现旋转运动状态。常用的动力源有电动机,内燃机等。

执行部分是用来完成机器预定功能的组成部分。一部机器,可能有一个执行部分,也可能有多个执行部分。

传动部分是用来完成运动形式变换、运动及动力参数转变的部分。

建筑工地常用的实现货物起吊运送的起重设备,如图1-2所示。它由动力部分(电动机)、传动部分(带传动、齿轮传动、卷筒传动及滑轮传动)、执行部分(吊车)以及电气控制部分组成。

建筑起重设备将电动机的高转速低扭矩输出,经过带传动、齿轮传动变为低转速大转矩输出,又经过卷筒传动及滑轮传动将旋转运动转变为直线移动,从而实现对重物的提升。

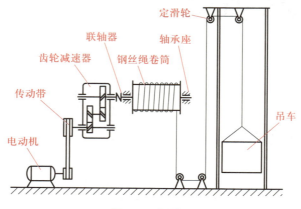

图1-2　建筑起重设备

图1-3所示的轿车,其组成部分有动力部分(发动机)、传动部分(离合器、变速器、传动轴和差速器)、执行部分(车轮、悬挂系统、底盘与车身)、控制部分(方向盘、转向系统、排挡杆、制动器及其踏板、离合器踏板及油门)、显示系统(油量表、速度表、里程表、润滑油温度表、蓄电瓶电流表、电压表)、辅助装置(后视镜、车门锁、刮雨器、安全装置)、照明系统(前后灯、仪表盘灯组)、信号系统(转向信号灯、尾灯)等。

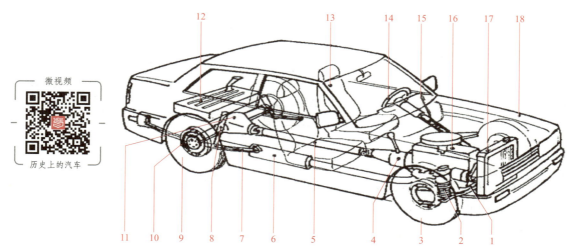

1—前桥;2—前悬架;3—前车轮;4—变速器;5—传动轴;6—消声器;7—后悬架;8—减振器;9—后轮;10—制动器;11—后桥;12—油箱;13—座椅;14—方向盘;15—转向器;16—发动机;17—散热器;18—车身。

图1-3　轿车

从以上举例看，机器的种类繁多，它们的结构形式和用途虽各不相同，但从其组成、运动和功能角度看，都具有下列共同特征：

① 机器是人为的实体（即构件）组合。

② 各部分（构件）之间具有确定的相对运动。

③ 能够转换或传递能量，代替或减轻人类的劳动。

2. 机构

机构是具有确定相对运动的构件的组合，它是用来传递运动和动力的构件系统。机器可以看成是一个或者若干个机构的组合。常用的机构有连杆机构、凸轮机构、齿轮机构等。

图1-4所示为单缸四冲程内燃机，它可将热能转换为曲轴转动的机械能。它由活塞、连杆、曲轴、齿轮、凸轮、排气阀、进气阀、缸体（机架）等组成。

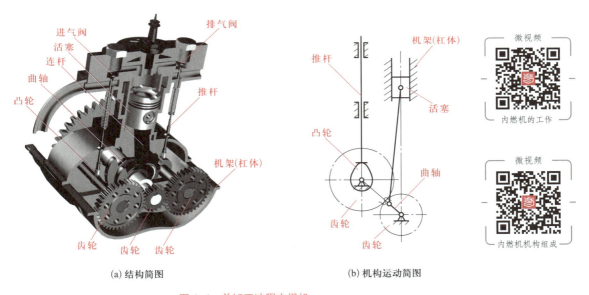

(a) 结构简图　　　　　　　　　　(b) 机构运动简图

图 1-4　单缸四冲程内燃机

单缸内燃机是由曲柄连杆机构、齿轮传动机构、凸轮机构组成，如图1-5所示。曲柄连杆机构将活塞的直线往复运动转变为曲柄的连续回转运动；齿轮传动机构实现定传动比反向转动，小齿轮的快速转动转变为大齿轮的反向慢速转动，两个齿轮的齿数比为1：2，实现曲轴转两周时，进排气阀各启闭一次；凸轮机构将凸轮的连续回转运动转变为排气阀、进气阀定时启闭的直线运动。三个机构协同配合实现机器的完整功能。

机构具备机器的前两个特征。

机器与机构总称为机械。

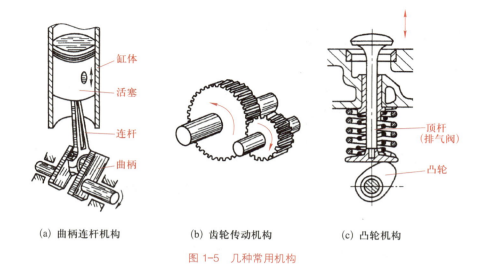

(a) 曲柄连杆机构　　　　(b) 齿轮传动机构　　　　(c) 凸轮机构

图1-5　几种常用机构

二、构件与零件

1. 构件

从运动角度来分析,机器是由若干个运动单元所组成。构件是机器中具有独立运动的单元。

图1-5中的活塞、连杆、曲轴、缸体均为构件。构件可以由一个零件组成,如曲轴(图1-6a);也可以是多个零件的刚性组合体(即这些零件间没有相对的运动),如连杆由连杆体、连杆盖、螺母和螺栓等零件组成,如图1-6b所示。

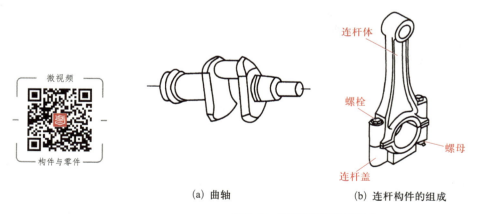

(a) 曲轴　　　　　　　(b) 连杆构件的组成

图1-6　曲柄连杆机构的组成

2. 零件

从制造角度来分析,机器是由若干个机械零件装配而组成,简称零件。

零件是机器中不可拆分的制造单元。按零件是否具有通用性分为通用零件和专用零件。通用零件是指在各种机械中都广泛使用的零件,例如:螺栓、键、齿轮、轴等。专用零件是指在某些专用机械设备中使用的零件,例如:内燃机中的连杆、活塞,起重设备中的吊钩等。

按照零件功用可以将他们分为连接与紧固件、传动件、支承件。

由此可知,零件是机械制造的基本单元,而构件是机械运动的基本单元。机器由机构组合而成,而机构是由构件组合而成,它们的关系如下:

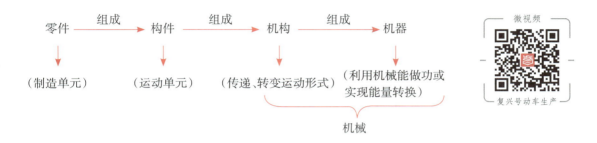

三、运动副与机构运动简图

由前述可知,机构是由若干构件通过可动连接组成的。凡是两个构件直接接触而又能产生一定形式的相对运动的连接称为运动副。两构件按点、线、面三种方式接触,根据接触方式运动副分为低副、高副。

1. 低副

两个构件通过面接触而构成的运动副称为低副。按两构件的相对运动情况来分,常用的低副有:

(1)移动副 两构件接触处只允许作相对移动。如图1-7所示的滑块1与导杆2组成的移动副,只允许构件沿x方向移动,不允许沿y方向移动和xoy平面转动。

(2)转动副 两构件接触处只允许作相对转动。如图1-8所示的铰链即为转动副的实例,转动副也称为铰链,只允许构件绕y轴转动,不允许沿x轴移动和z轴移动。

低副都是面接触,在承受载荷时压强较低,便于润滑,不易磨损。

图 1-7 移动副

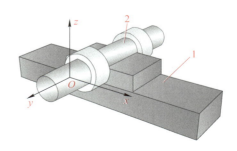

图 1-8 转动副

2. 高副

两个构件通过点或线接触而构成的运动副称为高副。

高副最常见的形式有两种,如图1-9a所示的凸轮与尖顶从动件之间是点接触,如图1-9b所示的齿轮之间是线接触,通常也相应的称为凸轮副和齿轮副。

高副以点或线接触,其接触部位压强高,易磨损。

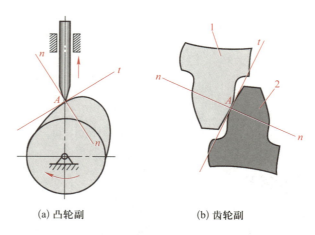

(a) 凸轮副　　　　　　　(b) 齿轮副

图1-9　高副

3. 机构运动简图

机构运动简图是分析和设计机械时的重要工具。

在分析机构运动时,为了使问题简化,可以不考虑那些与运动无关的因素(如构件的外形和断面尺寸、组成构件的零件数目、运动副的具体构造等),而用简单线条和符号来代表构件和运动副,按一定比例确定运动副的相对位置,这种用简单线条和符号表示机构中各构件之间相对运动关系的图形,就称为机构运动简图。如图1-4(b)所示为单缸四冲程内燃机的机构运行简图。

常用机构运动简图符号见表1-1。

表1-1　常用机构运动简图符号

名　　称		简　图　符　号
构件	杆轴	
	机架	
	同一构件	

名　称		简　图　符　号
构件	含2个运动副构件	
	含3个运动副构件	
低副		两运动构件构成的运动副 / 两构件之一固定时构成的运动副
	转动福	
	移动副	
高副	凸轮副	
	齿轮副	

外啮合　　　　内啮合　　　　圆锥齿轮　　蜗轮蜗杆

第二节　机械设计基础知识

　　机械设计就是设计人员按照所设计机器应该具有的功能,通过创造性的思考,将该机器用图纸和文字表达出来。设计时要充分考虑机器的结构、材料和制造方法。

　　机器设计一般包括机器的整体设计和零部件的设计。本课程主要学习零部件设计的一般方法。

一、机器总体设计的要求和内容

1. 机器总体设计的要求

　　(1)完成预定功能　设计的机器必须满足生产或生活所要求的功能,这是设计机械的根本目的。是选择和确定方案的依据。

　　(2)经济性　机器的经济性是一个综合指标,它体现为设计、制造的成本低,生产的效率高,使用过程中效率高以及日常能耗、维护费用低。

　　(3)安全性与环保性　安全性包括保障操作人员的安全和机器本身的安全。机器要设计保护措施以及故障前的安全报警装置。环保性是指产品设计要体现环境保护的要求,改善机器与操作者周围的环境条件,降低机器运转时的噪声,防止有毒有害物质的泄漏,避免污染环境。

　　(4)可靠性　机器的可靠性用可靠度表示,是指在规定的使用时间(寿命)内、规定的条件下,机器能正常工作的概率。机器的可靠度是由零件的可靠度决定的。100%的可靠度是不经济的,也是不合理的。

　　(5)其他要求　如操作方便、维修方便和外形美观大方等。

　　对机器的总体设计要求相互之间有一致的,如可靠性与安全性;有矛盾的,如可靠性与经济性。设计人员在设计时必须全面分析,使机器的综合性能最佳。

2. 机器总体设计的内容

　　机器总体设计的内容是按机器的功能要求,拟定机器的工作原理;进行机构选型和总体布置(总体方案);提出对零件的要求并给出必要的参数;对总体方案进行技术、经济论证与评价;绘制机器总图。

二、机械零件的失效与设计准则

1. 机械零件的失效

　　机械零件由于种种原因不能正常工作时,称为失效。例如螺栓的断裂或松脱;轮齿的折断、点蚀或胶合;轴的过大变形、断裂或振动;带传动的打滑或带的断裂;压力容器、管道的泄漏等等,都使得零件不能继续正常工作,都是失效。

根据零件的失效形式,分析零件的失效原因,采取相应的对策,是零件设计的基本内容。

2. 机械零件的设计准则

针对零件的失效原因,建立起的设计准则,是防止零件失效的主要对策。设计准则就是保证零件在工作期限内不致失效的极限条件,它包括:

(1)强度准则 为了防止零件断裂和避免零件发生永久变形,零件工作应力应小于或等于零件许用应力。

(2)刚度准则 为了防止零件过大的弹性变形,零件工作的受力变形量应小于或等于零件的许用变形量。

(3)耐磨性准则 为了防止零件过度磨损,零件表面压强和滑动速度应满足的要求。

(4)振动稳定性原则 使零件转速避开共振区域应满足的条件。

(5)热平衡准则 为了防止润滑油膜破裂,将工作温度控制在正常运行温度范围内,使发热与散热平衡应满足的条件。

除了从设计方面防止零件失效,严格执行操作规程和保养、维修制度也是防止零件失效的重要对策。

三、机械零件的设计方法

机械零件的设计方法通常有三种:理论设计、经验设计、模型试验设计。本课程主要学习前两种设计方法。

(1)理论设计 根据长期总结出来的设计理论和试验数据所进行的设计,称为理论设计。根据设计准则,建立起相应的计算公式,通过设计计算可以直接求出构件的截面尺寸,也可以通过校核计算来判断构件是否安全。

(2)经验设计(结构设计) 根据设计者本人的工作经验用类比的办法所进行的设计,或者根据某类零件实际使用过程中所归纳的经验进行的设计,称为经验设计。按照零件的工艺性要求确定零件外形和尺寸的设计称为结构设计。

理论设计与经验设计在零件设计过程中经常交替进行,互为补充。

四、机械零件设计一般步骤

机械零件的设计一般经过以下步骤:

1. 根据零件的使用要求,选择零件的类型与结构。
2. 根据机器的工作要求,计算作用在零件上的载荷。
3. 根据零件的类型、结构和所受载荷,分析零件可能的失效形式,从而确定零件的设计准则。
4. 根据零件的工作条件及对零件的特殊要求,选择适当的材料。
5. 根据设计准则进行有关计算,确定零件的基本尺寸。
6. 根据零件的工艺性能要求及标准化原则进行零件的结构设计。
7. 画出零件工作图,并写出计算说明书。

第三节　机械零件常用材料和钢的热处理

一、机械零件常用材料

机械零件常用材料有碳素钢、合金钢、铸铁、有色金属、非金属材料及各种复合材料。其中,碳素钢和铸铁应用最为广泛。

常用材料的分类和应用见表 1-2。

表 1-2　机械零件常用材料的分类和应用

材料分类与性能			应　用
钢	钢是对碳的质量分数介于 0.02% ~ 2.11% 之间的铁碳合金的统称		
	碳素钢	低碳钢(**碳的质量分数 ≤ 0.25%**) 强度、硬度较低;具有良好的塑性、韧性,良好的焊接性能	常用钢号:08、10、15、20、25; 铆钉、螺钉、连杆、渗碳零件等
		中碳钢(**碳的质量分数为 0.25% ~ 0.60%**) 具有较高的强度、塑性,焊接性较差	常用钢号:35、45、50; 齿轮、轴、蜗杆、丝杠、连接件等
		高碳钢(**碳的质量分数 ≥ 0.60%**) 塑性和焊接性较差,但热处理后可以获得很高的强度和硬度	常用钢号:65、T8、T10; 弹簧、工具、模具等
	合金钢	低合金钢(合金元素总质量分数 ≤ 5%) 强度、硬度比低碳钢有明显提高;且具有良好的塑性、韧性,良好的焊接性能	常用钢号:Q295、Q345、20Cr、20CrMnTi; 较重要的钢结构和构件、渗碳零件、压力容器等
		中合金钢(合金元素总质量分数为 5% ~ 10%) 具有良好的综合力学性能,既具有很高的强度,又具有良好的塑性与韧性	常用钢号:40Cr、35SiMn、40MnB; 齿轮、曲轴、飞机构件、热镦锻模具、冲头等
		高合金钢(合金元素总质量分数 >10%) 具有高硬度或其他特殊性能。合金工具钢具有高的硬度、耐磨性。 不锈钢在空气、水、弱酸、碱和盐溶液或其他腐蚀介质中具有高度稳定性	常用钢号: 工具钢 9SiCr、W18Cr4V、60Si2Mn、50CrVA; 不锈钢 1Cr13、1Cr18Ni9、1Cr18Ni9Ti
铸钢	一般铸钢	与铸铁相比,铸钢的力学性能,特别是强度、塑性、韧性较高;用于制造形状复杂,综合力学性能要求较高的零件	普通碳素铸钢	常用钢号:ZG200-400; 机座、箱壳、阀体、曲轴、大齿轮、棘轮等
			低合金铸钢	常用钢号:ZG35SiMn、ZG40Cr; 容器、水轮机叶片、水压机工作缸、齿轮、曲轴等

续　表

材料分类与性能			应　用
铸铁	铸铁通常是指碳的质量分数大于2.11%的铁碳合金。铸铁具有良好的减振、减摩作用,良好的铸造性能及切削加工性能,且价格低,因而在各种机械中得到广泛的应用。根据碳在铸铁中存在形式不同,铸铁可分为灰铸铁、白口铸铁、可锻铸铁和球墨铸铁		
	灰铸铁(HT) 碳主要以片状石墨形式存在,其断口呈暗灰色	低牌号 (HT100、HT150)	对力学性能无一定要求的零件,如盖、底座、手轮、机床床身等
		高牌号 (HT200～HT400)	承受中等静载荷的零件,如机身、底座、泵壳、齿轮、联轴器、飞轮、带轮等
	可锻铸铁(KT) 碳主要以团絮状石墨形式存在	铁素体型 (KHT330-08)	承受低、中、高动载荷和静载荷的零件,如差速器壳、犁刀、扳手、支座、弯头等
		珠光体型(KTZ450-06)	要求强度和耐磨性较高的零件,如曲轴、凸轮轴、齿轮、活塞环、轴套、犁刀等
	球墨铸铁(QT) 碳主要以球状石墨形式存在	铁素体型 (QT400-18、QT400-15)	与可锻铸铁基本相同
		珠光体型 (QT700-2)	
有色金属	黄铜	黄铜是以锌为主要合金元素的铜合金。黄铜具有较高的力学性能,良好的导电、导热性能,以及良好的耐蚀性	轴瓦、衬套、阀体、船舶零件、耐蚀零件、管接头等; 管、销、铆钉、螺母、垫圈、小弹簧、电气零件、耐蚀零件、减摩零件等
	青铜	青铜是以锡、铍、铝为主要合金元素的铜合金。青铜具有较高的力学性能,以及良好的耐蚀性、耐磨性	轴瓦、蜗轮、丝杠螺母、叶轮、管配件等; 弹簧、轴瓦、蜗轮、螺母、耐磨零件等
非金属材料	塑料	热塑性塑料是一类提高温度可软化,降低温度后形状不变,并能反复塑化成形的材料。如尼龙(聚酰胺)、聚乙烯、有机玻璃等	一般结构零件,减摩、耐磨零件,传动件,耐蚀件,绝缘件,密封件,透明件等
		热固性塑料是加热时软化,然后固化成形,再次加热不熔化,不溶于溶剂的材料。如酚醛塑料(PF)、环氧塑料(EP)等	
	橡胶	橡胶是一种有机高分子材料,具有高的弹性、优良的伸缩性和储蓄能量的作用	密封件,减振、防振件,传动带,运输带和软管,绝缘材料,轮胎,胶辊,化工衬里等

拓展阅读　低碳钢应用举例

拓展阅读　中碳钢应用举例

拓展阅读　高碳钢应用举例

拓展阅读　铸钢应用举例

二、选材的基本原则

选择机械零件适用的材料,是一项受多方面因素所制约的工作。在进行机械零件选材时,首先要满足使用性能要求,再考虑工艺性和经济性原则。

1. 使用性原则

能保证零件在使用条件下正常工作,并有预期的寿命,简称使用性原则。

使用性能是指零件在使用条件下,材料应具有的力学性能、物理性能以及化学性能。零件的使用性能通常是选材的主要依据。

应从分析零件承受载荷的类型、大小、环境状况(如温度特性、环境介质等)、特殊要求(如导电性、导热性、热膨胀等),分析出零件主要的失效形式,找出关键的性能指标,指导选择零件的材料。

(1)零件的受力状况　脆性材料适用于制造静载荷下工作的零件,冲击载荷作用下应以塑性材料作为主要使用材料。当零件受变应力作用时,应选用疲劳强度较高的材料。对刚度要求较高的零件,宜综合考虑材质、结构、形状、尺寸。

螺栓、键、销等受拉伸或剪切这类分布均匀的静应力时,常见的**失效形式为过量变形或断裂,**要求的力学性能为屈服强度、强度极限、硬度。

轴类零件等受弯曲、扭转这类分布不均匀的交变应力作用时,常见的失效形式为疲劳断裂、过量变形、轴颈磨损,要求的力学性能为疲劳强度极限、屈服强度、轴颈高硬度。常选用综合力学性能好的中碳钢、中碳合金钢,并调质处理。

传动齿轮受弯曲应力、接触压应力,齿面受带滑动的滚动摩擦交变及冲击作用,常见的失效形式为齿面磨损、疲劳点蚀或疲劳断裂,要求的力学性能为齿面高硬度、接触疲劳强度、心部高的强度和冲击韧性。常选用综合力学性能好的中碳钢、中碳合金钢,有较大接触应力时,可选用渗碳钢、渗氮钢等。

(2)零件的环境状况及特殊要求　根据零件的工作环境及特殊要求不同,除对材料的力学性能提出要求外,还应对材料的物理性能及化学性能提出要求。如当零件在滑动摩擦条件下工作时,应选用耐磨性、减摩性好的材料,故滑动轴承常选用轴承合金、锡青铜等材料。

在高温下工作的零件,常选用耐热好的材料,如内燃机排气阀门可选用耐热钢,气缸盖则选用导热性好、比热容大的铸造铝合金。

在腐蚀介质中工作的零件,应选用耐蚀性好的材料,如不锈钢、不锈耐酸钢。

2. 工艺性原则

所选用的材料,能保证顺利的加工成合格零件,简称工艺性原则。

将零件毛坯加工成形有许多方法,主要有**热加工**和**切削加工**两大类。不同材料的加工工艺性不同。

(1)热加工工艺性能　热加工工艺性能主要指铸造性能、锻造性能、焊接性能和热处理性能。

(2)切削加工性能　表 1-3 为常用金属切削加工性能的比较。

表 1-3　常用金属切削加工性能的比较

等级	切削加工性能	代表性材料	等级	切削加工性能	代表性材料
1	很容易加工	铝、镁合金	5	一般	45 钢(轧材)、2Cr13 调质
2	易加工	易切削钢	6	难加工	65Mn 调质、易切削不锈钢
3	易加工	30 钢正火	7	难加工	1Cr18Ni9Ti、W18Cr4V
4	一般	45 钢	8	难加工	耐热合金、钴合金

3. 经济性原则

选择合适的材料能带来较好的经济效益,简称经济性原则。

（1）**材料价格**　材料价格在产品总成本中占较大比重,一般占产品价格的 30% ～ 70%。能用价格较低的材料满足工艺及使用要求,就不用价格高的材料。

（2）**提高材料的利用率**　如用精密铸造、模锻、冷拉毛坯,可以减少切削加工对材料的浪费。

（3）**零件的加工和维修费用等要尽量低。**

（4）**材料的组合与代用**　如蜗轮齿圈可采用减摩性好的贵重金属,而其他部分采用廉价的材料;对生产批量大的零件,尽量避免采用我国稀缺而需进口的材料;尽量用高强度铸铁代替钢,用热处理方法等强化的碳钢代替合金钢。

三、钢的热处理

钢的热处理是将钢在固态范围内加热到一定温度后,保温一段时间,再以一定的速度冷却的工艺过程,如图 1-10 所示。热处理是使钢的组织结构发生变化,获得所需性能的一种加工工艺。

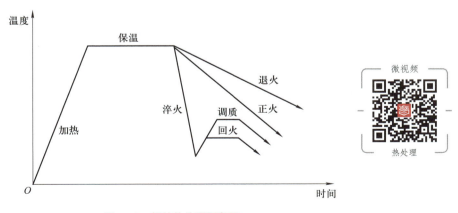

图 1-10　钢的热处理示意图

热处理可以是机械零件加工过程中的一个中间工序（预先热处理）,也可以是机械零件性能达到规定技术指标的最终工序（最终热处理）。

钢的热处理可以分为普通热处理、表面热处理。

钢的普通热处理方法包括退火、正火、淬火、回火等。

钢的表面热处理方法包括表面淬火、化学热处理(渗碳、渗氮、碳氮共渗)等。

(1)退火 退火是将零件加热到一定温度,保温一段时间,随炉冷却到室温的处理过程。退火能使金属晶粒细化,组织均匀,可以消除零件的内应力,降低硬度,提高塑性,使零件便于加工。

(2)正火 正火工艺过程与退火相似,不同之处是将零件置于静止空气中冷却。正火的作用与退火相同,但由于零件在空气中冷却速度较快,故可以提高钢的硬度与强度。

退火与正火相比加热温度略有不同,以45钢为例,退火温度为800～840℃,正火温度为840～870℃,正火冷却速度快、生产周期短。

(3)淬火 淬火是把零件加热到一定温度,保温一段时间,将零件放入水(油或水基盐碱溶液)中急剧冷却的处理过程。淬火可以大大提高钢的硬度,但会使材料的韧性降低,同时产生很大的内应力,使零件有严重变形和开裂的危险。因此,淬火后必须及时进行回火处理。

微视频

大型齿轮的
热处理

(4)回火 回火是将经过淬火的零件重新加热到一定温度(低于淬火温度),保温一段时间后,置于空气或油中冷却至室温的处理过程。回火不但可以消除零件淬火时产生的内应力,而且可以提高材料的综合力学性能,以满足零件的设计要求。

回火后材料的具体性能与回火的温度密切相关,回火根据温度的不同,通常分为**低温回火、中温回火和高温回火**三种。

① 低温回火(150～250℃) 可得到很高的硬度和耐磨性,**主要用于各种切削工具、滚动轴承等**零件。低温回火后硬度一般在58～64 HRC。

② 中温回火(350～500℃) 可得到很高的弹性,**主要用于各种弹簧等**。中温回火后硬度一般在35～45 HRC。

③ 高温回火(500～650℃) **通常把淬火后经高温回火的双重处理称为调质处理**。调质处理可使零件获得较高的强度与较好的塑性和韧性,即获得良好的综合力学性能。调质处理**广泛用于齿轮、轴、蜗杆等零件**。适用于这种处理的钢称为调质钢。调质钢大都是碳的质量分数在0.35%～0.5%之间的中碳钢和中碳合金钢。

(5)表面淬火 表面淬火是以很快的速度将零件表面迅速加热到淬火温度(零件内部温度还很低),然后迅速冷却的热处理过程。表面淬火可使零件的表面具有很高的硬度和耐磨性,而芯部由于尚未被加热淬火,故仍保持材料原有的塑性和韧性。这种零件具有较高的抗冲击能力,因此,表面淬火广泛用于齿轮、轴等零件。

微视频

感应加热表面
淬火热处理

(6)渗碳 渗碳是化学热处理的一种。它是把零件置于含有活性碳元素的介质中进行加热(900～950℃)、保温,使活性碳原子向零件表层扩散,从而改变钢材表面的化学成分和组织,获得与芯部不同的表面性能。渗碳零件常用材料为低碳钢和低碳合金钢(20、20Cr、20 CrMnTi)。零件经过渗碳,表层碳的含量增加,再经淬火和回火后,使零件表面达到很高的硬度和耐磨性,而芯部又具有很好的塑性和韧性。渗碳常用于齿轮、凸轮、摩擦片等零件。

第四节　受力与变形

一、物体的受力分析

有关力、力矩、力偶、力系的概念及作用效果见表1-4。

表 1-4　有关力、力矩、力偶、力系的概念及作用效果

类别	项 目	内 容 简 介
力	力的概念	力是使物体的运动状态发生变化或使物体产生变形的物体之间的相互机械作用
	力的三要素	力对物体的效应取决于力的大小、方向和作用点,称为力的三要素
	力的作用效果	 移动　　　翻转　　　反向移动
	力的基本性质	1. 作用和反作用定律　作用力与反作用力大小相等、方向相反、作用在同一条直线上,并且分别作用在两个物体上。 2. 二力平衡定律　当物体上只作用有两个外力而处于平衡时,这两个外力一定大小相等,方向相反,并且作用在同一直线上。 3. 力的平行四边形法则　作用在同一物体上的相交的两个力,可以合成为一个合力,合力的大小和方向由以这两个力的大小为边长所构成的平行四边形的对角线来表示,作用线通过交点
	力的合成与分解	

类别	项 目	内 容 简 介
力	力的合成 与分解	
力矩	力矩的概念	 在力学上用 F 与 d 的乘积及其转向来度量力 F 使物体绕 O 点转动的效应,称为力 F 对 O 点的矩,简称力矩,以符号 $M_O(F)$ 表示,即 $$M_O(F) = \pm Fd$$ O 点称为力矩中心,简称矩心;O 点到力 F 作用线的垂直距离 d 称为力臂
力矩	力矩的正负	通常规定:使物体产生逆时针旋转的力矩为正值,反之为负值。力矩的单位是 $N \cdot m$(牛·米)或 $kN \cdot m$(千牛·米)
力矩	力矩的 作用效果	 物体转动
力偶	力偶的概念	力学中,把作用在同一物体上大小相等、方向相反、作用线平行的一对平行力称为力偶,记做 (F_1, F_2),力偶中两个力的作用线间的距离 d 称为力偶臂,两个力所在的平面称为力偶的作用面。 　　因此,可用二者的乘积 Fd 并加以适当的正负号所得的物理量来度量力偶对物体的转动效应,称为力偶矩,记作 $m(F_1, F_2)$ 或 m,即 $m(F_1, F_2) = \pm Fd$

续　表

类别	项　目	内　容　简　介
力偶	力偶的作用效果	 (a) 　　　　　　　(b) 力偶中的两个力只能对物体产生转动效应。力偶对物体的转动效应,随力 F 的大小或力偶臂 d 的增大而增强
力系	平面任意力系的平衡方程	$\sum F_x = 0$ $\sum F_y = 0$ $\sum m_O(F) = 0$

二、对机械零件的要求

机器设备和工程结构中的零件往往承受载荷的作用,在载荷作用下,零件必然产生变形,使形状和尺寸发生变化,并可能发生破坏。为了保证机械零件正常安全工作,必须具有足够的强度、刚度与稳定性。

1. 足够的强度

零件在载荷作用下抵抗断裂的能力称为强度。机械零部件一般都必须具有足够的强度。如果零件的尺寸、材料的性能与载荷不相适应(如机器中的传动轴的直径太小,当传递的功率较大时;起吊重物的绳索过细,货物过重时),就可能因强度不够而发生断裂,使机器无法正常工作,甚至造成灾难性的事故。

2. 足够的刚度

零件在载荷作用下抵抗弹性变形的能力称为刚度。图1–11所示为机床的主轴,在工作过程中虽然没有破坏,但如果主轴的变形过大,则将影响机床的加工精度而使零件报废,破坏齿轮的正常啮合,引起轴承的不均匀磨损,造成机器无法正常工作。

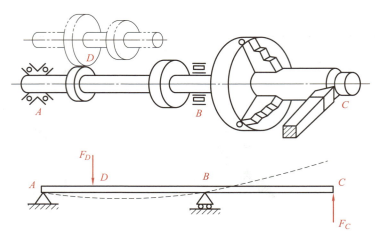

图 1-11　机床主轴变形

3. 足够的稳定性

受压的细长杆（如顶起重物的千斤顶螺杆、长活塞杆）和薄壁构件，当载荷增加时，可能出现突然失去初始平衡形态的现象，称为丧失稳定。2008年我国贵州等地因冻雨造成高压线塔突然变弯，甚至弯曲折断，造成严重事故。

当零件具有足够的强度、刚度与稳定性时，便能在载荷的作用下安全、可靠地工作。但在工程实际中还要兼顾经济节约、减轻零件自重等原则。经济节约关系企业的竞争力与社会责任；减轻自重，不仅节省材料，降低零件、机器成本，更重要的是提高机器的适应性，例如，运载工具，减轻自重可有效地增大运载质量，提高运载效率。安全和经济是一对矛盾。要安全就要选用好材料，加大构件尺寸；要经济就要少用材料、用廉价材料，因此，工程中在保证零件既安全又经济的前提下，选用合适的材料，确定合理的截面形状和尺寸就显得非常重要。

三、杆件变形

1. 杆件变形的基本形式

当外力以不同方式作用于零件时，可以使零件产生不同的变形，基本的变形有**轴向拉伸（或压缩）、剪切、扭转**和**弯曲**，以及由两种或两种以上基本变形形式叠加而成的组合变形。

（1）拉伸与压缩　工程中有很多承受拉伸或压缩作用的零件。图1-12所示的起重装置，在载荷作用下，杆AB和钢丝绳受到拉伸，杆CB受到压缩。图1-13所示的螺栓连接，当拧紧螺母时，螺栓受到拉伸。图1-14所示的压力机在水平力作用下，杆1和杆2都受到压缩。

受拉伸或压缩的构件都可简化为图1-15所示的等截面直杆。它们受力的共同特点是外力（或外力合力）沿杆轴线作用，变形特点是杆件沿轴向伸长或缩短。图中实线表示受力前的外形，虚线表示受力后的外形。

（2）扭转　机械装置中的轴类零件大都承受扭转的作用。图1-16所示的汽车传动轴，左端受发动机主动力偶的作用，右端受后桥齿轮的阻力偶作用。传动轴在这两个力偶的作用下，产生扭转变形。扭转变形的特点是构件受到大小相等、方向相反、作用面垂直于轴线的力偶，截面之间绕轴线相对转动。

工程实际中，汽车方向盘下转向轴（图1-17）、丝锥（图1-18）、钻头、车床卡盘的拧紧扳手、车床的光杠、搅拌机轴、电动机主轴（图1-19）、水轮机主轴、机床传动轴等都是受扭构件。

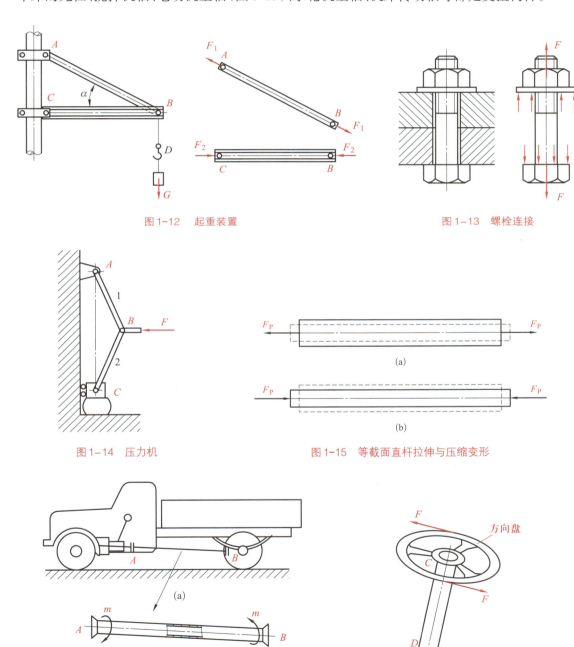

图1-12　起重装置

图1-13　螺栓连接

图1-14　压力机

图1-15　等截面直杆拉伸与压缩变形

图1-16　汽车传动轴

图1-17　转向轴

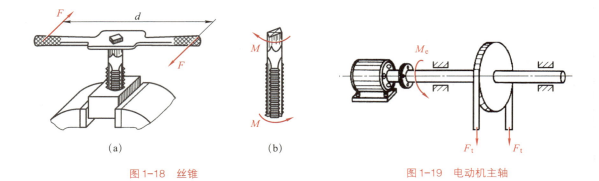

图1-18　丝锥　　　　　　　　　　图1-19　电动机主轴

（3）**弯曲**　在工程结构和机械零件中，存在大量的弯曲现象。图1-20所示的桥式起重机的横梁，在自重和起吊重物载荷的作用下产生弯曲变形。图1-21所示的车刀，在切削力的作用下也会弯曲。弯曲变形的受力特点是外力垂直于杆的轴线，轴线由直线变成曲线，这种变形称为弯曲。通常将只发生弯曲变形（或以弯曲变形为主）的杆件称为梁。

2. 内力与应力

（1）**内力**　作用在杆件上的载荷和约束反力均称为外力。**在外力作用下，构件产生变形，同时产生阻止变形的抗力，这种抗力称为内力。**外力越大，构件的变形越大，所产生的内力也越大。外力去除后，构件恢复原状，内力也随着消失。可见，内力是由于外力的作用而引起的，内力随外力增大而增大。

（2）**应力**　同样的内力，作用在材料相同、横截面不同的构件上，会产生不同的结果。随着外力的增加，截面尺寸小的先被拉断。因此，工程上常用单位面积上内力的大小来衡量零件受力的强弱程度。构件在外力作用下，**单位面积上的内力，称为应力**，如图1-22所示。

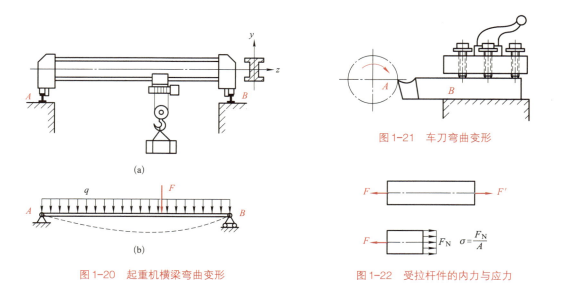

图1-21　车刀弯曲变形

图1-20　起重机横梁弯曲变形

图1-22　受拉杆件的内力与应力

应力是矢量,通常可分解为垂直于截面的分量 σ 和相切于截面的分量 τ。这种垂直于截面的分量 σ 称为正应力,相切于截面的分量 τ 称为切应力。

轴向拉伸和压缩时横截面上应力是均匀分布的,其计算公式为

$$\sigma = \frac{F_N}{A} \tag{1-1}$$

式中　σ——横截面上的正应力;

　　F_N——横截面上的轴向内力;

　　A——横截面面积。

应力的法定计量单位为 N/m^2,称为帕(Pa),$1\ Pa = 1\ N/m^2$。在工程实际中,通常用MPa(兆帕),$1\ MPa = 10^6\ Pa = 1\ N/mm^2$。

正应力的正负号与轴向力对应,即拉应力为正,压应力为负。

3. 拉伸、扭转、弯曲变形的特点与强度计算

拉伸、扭转、弯曲变形的特点与强度计算见表1-5。

4. 循环应力

载荷大小或方向不随时间变化或变化缓慢的,称为静载荷;载荷大小或方向随时间变化的,称为动载荷。

大小或方向不随时间变化或变化缓慢的应力,称为静应力;大小或方向随时间变化的应力,称为变应力。

应力随时间做周期性变化的称为循环应力,可以分为对称循环应力、脉动循环应力和非对称循环应力,如图 1-23 所示。

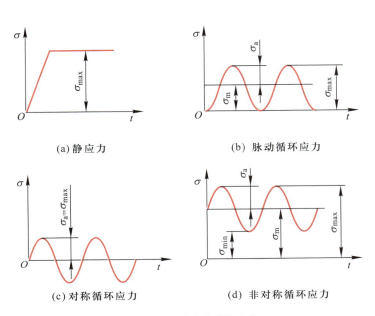

(a) 静应力　　　　　(b) 脉动循环应力

(c) 对称循环应力　　　　　(d) 非对称循环应力

图1-23　静应力和循环应力

表 1-5 拉伸、扭转、弯曲变形的特点与强度计算

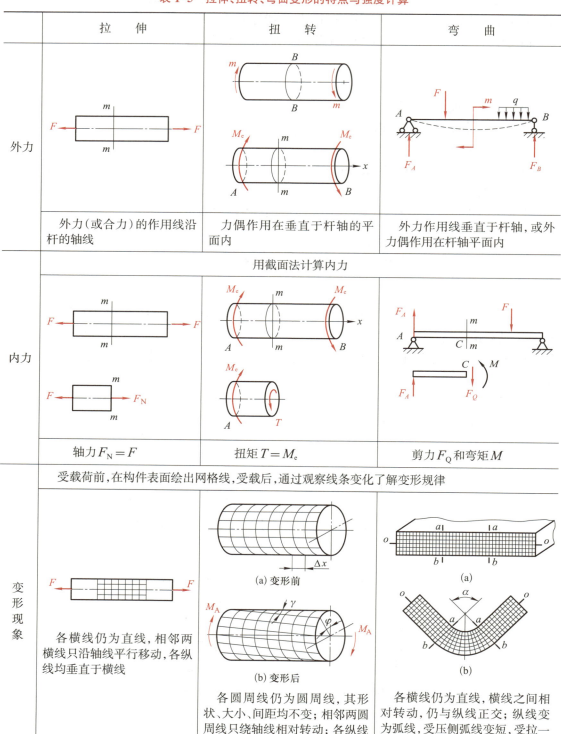

	拉　伸	扭　转	弯　曲
外力	外力（或合力）的作用线沿杆的轴线	力偶作用在垂直于杆轴的平面内	外力作用线垂直于杆轴，或外力偶作用在杆轴平面内
内力	用截面法计算内力		
	轴力 $F_N = F$	扭矩 $T = M_e$	剪力 F_Q 和弯矩 M
变形现象	受载荷前，在构件表面绘出网格线，受载后，通过观察线条变化了解变形规律		
	各横线仍为直线，相邻两横线只沿轴线平行移动，各纵线均垂直于横线	（a）变形前 （b）变形后 各圆周线仍为圆周线，其形状、大小、间距均不变；相邻两圆周线均绕轴线相对转动；各纵线均倾斜同一角度	（a） （b） 各横线仍为直线，横线之间相对转动，仍与纵线正交；纵线变为弧线，受压侧弧线变短，受拉一侧弧线变长

续　表

拉　伸	扭　转	弯　曲
应力分布		

拉伸：

F →　σ　→ F_N

横截面上各点的正应力均相等

扭转：

横截面上任意一点的剪应力与该点到轴心的半径成正比

弯曲：

横截面对称轴　纵向对称面　中性轴　中性层

M_e　中性轴　M　z　y

σ_{min}　M　σ_{max}

正应力沿截面高度按直线规律变化，中性轴上为零

| 强度条件 | $\sigma_{max}=\left(\dfrac{F}{A}\right)_{max} \leqslant [\sigma]$ | $\tau_{max}=\left(\dfrac{T}{W_p}\right)_{max} \leqslant [\tau]$ | $\sigma_{max}=\left(\dfrac{M}{W}\right)_{max} \leqslant [\sigma]$ |

练　习　题

拓展阅读

常用截面模量计算

一、选择题

1. 以下列举的装置哪些是机器（　　　）。
   A. 千分尺 　　　　　B. 机床 　　　　　C. 机械手表 　　　　　D. 飞机
   E. 千斤顶 　　　　　F. 电梯 　　　　　G. 自行车 　　　　　H. 洗衣机

2. 淬火是把零件加热到一定温度，保温一段时间后，将零件（　　　），急剧冷却的工艺过程。
   A. 投入水中 　　　　B. 投入矿物油中 　　　　C. 随炉冷却 　　　　D. 在空气中冷却

3. 为了获得高硬度、良好的耐磨性能，钳工工具的热处理工艺是淬火后，进行（　　　）。
   A. 低温回火 　　　　B. 中温回火 　　　　C. 高温回火 　　　　D. 退火

4. 调质是为了获得良好的综合力学性能,其热处理工艺是钢制零件淬火后进行(　　)。

 A.低温回火   B.中温回火

 C.高温回火   D. 723℃以上热处理

5. 强度是零件在载荷作用下抵抗(　　)的能力。

 A.过载变形   B.弹性变形

 C.塑性变形   D.过载断裂

6. 刚度是零件在载荷作用下抵抗(　　)的能力。

 A.过载变形   B.弹性变形

 C.塑性变形   D.过载断裂

7. 图1-24所示的车刀刀杆产生(　　)。

 A.拉伸变形   B.压缩变形

 C.扭转变形   D.弯曲变形

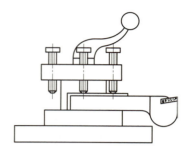

图 1-24　车刀刀杆

二、问答题

1. 图1-25所示为建筑物矩形截面的梁,怎样放置更合理,为什么?

2. 一般机器由哪几部分组成? 机器和机构、构件和零件之间的区别与联系是什么? 试举例说明。

3. 为了将车床三爪自定心卡盘拧紧,常采取什么措施?

4. 力偶是由大小_____、方向_____、作用线_____的一对力组成的。

5. 钢是机械零件的最常用材料,中碳钢碳的质量分数在_____之间。

6. 材料的选用原则要考虑_____要求、_____要求和经济性。

7. 直齿圆柱齿轮传动中,轮齿啮合面间的作用力为F_n,如图1-26所示。已知$F_n = 500\,\text{N}$,$\alpha = 20°$,节圆半径$r = D/2 = 150\,\text{mm}$,试计算齿轮的传动力矩。

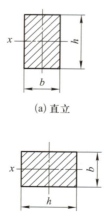

(a) 直立

(b) 横放

图 1-25　矩形截面梁的放置

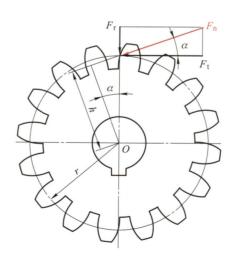

图 1-26　齿轮上的力矩

8. 观察机器(钻床、车床、减速器)的铭牌,了解机器的性能。

机器名称		机器型号	
机器最高转速		机器最低转速	
电动机功率		机器额定功率	

9. 列举零件材料牌号。

材 料	牌 号	材 料	牌 号
车床箱体		铸铁曲轴	
齿 轮		压力容器钢板	
汽车传动轴		机器防护罩	
弹 簧		V带	
耐酸泵叶轮		锁芯	

10. 起吊一重物,如图 1-27 所示, $G = 2\,000\ \text{kN}$,试求钢丝绳所受的拉力,并指出怎样更安全。

	夹角 α	钢丝绳所受的拉力 / kN
图 1-27 起吊重物	15°	
	30°	
	45°	
	60°	

工业文明与文化

实践与训练
看视频 学技术
学榜样 做工匠

安全素养与安全技术

一、安全生产法律常识

　　世间万物,人是最宝贵的。安全生产是工业文明的象征、是人类的共同责任。工业发展的历史表明:事故是可以预防控制的。

　　为保证安全生产,国家大力推进安全生产法律法规和标准建设,《中华人民共和国安全生产法》《中华人民共和国特种设备安全法》等安全生产法律法规相继出台,为保障劳动者生命安全和身体健康筑牢法治防线,用法治为安全生产保驾护航。

国家建立完善的安全生产监督管理系统,国家、省、市、县各级人民政府建立安全生产监督管理机构,企业建立安全生产管理机构,车间设安全生产监督管理员,车间悬挂张贴安全标识。

《中华人民共和国安全生产法》明确规定:

第六条:生产经营单位的从业人员有依法获得安全生产保障的权利,并应当依法履行安全生产方面的义务。

第五十五条:从业人员发现直接危及人身安全的紧急情况时,有权停止作业或者在采取可能的应急措施后撤离作业场所。

第五十七条:从业人员在作业过程中,应当严格落实岗位安全责任,遵守本单位的安全生产规章制度和操作规程,服从管理,正确佩戴和使用劳动保护用品。

第五十八条:从业人员应当接受安全生产教育和培训,掌握本职工作所需的安全生产知识,提高安全生产技能,增强事故预防和应急处理能力。

二、安全生产方针

安全生产工作管理,坚持"**安全第一,预防为主,综合治理**"的方针。

三、机械的危险辨识

1.旋转部件的危险性

(1)卷带和钩挂　操作者的手套、上下衣摆、裤管、鞋带以及长发等,若与旋转部件接触,易被卷进或带入机器,或者被旋转部件凸出部件挂住而造成伤害。

(2)绞碾和挤压　齿轮传动机构、螺旋输送机构、车床、钻床等,由于旋转部件有棱角或呈螺旋状,操作者的衣、裤和手、长发等极易被绞进机器,或因转动部件的挤压而造成伤害。

(3)打击　做旋转运动的部件,在运动中产生离心力。旋转速度越快,产生的离心力越大。如果部件有裂纹等缺陷,不能承受巨大的离心力,便会破裂并高速飞出。若被高速飞出的碎片击中,将会造成十分严重的伤害。

(4)刺割　铣刀等刀具是旋转部件,十分危险。操作者若操作不当,接触到旋转刀具,就可能被刺伤或割伤。

2.机械部件作直线运动的危险性

由于刀具或模具做直线运动,如果操作者的手误入此作业范围,就可能会造成伤害。这类设备有冲床、剪床、刨床和插床等。

3.静态危险

设备处于静止状态时存在的危害,当操作者接触或与静止设备做相对运动时可引起的危险,如磕碰、绊倒等。

除了机械危险之外,还有电、噪声、振动、热(冷)、加工材料等方面的危险性。

四、机械装置安全防护技术

1. 密闭与隔离

对于传动装置（如齿轮箱），主要的防护方法是将它们密闭起来或加防护罩，使人接触不到转动部件。防护装置的形式大致有整体、网状保护装备和保护罩等。

2. 安全联锁

为了保证操作者的安全，有些设备应设联锁装置。当操作者操作错误时，可使设备不动作或立即停机。

3. 紧急制动

为了排除危险而采取的紧急措施。

4. 指导性安全措施

指导性安全措施是制定机器安装、使用、维修的安全规定及设置标志，以提示或指导操作程序，从而保证作业安全。

安全色及其含义，包括红（禁止、危害）、黄（警告、注意）、蓝（必须遵守）、绿（安全）四种颜色。

机械操作安全相关的标志有：警告标志（当心伤手、注意安全等）、禁止标志（禁止启动、禁止靠近等）和指令标志（必须戴耳塞、必须戴手套等）。

五、安全须知

（1）正确维护和使用防护设施　应安装而没有安装防护设施的设备，不能运行。不能随意拆卸防护装置、安全用具、安全设备，或使其无效。一旦修理和调整完毕后，应立即重新安装好这些防护装置和设备。

（2）转动部件未停稳前，不得进行操作　由于机器在运转中有较大的离心力，如离心机、压缩机等，这时进行生产操作、拆卸零部件、清洁保养等工作是很危险的。

（3）正确穿戴防护用品　防护用品是保护安全和健康的必备用品，必须正确穿戴衣、帽、鞋等防护用具。工作服应做到三紧：袖口紧、下摆紧、裤口紧。酸碱岗位和机器高速运转岗位操作者，要坚持戴防护眼镜。

（4）站位得当　在使用砂轮机时，应站在砂轮机的侧面，以防砂轮破碎飞出时被打伤。另外，不允许在起重机吊臂或吊钩下行走或停留。

（5）转动部件上不得放置物品　特别是机床，在夹持工件过程中，不要将量具或其他物品顺手放在未旋转的部件上；否则，一旦机床起动，这些物件极易飞出而引发事故。

（6）不准跨越运转的机轴　机轴如处在人行道上，应加装跨桥；无防护设施的机轴，不准随便跨越。

（7）严格执行操作规程和操作方法　认真做好维护工作，严格执行有关企业规章制度和操作方法,是保证安全运行的重要条件。

（8）专心操作,注意警告标志和信号 认真观察安全标志和安全色,熟知其代表的含义,作业中认真观察、注意聆听警告信号。

（9）严禁用手代替工具 操作过程中,正确使用专用工具,严禁图省事,用手代替工具。

（10）维修作业挂牌上锁 进行维修工作时,在确认安全的前提下,必须对重要部件上锁、挂牌,防止他人误操作酿成事故。

（11）机械设备必须做到的"四有四必" 有轴必有套,有轮必有罩,有台必有栏杆,有洞必有盖。

（12）坚守岗位,持证上岗 操作人员在工作中不得擅离岗位,对于特种设备应持证上岗,不得操作与操作证不相符合的机械,不得将机械设备交给无本机种操作证的人员操作。

知识链接:

1. 树牢安全理念,培育安全文化（视频）
网址: https://www.mempe.org.cn/lilunyanjiu/show-59900.html
2. 远离机械伤害,守护岗位安全（视频）
网址: https://www.mempe.org.cn/lilunyanjiu/show-62312.html

微视频

机械伤害
安全警示

微视频

现代工程里的
安全高管

第二部分 机 械 连 接

连接是将两个或两个以上的零件连成一体的结构。由于制造、安装、运输和检修的需要,工业上广泛采用各种连接,将零部件组合成机械。按照连接是否可拆分为可拆卸连接和不可拆卸连接。

不可拆卸连接——当拆开连接时,至少要破坏或损伤连接中的一个零件,如焊接、铆接、粘接、过盈配合等;可拆卸连接——当拆开连接时,无须破坏或损伤连接中的任何零件,如键连接、螺纹连接、联轴器等。

本部分主要介绍可拆卸连接。

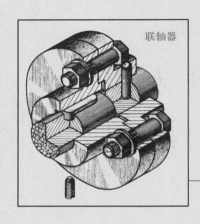

联轴器

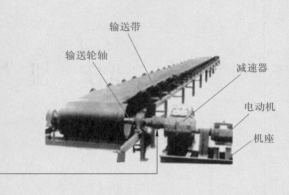

输送带

输送轮轴

减速器

电动机

机座

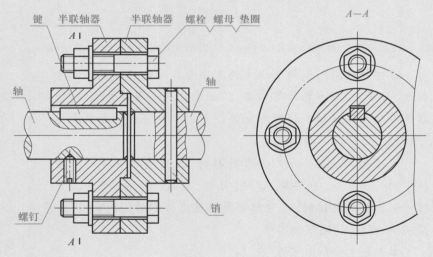

键　半联轴器　半联轴器　螺栓　螺母　垫圈

A Ⅰ

轴

轴

螺钉

销

A Ⅰ

A—A

第二章

键连接、销连接

要实现轴和轴上零件(如：齿轮、带轮、轮毂件)周向固定，以传递运动和转矩，通常采用键连接、销连接，也可通过过盈配合来实现，如图2-1所示。

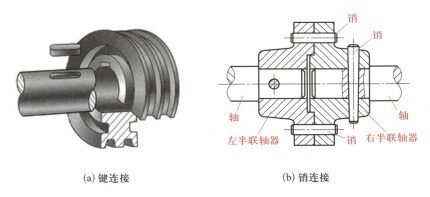

(a) 键连接   (b) 销连接

图2-1　键连接、销连接

第一节　键连接

键连接已标准化，工程应用中主要根据工作条件和使用要求选择键连接的类型及尺寸，然后进行强度校核计算。

一、键连接的类型及其结构形式

键连接可以分为松键连接和紧键连接。

一）松键连接

松键连接依靠键的两个侧面传递转矩。键的上表面与轮毂键槽底面之间有间隙，装配时不用打紧,不影响轴与轮毂的同心精度,装拆方便。

松键连接可分为平键连接、半圆键连接,如图2-2所示。

1. 平键连接

平键按用途分为普通平键、导向平键和滑键三种。

普通平键用于轮毂与轴之间无相对滑动的静连接,如图2-3所示。按键的端部形状不同分为A型(圆头)、B型(平头)、C型(单圆头)三种,如图2-4所示。A型普通平键的轴上键槽

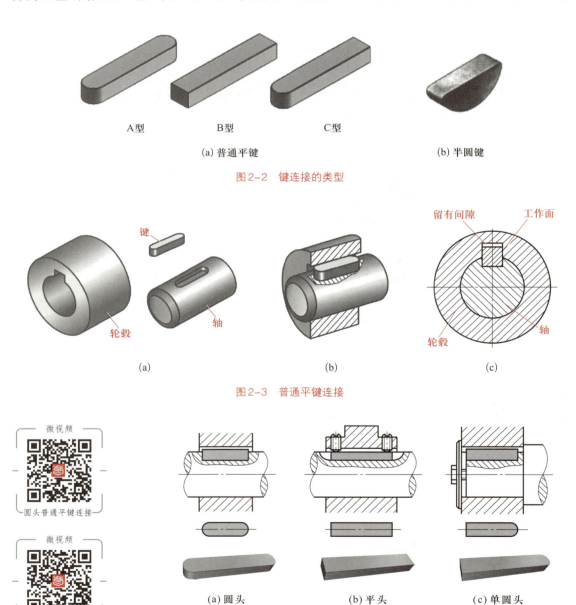

A型　　　B型　　　C型

(a) 普通平键　　　　　　　　(b) 半圆键

图2-2　键连接的类型

键

轮毂　　　轴

(a)　　　　　　　(b)　　　　　　　(c)

留有间隙　　　工作面

轮毂　　　轴

图2-3　普通平键连接

(a) 圆头　　　　(b) 平头　　　　(c) 单圆头

图2-4　普通平键连接类型

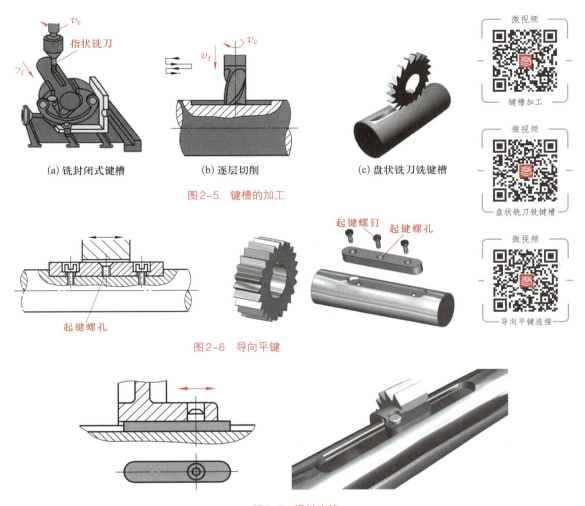

(a) 铣封闭式键槽　　　　(b) 逐层切削　　　　(c) 盘状铣刀铣键槽

图2-5　键槽的加工

图2-6　导向平键

图2-7　滑键连接

用指状铣刀在立式铣床上铣出（图2-5a），槽的形状与键相同，键在槽中固定良好，工作时不松动，但轴上键槽端部应力集中较大。B 型普通平键轴槽是用盘状铣刀在卧式铣床上加工（图2-5c），轴的应力集中较小，但键在轴槽中易松动，故对尺寸较大的键，宜用紧定螺钉将键压在轴槽底部，如图2-4b 所示。C 型普通平键常用于轴端的连接。

导向平键和滑键均用于轮毂与轴间需要有相对滑动的动连接。导向平键用螺钉固定在轴上的键槽中，轮毂沿键的侧面做轴向滑动，如图2-6 所示。滑键则是将键固定在轮毂上，随轮毂一起沿轴上键槽移动，如图2-7 所示。导向平键用于轮毂沿轴向移动距离较小的场合，当轮毂的轴向移动距离较大时，宜采用滑键连接。

2. 半圆键连接

半圆键连接的工作原理与平键连接相同。轴上键槽用与半圆键半径相同的盘状铣刀铣出，因此，半圆键在槽中可绕其几何中心摆动以适应轮毂槽底面的斜度，如图2-8 所示。半圆

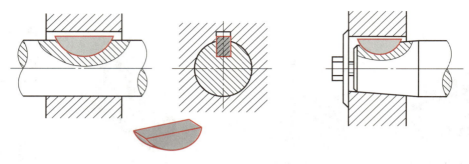

图2-8　半圆键连接

键连接的结构简单,制造和装拆方便,但由于轴上键槽较深,对轴的强度削弱较大,故一般多用于轻载连接,尤其是锥形轴端与轮毂的连接。

（二）紧键连接

紧键连接的键具有斜面,由于斜面的楔紧影响,键的上下表面与键槽底面产生挤压摩擦工作,两侧面为非工作表面,使轮毂与轴产生偏心,定心精度不高。

1. 楔键连接

楔键的上下表面是工作面,键的上表面和轮毂键槽底面均具有1:100的斜度。装配后,键楔紧于轴槽和毂槽之间。工作时靠键、轴、毂之间的摩擦力及键受到的挤压来传递转矩,同时能承受单方向的轴向载荷,如图2-9所示。

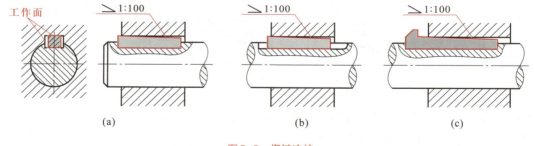

图2-9　楔键连接

想一想　楔键连接与平键连接的工作面有何不同?

2. 切向键连接

切向键由两个斜度为1:100的普通楔键组成,如图2-10所示。装配时两个楔键分别从轮毂一端打入,使其两个斜面相对,共同楔紧在轴与轮毂的键槽内。其上、下两面(窄面)为工作面,其中一个工作面在通过轴心线的平面内,工作时工作面上的挤压力沿轴的切线作用。因此,切向键连接的工作原理是靠工作面的挤压来传递转矩。一个切向键只能传递单向转矩,若要传递双向转矩,必须用两个切向键,并错开120°～130°反向安装。切向键连接主要用于轴径大于100 mm、对中性要求不高且载荷较大的重型机械中。

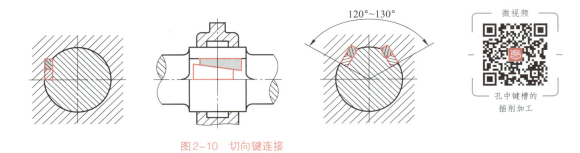

图2-10 切向键连接

微视频

孔中键槽的
插削加工

想一想 楔键连接与切向键连接的特点有何不同？

二、平键连接的设计

平键是标准件，一般先根据轴的直径和轮毂宽度从标准中选取键的尺寸，再进行强度校核。

1. 尺寸选择

根据轴的直径 d 从标准（见表2-1）中选择平键的宽度 b、高度 h，键的长度 L 可根据轮毂宽度 B 选定，通常 $L=B-(5 \sim 10)$ mm 并按照标准值圆整。

表2-1 普通平键的键槽尺寸

（摘自 GB/T 1096—2003、GB/T 1095—2003）　　　　　　mm

轴径	键槽		键　槽									
			宽度 b 极限偏差				深　度				半径 r	
			较松连接		一般连接		紧密连接	轴		毂			
d	$b \times h$	L	轴 H9	毂 D10	轴 H9	毂 JS9	轴和毂 P9	公差尺寸	极限偏差	公差尺寸	极限偏差	最小	最大
>22～30	8×7	18～90	+0.036 0	+0.098 +0.040	0 −0.036	± 0.018	−0.015 −0.051	4.0	+0.1 0	3.3	+0.1 0	0.16	0.25
>30～38	10×8	22～110						5.0		3.3			
>38～44	12×8	28～140	+0.043 0	+0.120 +0.050	0 −0.043	± 0.0215	−0.018 −0.061	5.0	+0.2 0	3.3	+0.2 0	0.25	0.4
>44～50	14×9	36～160						5.5		3.8			
>50～58	16×10	45～180						6.0		4.3			
>58～65	18×11	50～200						7.0		4.4			

续　表

轴径	键槽		键　槽									
			宽度 b 极限偏差					深　度				半径 r
			较松连接		一般连接		紧密连接	轴		毂		
d	$b \times h$	L	轴 H9	毂 D10	轴 H9	毂 JS9	轴和毂 P9	公差尺寸	极限偏差	公差尺寸	极限偏差	最小	最大
>65～75	20×12	56～220						7.5		4.9			
>75～85	22×14	63～250	+0.052 0	+0.149 +0.065	0 −0.052	±0.026	−0.022 −0.074	9.0	+0.2 0	5.4	+0.2 0	0.40	0.6
>85～95	25×14	70～280						9.0		5.4			
>95～110	28×16	80～320						10.0		6.4			
L 系列	6, 8, 10, 12, 14, 16, 18, 20, 22, 25, 28, 32, 36, 40, 45, 50, 56, 63, 70, 80, 90, 110, 125, 140, 160, 180, 220, 250, 280, 320												

2. 强度校核

平键连接的可能失效形式有：较弱零件工作面被压溃（静连接）、磨损（动连接）、键的剪断（一般极少出现）。因此，对于普通平键连接只需进行挤压强度计算，而对于导向平键连接或滑键连接需进行耐磨性计算。

假设载荷在工作面上均匀分布，如图2-11所示。

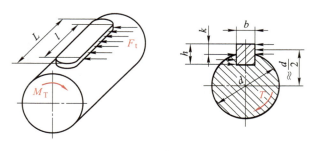

图2-11　键的载荷分布

挤压强度条件为

$$\sigma_P = \frac{2T \times 10^3}{kld} \leqslant [\sigma_P] \tag{2-1}$$

耐磨性条件为

$$p = \frac{2T \times 10^3}{kld} \leqslant [p] \tag{2-2}$$

式中　T——转矩，N·mm；

　　　d——轴的直径，mm；

　　　k——键与轮毂接触高度，$k=0.5h$，mm；

　　　l——键的工作长度，mm，A 型键 $l=L-b$，B 型键 $l=L$，C 型键 $l=L-\dfrac{b}{2}$；

　　　L——键的公称长度，mm；

　　　b——键的宽度，mm。

　　　$[\sigma_P]$、$[p]$——键、轴、轮毂中较弱材料的许用挤压应力（MPa）见表2-2。

表2-2　键连接的许用应力　　　　　　　　　　　　　　MPa

许用应力	零件材料	载 荷 性 质		
		静载荷	轻微冲击	冲 击
$[\sigma_P]$	钢	120 ～ 150	100 ～ 120	60 ～ 90
	铸铁	70 ～ 80	50 ～ 60	34 ～ 45
$[p]$	钢	50	40	30

注：1. $[\sigma_P]$值与该零件材料的力学性能有关，σ_b值较高的材料可偏上限取值，反之则偏下限取值。

　　2. 与键有相对滑动的被连接件表面若经过淬火，则$[p]$值可提高 2 ～ 3 倍。

例题　试选择一铸铁齿轮与钢轴的平键连接。已知传递的转矩$T=1\,250$ N·m，载荷有轻微冲击，与齿轮配合处的轴颈80 mm，轮毂长度$L_1=120$ mm。

解：（1）选择键型：该连接为静连接，为便于安装固定，选用普通平键A型（圆头）。

　　（2）确定尺寸：根据轴的直径$d=80$，由表2-1查得：键宽$b=22$ mm，键高$h=14$ mm，键长$L=（120-10）=110$ mm。

　　（3）强度校核：该连接中轮毂材料最为薄弱，由表2-2查得$[\sigma_P]=55$ MPa。

按照静连接进行强度校核

$$\sigma_P=2T\times10^3/kld=2\times1\,250\times10^3/(0.5\times14\times88\times80)=50.73\ \text{MPa}\leqslant[\sigma_P]$$

　　（4）键槽尺寸：该平键连接的键宽极限偏差按照一般连接由表2-1查取。

　　　　键槽深：$d-t=71^{0}_{-0.2}$ mm

　　　　键槽宽：$b=22^{0}_{-0.052}$ mm

　　　　轮毂键槽深：$d+t_1=85.4^{+0.2}_{0}$ mm

　　　　轮毂槽宽：$b=22\pm0.026$ mm

　　（5）轴、轮毂键槽尺寸如图2-12所示。

国家标准规定，键采用抗拉强度不低于600 MPa的钢制造，常用45钢。

当普通平键连接不能满足强度要求时，可采用两个平键，相隔180°布置，考虑到载荷分布

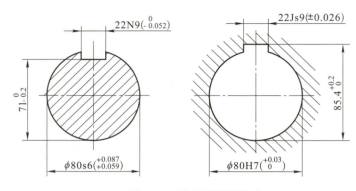

图2-12 轴、轮毂键槽尺寸

的不均匀性,按照1.5个键计算连接强度。

若轮毂允许加宽,可适当增加键长。但应注意,当键过长时,载荷沿键长分布不均匀性加大,通常键长不超过(1.5～1.8)d。

三、平键连接的装配

平键连接的装配按照以下步骤进行:

(1)清理平键和键槽各表面上的污物和毛刺。

(2)锉配平键两端的圆弧面,保证键与键槽的配合要求。一般在长度方向允许有0.1 mm的间隙,高度方向允许键顶面与其配合面有0.3～0.5 mm的间隙。

(3)清洗键槽和平键并加注润滑油,用平口钳将键压入键槽内,使键与键槽底面贴合。也可垫铜皮用锤子将键敲入键槽内,或直接用铜棒将键敲入键槽内。

(4)试配并安装套件(如齿轮、带轮等),装配后要求套件在轴上不得有摆动现象。

第二节 花键连接

花键连接是具有多个凸齿的轴和相应凹槽的轮毂孔构成的,如图2-13所示。键齿侧面是工作面,靠键齿侧面的挤压来传递转矩。花键连接具有较高的承载能力,定心精度高,导向性能好,可实现静连接或动连接。因此,花键连接在汽车、飞机、机床、拖拉机和农业机械中得到广泛的应用。

花键连接已标准化,按齿形不同,分为**矩形花键**、**渐开线花键**两种。

1. 矩形花键连接

为适应不同载荷情况,矩形花键按齿高的不同,在标准中规定了轻系列和中系列两个尺

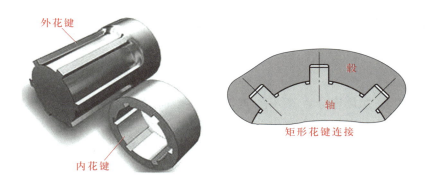

图2-13 矩形花键

寸系列。轻系列多用于轻载连接或静连接,中系列多用于中载连接。矩形花键连接的定心方式为小径定心,如图2-13所示。此时,轴、孔的花键定心面均可进行磨削,定心精度高。

2. 渐开线花键连接

渐开线花键的齿形为渐开线,如图2-14所示。渐开线花键可以用加工齿轮的方法来加工,工艺性较好,制造精度较高,齿根部较厚,键齿强度高,当传递的转矩较大及轴径也较大时,宜采用渐开线花键连接。**渐开线花键连接的定心方式为齿形定心**。由于各齿面径向力的作用,可使连接自动定心,有利于各齿受载均匀。

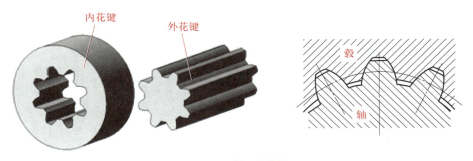

图2-14 渐开线花键

知识卡片 渐开线

渐开线是由一条动直线沿一个固定的圆作纯滚动时,该动直线上任一点的运动轨迹。渐开线花键齿是由两条反向渐开线形成的。

第三节　销连接

销是标准件,按照用途分为定位销、连接销、安全销,如图2-15所示。定位销主要用来固定零件之间位置,它是组合加工和装配时的主要辅助零件,定位销数目一般不少于2个;连接销主要用于连接,可传递不大的载荷;安全销可用作安全装置中的过载剪断元件。

按形状分为**圆柱销**、**圆锥销**、**特殊形式销**,如图2-16所示。

(1)圆柱销　圆柱销利用微量过盈配合实现定位与固定,经过多次装拆后,连接的紧固性及精度降低,故只宜用于不常拆卸处。

(2)圆锥销　圆锥销利用圆锥面实现精确定位,圆锥销有1:50的锥度,定位精度较高,装拆比圆柱销方便,多次装拆对连接的紧固性及定位精度影响较小,因此应用广泛。

(3)特殊形式销　有带螺纹锥销(图2-17)、异尾锥销、弹性销、开尾圆锥销和开口销等多种形式。

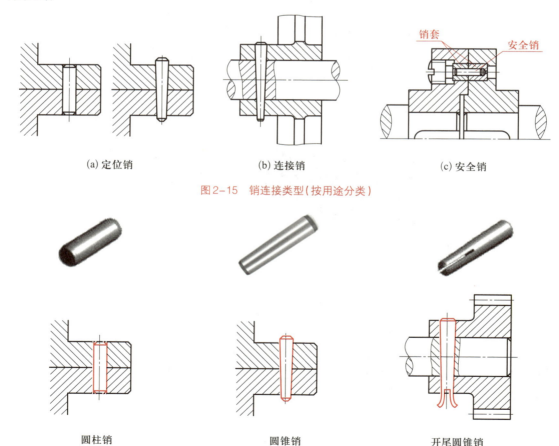

(a) 定位销　　　　　(b) 连接销　　　　　(c) 安全销

销套　　安全销

图2-15　销连接类型(按用途分类)

圆柱销　　　　　圆锥销　　　　　开尾圆锥销

图2-16　销连接类型(按形状分类)

开口销是一种防松零件，如图2-18所示，用于锁紧其他紧固件。

销的材料常用35钢、45钢（开口销为低碳钢），也可以选用结构钢。

微视频

异形销连接

图2-17　带螺纹锥销　　　　　　　图2-18　开口销

练　习　题

一、选择题

1. 平键连接的工作面是_____。

    A.上下两面　　　　　　B.左右两侧面　　　　C.上下左右四个面

2. 通常根据_____选择平键的宽度和高度。

    A.传递的转矩　　　　　　　　　　　B.传递的功率

    C.轴的直径　　　　　　　　　　　　D.轮毂的长度

3. 圆锥销的标准直径是指_____的直径。

    A.大端　　　　　　　　B.小端　　　　　　　C.中部

4. 齿轮在轴上滑移，以改变位置，常选用_____连接。

    A.平键　　　　　　　　B.花键　　　　　　　C.半圆键　　　　　　D.楔键

5. 楔键连接的特点是_____。

    A.定心精度高、适合于高速　　　　　B.有偏心、适合于低速

    C.键的顶面有间隙　　　　　　　　　D.键的侧面有间隙

6. 普通平键连接强度不足时常安装2个平键，2个平键布置成_____。

    A.120°　　　　　　　　B.180°　　　　　　　C.90°　　　　　　　　D.45°

7. 楔键连接的工作面是_____。

    A.上下两面　　　　　　B.左右两侧面　　　　C.上下左右四个面

8. 键连接的主要用途是_____。

    A.使轴与轮毂实现轴向固定并传递轴向力

    B.使轴与轮毂具有确定的相对位置

    C.使轴与轮毂实现周向固定并传递转矩

    D.使轴与轮毂实现轴向相对滑动

9. 键的常用材料是＿＿＿＿＿。
   A.20 钢渗碳淬火　　　　　　　　　B.45 钢正火或调质
   C.T8 淬火　　　　　　　　　　　　D.HT200 人工时效

10. 平键连接中,薄弱零件的主要失效形式是＿＿＿＿＿。
   A.工作面的疲劳点蚀　　　　　　　B.工作面的挤压压溃
   C.压缩破裂　　　　　　　　　　　D.弯曲折断

11. 花键连接与平键连接相比较,具有下列优点:(1)承载能力较大;(2)定心精度较高;
   (3)沿轴向移动的导向性较好;(4)对轴的强度削弱较小;(5)制造成本较低;(6)适合单
   件生产。试问其中有几条是对的?
   A.3 条　　　　　　　B.4 条　　　　　　　C.5 条　　　　　　　D.6 条

12. 判断图 2-19 所示键连接是那种键连接?
   A.半圆键连接　　　　B.切向键连接　　　　C.楔键连接　　　　D.平键连接

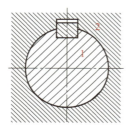

图 2-19　键连接类型的判定

二、问答题

1. 平键连接有哪些失效形式? 平键的尺寸 b、h、L 如何确定?

2. 键 $12 \times 8 \times 50$　GB/T 1096-2003 的含义是什么?

3. 圆锥销与圆柱销比较,应用上有何不同?

4. 某齿轮与轴采用普通平键连接。已知传递转矩 $T = 900 \, \text{N} \cdot \text{m}$,轴直径 $d = 80 \, \text{mm}$,齿轮轮
   毂宽度 $B = 130 \, \text{mm}$,轴的材料为 45 钢,轮毂材料为铸铁,载荷有轻微冲击。试确定键的
   尺寸,并校核键连接的强度。

5. 平键连接和楔键连接在结构、工作面、传力方式等各方面有什
   么区别?

6. 用作定位销的销钉,一般用几个?

7. 自行车车轮和车架、大链轮和曲拐、曲拐和脚蹬各采用什么
   连接?

8. 紧键连接与松键连接相同点与不同点是什么? 各适用于什么场合?

第三章

螺纹连接

在机械产品中广泛应用着带有螺纹的零件。螺纹零件按照用途主要分为两类：一类是利月螺纹零件将需要相对固定的零件连接起来，称为**螺纹连接**；另一类是利用螺纹将回转运动变为直线运动，称为**螺旋传动**。

一、螺纹的主要参数

1. 螺纹的形成

如图3-1所示，将一直角三角形绕在直径为d_2的圆柱体表面上，使三角形底边πd_2与圆柱体的底边重合，则三角形的斜边在圆柱体表面形成一条螺旋线。三角形的斜边与底边的夹角λ，称为**螺纹升角**。若取一平面图形，使其平面始终通过圆柱体的轴线并沿着螺旋线运动，则这个平面图形在空间形成一个螺旋形体，称为螺纹。

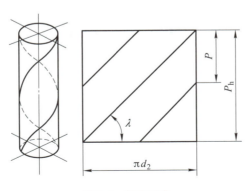

图3-1　螺纹形成

2. 螺纹的主要参数

现以圆柱螺纹为例说明螺纹的主要参数,如图3-2所示。

（1）大径d　螺纹的最大直径,它是与外螺纹牙顶或内螺纹牙底相重合的假想圆柱面的直径。国家标准中将大径定为螺纹的**公称直径**。

（2）小径d_1　螺纹的最小直径,它是与外螺纹牙底或内螺纹牙顶相重合的假想圆柱面的直径。小径一般作为外螺纹强度计算危险截面的直径。

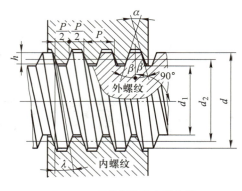

图3-2　圆柱螺纹的主要参数

（3）中径d_2　在轴向剖面内,螺纹牙的厚度与牙间宽度相等处的圆柱的直径。

（4）**螺距P**　相邻两螺纹牙上对应两点间的轴向距离。

（5）**导程P_h**　同一条螺纹线上相邻两螺纹牙上对应两点之间的轴向距离。单线螺纹$P = P_h$；多线螺纹$P_h = nP$。

（6）螺纹升角λ　在中径圆柱上螺旋线的切线与垂直于螺纹轴线的平面间的夹角。参照图3-1,其计算式为

$$\tan\lambda = \frac{P_h}{\pi d_2} = \frac{nP}{\pi d_2} \tag{3-1}$$

（7）牙型角α　在轴向剖面内,螺纹牙型两侧边的夹角。牙型侧边与螺纹轴线的垂线间的夹角称为牙型斜角β。

二、螺纹类型、特点和应用

1. 螺纹类型

根据螺旋线绕行的方向,螺纹可分为右旋螺纹和左旋螺纹,如图3-3所示。常用右旋螺纹,特殊情况才采用左旋螺纹。

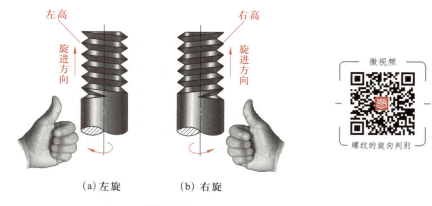

（a）左旋　　　（b）右旋

图3-3　螺纹的旋向

　　按螺纹的线数，可分为单线螺纹（图3-4a）、双线螺纹（图3-4b）和多线螺纹。双线螺纹有两条螺旋线，线头相隔180°，多线螺纹由于加工制造的原因，**线数一般不超过4**。

　　螺纹分布在圆柱体的外表面称为外螺纹（阳螺纹），螺纹分布在圆柱体的内表面称为内螺纹（阴螺纹）。在圆锥外表面（或内表面）上的螺纹称为圆锥外螺纹（或圆锥内螺纹）。

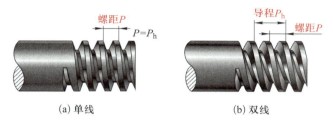

(a) 单线　　　　　　　　　　　　(b) 双线

图3-4　螺纹的导程、螺距和线数

　　想一想　观察周围物体上的螺纹，说明其旋向、线数。

2. 常用螺纹的特点和应用

　　螺纹是螺纹连接和螺旋传动的关键部分，现将几种常用螺纹的应用分述如下，见表3-1。

表3-1　常用螺纹的形状、特点和应用

螺纹类型		牙型图	特点和应用
连接螺纹	普通螺纹	P 60°	普通螺纹的牙型角 $\alpha=60°$，其大径 d 为公称直径。普通螺纹的当量摩擦系数大，自锁性能好，螺纹牙根部较厚，牙根强度高，广泛应用于各种坚固连接。同一公称直径可以有多种螺距，其中，螺距最大的称为粗牙螺纹，其余都称为细牙螺纹。细牙螺纹的螺距 P 小且中径 d_2 及小径 d_1 均较粗牙螺纹的大，故细牙螺纹的升角小，自锁性能好，但牙的工作高度小，不耐磨、易滑扣，适用于薄壁零件、受振动或变载荷的场合，还可用于微调机构中
	非螺纹密封的管螺纹	P 55°	牙型为等腰三角形，管螺纹牙型角 $\alpha=55°$，牙顶有较大的圆角，管螺纹为英制细牙螺纹，以管子的内径（英寸）表示尺寸代号，以每25.4 mm内的牙数表示螺距。 非螺纹密封的圆柱管螺纹，本身不具有密封性，如果要求连接后具有密封性，可在密封面间添加密封物
	螺纹密封的管螺纹	$R_2 1/2$	牙型为等腰三角形，牙型角 $\alpha=55°$，牙顶有较大的圆角，其外螺纹分布在锥度1:16（$\phi=1°\ 47'\ 24''$）的圆锥管壁上。它包括圆锥内螺纹与圆柱外螺纹、圆柱内螺纹与圆柱外螺纹连接两种形式。螺纹旋合后，利用本身的变形能够保证连接的紧密性，不需要任何填料，密封简单。适用于管子、管接头、阀门、旋塞等连接

续　表

螺纹类型		牙　型　图	特　点　和　应　用
传动螺纹	矩形螺纹		牙型为正方形，牙型角 $\alpha=0°$。其传动效率最高；但牙根强度弱，精加工困难，螺纹牙磨损后难以补偿，传动精度降低，故应用较少。矩形螺纹未标准化，已逐渐被梯形螺纹所替代
	梯形螺纹		牙型为等腰梯形，牙型角 $\alpha=30°$。其效率虽较矩形螺纹低，但工艺性好，牙根强度高，对中性好。梯形螺纹广泛用于车床丝杠、螺旋举重器等各种传动螺纹中
	锯齿形螺纹		锯齿形螺纹工作面的牙型斜角 $\beta=3°$，非工作面的牙型斜角为30°，它兼有矩形螺纹和梯形螺纹的效率与牙根强度高的优点，但只能用于承受单方向的轴向载荷传动中

同一公称尺寸的细牙螺纹与粗牙螺纹的比较如图3-5所示。

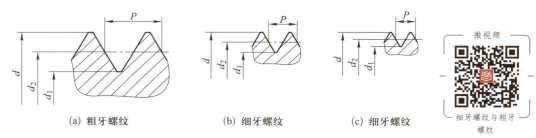

(a) 粗牙螺纹　　　　　(b) 细牙螺纹　　　　　(c) 细牙螺纹

图3-5　细牙螺纹与粗牙螺纹的比较

粗牙普通螺纹的基本尺寸列于表3-2中。

表3-2　粗牙普通螺纹的基本尺寸　　　　　　　　　　mm

公称直径 d	螺距 P	中径 d_2	小径 d_1	公称直径 d	螺距 P	中径 d_2	小径 d_1
6	1.	5.35	4.92	20	2.5	18.38	17.29
8	1.25	7.19	6.65	[22]	2.5	20.38	19.29
10	1.5	9.03	8.38	24	3	22.05	20.75
12	1.75	10.86	10.11	[27]	3	25.05	23.75
[14]	2	12.70	11.84	30	3.5	27.73	26.21
16	2	14.70	13.84	[33]	3.5	30.73	29.21
[18]	2.5	16.38	15.29	36	4	33.40	31.67

注：1.本表摘自GB/T 196—2003。
　　2.带括号者为第二系列，应优先选用第一系列。

第二节　螺纹连接的基本类型及标准螺纹连接件

一、螺纹连接的基本类型

常用螺纹连接的类型、特点和应用见表3-3。

表3-3　常用螺纹连接的类型、特点和应用

类型	构造	特点和应用	主要尺寸关系
螺栓连接	普通螺栓连接	普通螺栓连接的结构特点是被连接件的通孔与螺栓杆间有间隙,通孔加工精度低。螺栓穿过被连接件的通孔,与螺母组合使用,装拆方便,成本低,不受被连接件的材料限制。广泛应用于被连接件厚度不大、能从两边进行安装的场合。 　　普通螺栓连接的螺栓杆受拉伸作用	1.螺纹余留长度 l_1 静载荷 $l_1 \geqslant (0.3 \sim 0.5)d$ 变载荷 $l_1 \geqslant 0.75d$ 冲击载荷 $l_1 \approx d$ 铰制孔时 $l_1 \approx 0$
螺栓连接	铰制孔螺栓连接	螺栓穿过被连接件的铰制孔并与之过渡配合,孔和螺栓杆多采用基孔制过渡配合(H7/m6 或 H7/n6),与螺母组合使用,应用于传递横向载荷或需要精确确定被连接件的相互位置的场合。 　　铰制孔螺栓的螺栓杆受剪切作用	2.螺纹伸出长度 $l_2 \approx (0.2 \sim 0.3)d$ 3.双头螺柱旋入被连接件中的长度 被连接件的材料为钢或者青铜 $l_3 \approx d$ 铸铁 $l_3 \approx (1.25 \sim 1.5)d$ 铝合金 $l_3 \approx (1.25 \sim 2.5)d$
双头螺柱连接		双头螺柱的一端旋入较厚被连接件的螺纹孔中并固定,另一端穿过较薄被连接件的光孔,与螺母组合使用,适用于被连接件之一较厚而不宜制成通孔又需经常拆卸的场合	4.螺纹孔的深度 $l_4 \approx l_3 + (2 \sim 2.5)P$ 5.钻孔的深度 $l_5 \approx l_4 + (3 \sim 3.5)P$

续　表

类型	构　造	特点和应用	主要尺寸关系
螺钉连接		螺钉穿过较薄被连接件的光孔,直接旋入较厚被连接件的螺纹孔中,不用螺母,结构紧凑,适用于被连接件之一较厚、受力不大、不需经常拆卸的场合	6.螺栓轴线到被连接件边缘距离 $e = d+(3\sim6)$mm 7.通孔直径 $d_0 \approx 1.1d$ 8.紧定螺钉直径 $d \approx (0.2\sim0.3)d_{轴}$
紧定螺钉连接		紧定螺钉旋入被连接件的螺纹孔中,并以其末端顶住另一零件的表面或嵌入相应的凹坑中,以固定两个零件的相对位置,并传递不大的力或扭矩	

二、标准螺纹连接件

　　螺纹连接件的类型很多,大都已标准化,设计时可根据有关标准选用。以下简单介绍机械制造中常用的螺纹连接件。

1. 螺栓

　　螺栓的类型很多,以六角头螺栓应用最广。按头部大小分为标准六角头螺栓(图3-6)和小六角头螺栓两种,后者重量轻,但不宜用于被连接件抗压强度低和经常拆卸的场所。

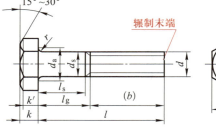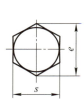

图3-6　标准六角头螺栓

2. 双头螺柱

　　双头螺柱(图3-7)两端部都有螺纹,旋入被连接件螺纹孔的一端称为座端(图中 b_m 为底端长度),另一端称为螺母旋入端(图中 b 为螺母旋入端长度)。

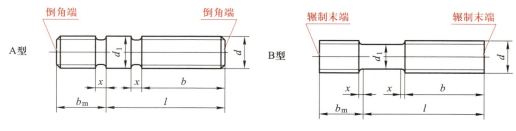

图3-7　双头螺柱

3. 连接用螺钉

连接用螺钉的结构与螺栓大体相同,但其头部形状有圆头、扁圆头、六角头、圆柱头和沉头等(图3-8)。头部的槽有一字、十字、内六角等形式。十字槽螺钉头部强度高、对中性好、便于自动装配。内六角螺钉能够承受较大的扳手力矩,连接强度高。

4. 紧定螺钉

紧定螺钉的末端形状常有锥端、平端和圆柱端(图3-9)。锥端紧定螺钉适用于被紧定零件的表面硬度较低或不经常拆卸的场合;平端紧定螺钉接触面积大,不伤零件表面,常用于顶紧硬度较大的平面或经常拆卸的场合;圆柱端紧定螺钉压入轴上的凹坑中,适用于紧定空心轴上的零件位置。

5. 螺母与垫圈

螺母的形状有六角形、圆形、方形等,以六角螺母应用最普遍(图3-10a)。圆螺母(图3-10b)常用于轴上零件的轴向固定。在螺母与被连接零件间通常装有垫圈,主要用以保护被连接零件表面在拧紧螺母时不被擦伤。同时,还可增大其接触面积,减小比压,有些垫圈还具有防松作用。

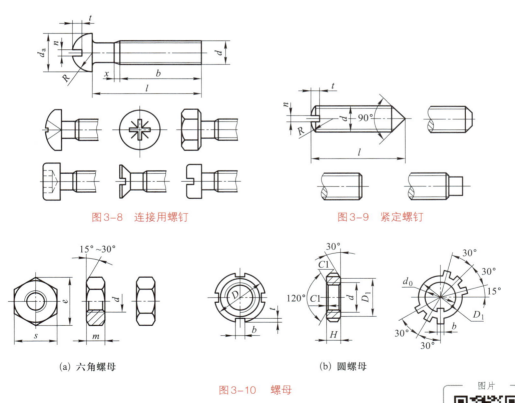

图3-8　连接用螺钉　　　　　　图3-9　紧定螺钉

(a) 六角螺母　　　　　　(b) 圆螺母

图3-10　螺母

想一想　自行车、手表中使用了哪些螺纹连接? 属于什么形式?

图片

标准螺纹连接件

> **知识卡片　螺纹连接件的等级**
>
> 根据GB/T 3103.1—2002的规定，螺纹连接件分为三个精度等级，其代号为A、B、C级。A级精度最高，用于要求配合精确、防止振动等重要零件的连接；B级精度多用于受载较大并且经常装拆、调整或承受变载荷的连接；C级精度多用于一般的螺纹连接。常用的标准螺纹连接件通常选用C级精度。
>
> 螺纹连接件应该选取相同精度等级。

第三节　螺纹连接的预紧和防松

一、螺纹连接的预紧

大多数螺纹连接件在装配时要拧紧，这种连接称为紧连接，这种装配过程称为**预紧**。**预紧可以提高连接的刚度、紧密性和防松能力。**

在图3-11中，当螺栓连接受螺栓拧紧力矩T'时，被连接零件间产生预紧压力F_0，而螺栓则受到预紧拉力F_0，F_0称为螺栓的预紧力。

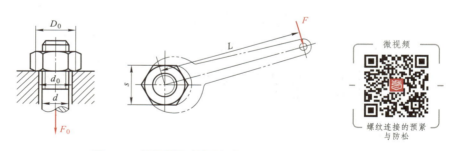

微视频

螺纹连接的预紧
与防松

图3-11　拧紧螺母时的预紧力

拧紧力矩T'需克服螺旋副中的螺纹力矩T和螺母与支承表面间的摩擦阻力矩T_f。

因为预紧力F_0即为螺旋副中轴向力，对于M10～M68的粗牙螺纹，拧紧力矩T'与预紧力F_0的关系为

$$T' \approx 0.2 F_0 d \tag{3-2}$$

式中，T'的单位为N·mm，d的单位为mm。

在螺栓连接中，预紧力的大小要适当，如在气缸盖螺栓连接中，当预紧力过小时，在工作过程中，缸盖和缸体间可能出现间隙而漏气；当预紧力过大时，又可能使螺栓拉断。由式(3-2)可知，预紧力F_0的大小取决于拧紧力矩T'。因此，在装配螺栓连接时，要对拧紧力矩予以控制。可采用

测力矩扳手(图3-12)来控制 T,也可测量拧紧螺母后螺栓的伸长量,以此来控制预紧力 F_0。

在比较重要的连接中,若不能严格控制预紧力的大小,而只依靠安装经验来拧紧螺栓时,为避免螺栓拉断,通常不宜采用M12以下的螺栓,一般常用M12～M24的螺栓。

对于铸造、锻造、焊接、型钢等粗糙不平零件表面(图3-13),应在螺纹孔端面处加工凸台、沉头座或采用球面垫圈,支承面倾斜时采用斜面垫圈。这样可使螺栓轴线垂直于支承面,避免承受偏心载荷,降低螺栓承载能力。

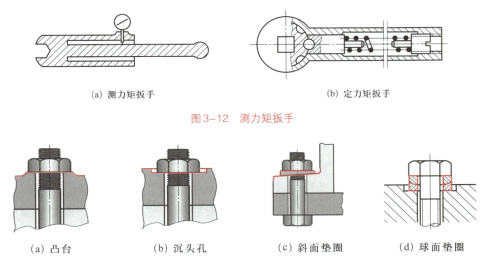

(a) 测力矩扳手　　　　　　　　　　(b) 定力矩扳手

图3-12　测力矩扳手

(a) 凸台　　　　(b) 沉头孔　　　　(c) 斜面垫圈　　　　(d) 球面垫圈

图3-13　避免螺栓承受偏心载荷的措施

大多数机器的螺纹连接件都成组使用。连接结合面的几何形状通常设计成轴对称的简单几何形状,如圆形、环形、矩形、框形、三角形等,以便加工制造,而且便于对称布置螺栓,使螺栓组的对称中心和连接结合面的形心重合,保证连接结合面受力比较均匀,如图3-14所示。在装配时要根据螺栓组的实际分布情况,按对称的原则,分几次(通常为两三次)逐步拧紧;在拆卸时也要按照对称、分次的原则拆卸。

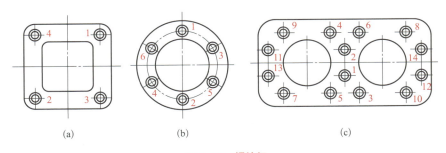

(a)　　　　　　　　(b)　　　　　　　　(c)

图3-14　螺栓组

二、螺纹连接的防松

连接螺纹一般采用单线普通螺纹,**螺纹升角 λ 平均小于当量摩擦角**,皆满足自锁条件,因而在静载荷作用下，螺纹连接不会自动松脱。但在冲击、振动或变载荷的作用下，或当温度变化很大时，螺纹连接常常失去自锁能力，产生自动松落现象，这不仅影响机器正常工作，还可能造成严重事故。因此，机器中的螺纹连接均采取可靠的防松措施。

防松的根本问题是防止螺纹连接件的相对转动。防松的方法很多，按其工作原理可分为**摩擦防松、机械防松**和**破坏螺旋副防松**三大类。

1. 摩擦防松

（1）对顶螺母

如图3-15a所示，当两螺母对顶拧紧后，旋合段内螺栓受拉而螺母受压，这一压力几乎不受外力的影响，从而使螺旋副保持一定的摩擦力，防止螺纹连接松脱。此种方法多用于低速、载荷平稳的连接。

（2）自锁螺母

如图3-15b所示，螺母一端制成非圆形收口，当螺母拧紧后，非圆形收口箍紧螺栓，使旋合螺纹间横向压紧。

（3）弹簧垫圈

如图3-15c所示，弹簧垫圈是具有斜切口而两端上下错开的环形垫圈，经热处理后具有弹性。当拧紧螺母后，垫圈被压平，此时垫圈产生弹性反力，使螺纹间始终保持一定的摩擦阻力，从而防止螺母松动。垫圈的斜口尖角也可阻止螺母松动。

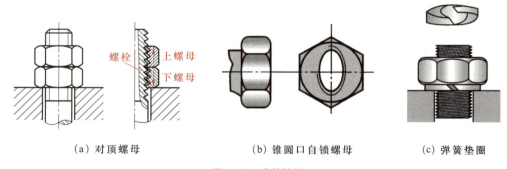

（a）对顶螺母　　　　　　　　（b）锥圆口自锁螺母　　　　　　　（c）弹簧垫圈

图3-15　摩擦防松

2. 机械防松

机械防松是利用附加机械装置约束螺母与螺栓之间的相对转动，因而防松可靠，应用很广。图3-16a所示为开口销与槽型螺母，开口销穿过螺母上的槽和螺栓的孔后，将尾端掰开以实现防松。图3-16b所示为用止动垫片防松，将垫片的边缘翻起，分别紧贴在螺母与被连接零件的侧面（或插入被连接零件的槽中）以实现防松。图3-16c所示为带翅垫圈与圆螺母，将带翅垫圈的内翅嵌入螺栓的槽内，拧紧螺母后将垫圈外翅之一折嵌于螺母对应槽内以实现防松。图3-16d所示为串联钢丝防松，适用于螺钉组连接，防松可靠，但装拆不便。装配时用低碳钢丝穿入各螺钉头部孔内，将各螺钉串联起来，必须注意钢丝的穿入方向，使其相互制动。

3. 破坏螺旋副防松

如图3-17a、b、c所示，在螺纹连接件拧紧后，通过端铆、冲点、焊接等措施，使螺纹连接件不可拆；如图3-17d所示，装配前，在螺纹连接件上涂以液体胶黏剂，拧紧螺母后，胶黏剂硬化、固着，防止螺旋副相对转动。这些方法简单可靠，适用于**装配后不再拆卸**的场合。

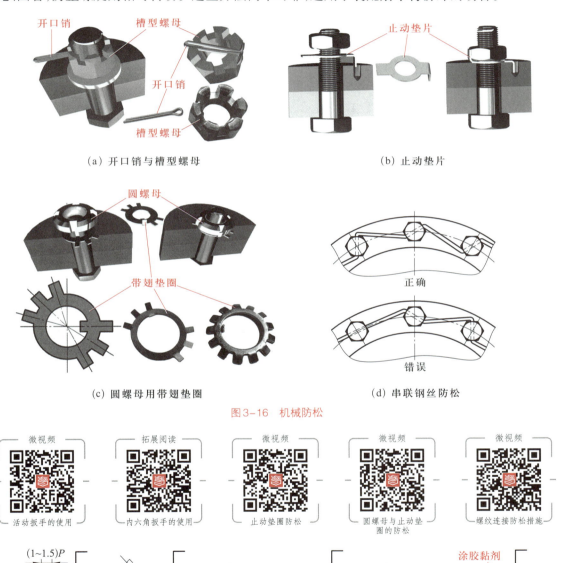

（a）开口销与槽型螺母　　　　　　　（b）止动垫片

（c）圆螺母用带翅垫圈　　　　　　　（d）串联钢丝防松

图3-16　机械防松

微视频　　拓展阅读　　微视频　　微视频　　微视频

活动扳手的使用　内六角扳手的使用　止动垫圈防松　圆螺母与止动垫圈的防松　螺纹连接防松措施

（a）端铆　　　（b）冲点　　　（c）焊接　　　（d）胶接

图3-17　破坏螺旋副防松

第四节 螺纹连接件的材料及许用应力

一、螺纹连接件的材料

1. 机械性能等级

螺纹连接件的机械性能等级表示连接件材料的力学性能,如强度、硬度的等级。国家标准规定螺栓、螺柱、螺钉的性能分为9个等级,自4.6到12.9,见表3-4。

性能等级标记代号,用两段数字表示,中间用小数点"."隔开,小数点前的数字为σ_B的1/100,σ_B为公称抗拉强度;小数点后的数字为$10 \times (\sigma_S/\sigma_B)$或$10 \times (\sigma_{0.2}/\sigma_B)$,$\sigma_S$为屈服极限。例如级别为4.6,4表示连接件的公称抗拉强度为400 MPa,6表示连接件的屈服强度σ_S与公称抗拉强度σ_B的比值为0.6,即连接件材料屈服强度σ_S为240 MPa。

表3-4　螺栓、螺柱、螺钉的性能等级

性能等级（标记）	4.6	4.8	5.6	5.8	6.8	8.8	9.8	10.9	12.9
公称抗拉强度 σ_B/MPa	400		500		600	800	900	1 000	1 200
屈服强度 σ_s（或 $\sigma_{0.2}$）/MPa	240	320	300	400	480	640	720	900	1 080
硬度 /HBW$_{min}$	114	124	147	152	181	245	286	316	380
材料和热处理	碳钢或添加元素的碳钢，也可用易切钢制造					碳钢、添加元素的碳钢（如硼或锰或铬），合金钢，淬火并回火			合金钢、添加元素的碳钢（如硼或锰或铬），淬火并回火

螺母的力学性能等级,用一位数字表示。它相当于可与其搭配使用的螺栓、螺柱、螺钉的最高性能等级标记中左边的数字,见表3-5。

表3-5　标准螺母（1型）和高螺母（2型）的性能等级

性能等级（标记）	5	6	8	9	10	12
螺母最小保证应力 σ_{min}/MPa	500	600	800	900	1 040	1 150
相配螺栓的最高性能等级	5.8	6.8	8.8	9.8	10.9	12.9

2. 螺纹连接件的材料

适合制造螺纹连接件的材料品种有很多,常用的材料有低碳钢（Q215、10钢）和中碳钢

（Q235、35钢、45钢）。对于承受冲击、振动或变载荷的螺纹连接件，可以采用合金钢，如15Cr、40Cr、30CrMnSi等。

选择螺母的材料时，考虑到更换螺母比更换螺栓较经济、方便，所以应使螺母材料的强度低于螺栓材料的强度。普通垫圈的材料，推荐采用Q235、15钢、35钢，弹簧垫圈用65Mn制造，并经热处理和表面处理。

二、许用应力

螺纹连接件的许用应力与载荷性质（静载荷、变载荷）、装配情况（松螺纹连接、紧螺纹连接）、螺纹连接件的材料、结构尺寸等因素有关。

螺纹连接件受轴向载荷、横向载荷的紧螺栓连接的许用拉应力 $[\sigma]$ 按下式确定：

$$[\sigma] = \frac{\sigma_\mathrm{S}}{S_\mathrm{p}} \tag{3-3}$$

铰制孔螺栓螺纹连接件受横向载荷的许用切应力 $[\tau]$ 按下式确定：

$$[\tau] = \frac{\sigma_\mathrm{S}}{S_\tau} \tag{3-4}$$

式中　σ_S——螺纹连接件材料的屈服强度，见表3-4；

S_p、S_τ——安全系数，见表3-6。

表3-6　螺纹连接的安全系数

受载类型			静　载　荷			变　载　荷		
松螺栓连接			1.2 ～ 1.7					
紧螺栓连接	受轴向及横向载荷的普通螺栓连接	不控制预紧力的计算	M6 ～ M16	M16 ～ M30	M30 ～ M60	M6 ～ M16	M16 ～ M30	M30 ～ M60
			碳钢			碳钢		
			5 ～ 4	4 ～ 2.5	2.5 ～ 2	12.5 ～ 8.5	8.5	8.5 ～ 12.5
			合金钢			合金钢		
			5.7 ～ 5	5 ～ 3.4	3.4 ～ 3	10 ～ 6.8	6.8	6.8 ～ 10
		控制预紧力的计算	1.2 ～ 1.5			1.2 ～ 1.5（S_p＝2.5 ～ 4）		
	铰制孔用螺栓连接		钢：S_τ＝2.5,S_p＝1.25 铸铁：S_p＝2.0 ～ 2.5			钢：S_τ＝3.5 ～ 5.0,S_p＝1.5 铸铁：S_p＝2.0 ～ 3.0		

第五节 螺纹连接的强度计算

螺栓的强度计算是指连接螺栓中承受最大载荷的单个螺栓的强度。强度计算分设计计算（设计螺栓直径）与校核计算（校核螺栓危险截面的强度）。

普通螺栓的主要失效形式是螺栓杆在轴向力的作用下被拉断。其强度计算是拉伸强度计算。

1. 松螺栓连接的强度计算

松螺栓连接如图3-18（起重机滑轮）所示。螺栓工作时只承受F_Q轴向拉力的作用，不用拧紧螺母，没有预紧力，主要破坏形式螺栓杆螺纹部分发生疲劳断裂，因而设计准则是保证螺栓的抗拉强度。

螺栓的强度校核条件为：

$$\sigma = \frac{4F_Q}{\pi d_1^2} \leqslant [\sigma] \qquad (3-5)$$

螺栓的强度设计公式为：

$$d_1 \geqslant \sqrt{\frac{4F_Q}{\pi[\sigma]}} \qquad (3-6)$$

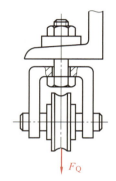

图3-18 起重机滑轮

式中 $[\sigma]$——松螺栓的许用应力（MPa）；

F_Q——轴向工作载荷（N）；

d_1——螺栓小径（mm）。

2. 紧螺栓连接的强度计算

紧螺栓连接时需拧紧螺母，螺栓受预紧力。按照承受工作载荷的方向可分为两种情况：

（1）承受横向工作载荷的紧螺栓连接。如图3-19所示，在横向工作载荷F_R作用下，被连接件在结合面上有相对滑移的趋势。为防止滑移，需拧紧螺栓，使螺栓产生预紧力F_p。由预紧力F_0所产生的摩擦力应大于或等于横向工作载荷F_R，即

$$F_p fmz \geqslant K_N F_R$$

$$F_p \geqslant \frac{K_N F_R}{fmz} \qquad (3-7)$$

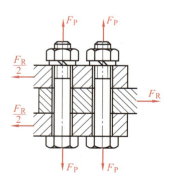

图3-19 承受横向工作载荷的紧螺栓连接

式中 F_p——单个螺栓所受轴向预紧力（N）；

　　f——被连接件结合面间的摩擦系数；

　　m——结合面数；

　　z——连接螺栓数；

　　K_N——连接的可靠性系数，一般取$K_N=1.1 \sim 1.3$。

在拧紧螺栓时，螺栓受到拉伸和扭转的复合作用，在螺栓上产生拉应力σ和切应力τ。螺栓的当量应力约为拉应力的1.3倍。

螺栓的强度校核条件为：

$$\sigma_e = 1.3 \frac{4F_p}{\pi d_1^2} \leqslant [\sigma] \tag{3-8}$$

螺栓的强度设计公式为：

$$d_1 \geqslant \sqrt{\frac{5.2F_p}{\pi[\sigma]}} \tag{3-9}$$

式中 $[\sigma]$——紧螺栓连接的许用应力（MPa）；

　　F_p——单个螺栓的轴向预紧载荷（N）；

　　d_1——螺栓小径（mm）。

（2）承受轴向工作载荷的紧螺栓连接。如图3-20所示，在要求紧密性好的压力容器的螺栓连接中，工作载荷作用前，螺栓只受预紧力F_p作用，工作时又受到轴向工作载荷F_Q作用（单个螺栓受的工作载荷设为F）。在工作载荷F作用下，螺栓被进一步拉长，被连接件结合面压力由F_p减少至F''，F''称为残余预紧力。螺栓受力由F_p增加到F_z（设螺栓受到总载荷为F_z），由被连接件受力平衡可得$F_z = F + F''$。

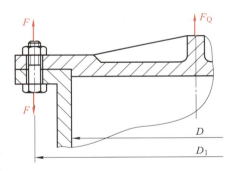

图3-20　承受轴向工作载荷的紧螺栓连接

工程中根据经验选定残余预紧力，工作载荷稳定时，可取$F''=(0.2 \sim 0.6)F$；工作载荷变动时，可取$F''=(0.6 \sim 1.0)F$；对于有紧密性要求的螺栓连接，可取$F''=(1.5 \sim 1.8)F$。

螺栓的强度校核条件为：

$$\sigma_e = 1.3 \frac{4F_z}{\pi d_1^2} \leqslant [\sigma] \tag{3-10}$$

螺栓的强度设计公式为：

$$d_1 \geqslant \sqrt{\frac{5.2F_z}{\pi[\sigma]}} \qquad (3-11)$$

例题： 图3-19为紧螺栓连接，已知横向载荷 $F_R = 36\,000$ N，接合面数目 $m=2$，结合面间的摩擦系数 $f = 0.12$，螺栓数目 $z = 4$，不严格控制预紧力，试求螺栓的公称直径 d。

解： 1. 确定每个螺栓的预紧力。

取连接的可靠性系数 $K_N = 1.2$：

$$F_0 \geqslant K_N F_R / fmz = 1.2 \times 36\,000/0.12 \times 2 \times 4 = 45\,000 \,(\text{N})$$

2. 螺栓的材料选用Q235，查表3-4，$\sigma_s = 240$ MPa。

3. 用试算法确定螺栓的公称直径 d。

假设螺栓的公称直径为M16，查得：$d_1 = 13.835$ mm。

计算许用应力 $[\sigma] = \sigma_s/S = 240/3 = 80$ MPa。

计算螺栓的小径 d_1：

$$d_1 \geqslant \sqrt{5.2F/\pi[\sigma]} = \sqrt{5.2 \times 45\,000/(\pi \times 80)} \,\text{mm} = 30.2 \,\text{mm} > 13.835 \,\text{mm}$$

计算所得螺纹小径大于初选的螺纹小径，故需重新设计。

4. 假设螺栓为M30，查得：$d_1 = 26.211$ mm。

计算许用应力 $[\sigma] = \sigma_s/S = 240/2$ MPa $= 120$ MPa。

计算螺栓的小径 d_1：

$$d_1 \geqslant \sqrt{5.2F/\pi[\sigma]} = \sqrt{5.2 \times 45\,000/(\pi \times 120)} \,\text{mm} = 24.9 \,\text{mm} < 26.211 \,\text{mm}$$

所以，设计螺栓为M30。

第六节　螺栓连接的结构设计

螺栓连接的结构设计包括螺栓布置和螺栓结构设计两个方面。

一、螺栓的布置

螺栓在机器设备上都是成组使用的，根据用途和被连接件的结构，确定螺栓个数和布置方式。

1. **连接接合面形状应和机器的结构形状相适应。** 通常将接合面设计成轴对称的简单几何形状（图3-21），不但便于加工制造，便于对称布置螺栓，使螺栓组的对称中心和接合面的形心重合，保证接合面受力比较均匀。

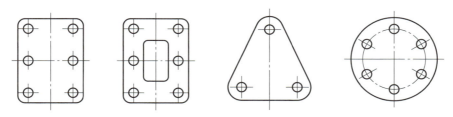

图3-21 螺栓的布置和结合面结构形状相适应

2. **螺栓的布置应该使各螺栓受力合理。** 当螺栓组承受扭矩T时，应该使螺栓组的对称中心和接合面形心重合。当螺栓组承受弯矩M时，应该使螺栓组对称轴与接合面中性轴重合（图3-22）。并要求各螺栓尽可能远离形心和中性轴，以便充分和均衡地利用各个螺栓的承载能力。

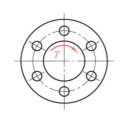 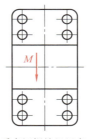

（a）受转矩各螺栓与形心等距　　（b）受弯矩螺栓组远离中性轴

图3-22 螺栓的布置应使螺栓受力合理

3. **螺栓排列应有合理的间距。** 布置螺栓时，各螺栓之间、螺栓与箱体之间，应留有扳手操作空间。扳手空间尺寸，可查阅有关手册。

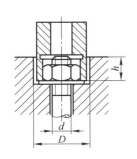 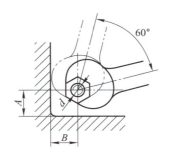 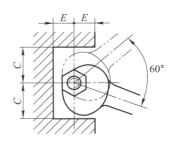

图3-23 螺栓留有的扳手空间

4. 分布在同一圆周的螺栓数目,宜取偶数,以便在圆周钻孔时,分度和划线。在同一螺栓组中,螺栓材料、直径和长度均应相同。

二、提高螺纹连接强度的措施

以受拉螺栓连接为例,螺栓连接的强度主要取决于螺栓的强度。影响螺栓强度的因素较多,主要涉及应力、螺纹牙的受力分配、应力集中、附加应力、材料的力学性能和制造工艺等方面。

工程中通过降低影响螺栓疲劳强度的应力幅,改善螺纹牙间载荷分布不均匀的现象,减小应力集中及附加应力的影响,采用合适的材料和合理的制造工艺方法,提升螺纹连接的强度。

拓展阅读

提高螺纹连接
强度措施

练 习 题

一、填空题

1. 螺纹旋向分为＿＿＿＿、＿＿＿＿两种,以＿＿＿＿为常用,但在特殊场合必须选用＿＿＿＿旋,它具有防松功能,例如煤气罐与减压阀之间的连接。

2. 螺栓连接应用最多,适合于两个被连接件都是＿＿＿＿孔的场合。

3. 常用螺纹连接的工具有螺丝刀和各种扳手,工程中应优先选用＿＿＿＿扳手,＿＿＿＿扳手可以调节一定的张口。

4. 螺纹连接的防松是保证在工作条件下不会产生松脱,常用的方法有＿＿＿＿防松、＿＿＿＿防松和＿＿＿＿防松。

二、选择题

1. 普通螺纹的公称直径是指＿＿＿＿。
   A.螺纹大径　　　　B.螺纹小径　　　　C.螺纹中径　　　　D.平均直径

2. 机械中采用的螺纹,自锁性最好的是＿＿＿＿。
   A.锯齿形螺纹　　　B.普通细牙螺纹　　C.梯形螺纹　　　　D.矩形螺纹

3. 当两个被连接件之一太厚,且需要经常拆卸时,宜采用＿＿＿＿。
   A.螺纹连接　　　　B.紧定螺钉连接　　C.普通螺栓连接　　D.双头螺柱连接

4. 在螺栓连接中,采用弹簧垫圈是＿＿＿＿。
   A.机械防松　　　　B.摩擦力防松　　　C.冲边防松　　　　D.粘接防松

5. 标注中,米制螺纹是＿＿＿＿,管螺纹是＿＿＿＿,米制螺纹的螺距是＿＿＿＿mm;管螺纹的内径是＿＿＿＿英寸,其螺距是每25.4 mm长度上有14个牙,所以螺距为1.814 mm;梯形螺纹是_____,其螺距是_____mm,导程为_____mm。

  A. M20　　　　　　　B. Tr42 × 8(P4)　　　　　C. G1/2　　　　　　　D. P_h42

6. 普通米制螺纹 M24 的螺距是_____。

  A. 3 mm　　　　　　B. 1.75 mm　　　　　　C. 1.5 mm　　　　　　D. 1 mm

7. 普通米制螺纹的牙形角是_____。

  A. 30°　　　　　　　B. 45°　　　　　　　C. 55°　　　　　　　D. 60°

8. 管制螺纹的牙形角是_____。

  A. 60°　　　　　　　B. 55°　　　　　　　C. 50°　　　　　　　D. 30°

9. 当带螺纹孔的零件为铸铁时,直径为 d 的螺纹旋入深度一般为_____。

  A. $(0.8 \sim 1)d$　　　　　　　　　　B. $(1 \sim 1.1)d$

  C. $(1.25 \sim 1.5)d$　　　　　　　　D. $(2 \sim 2.5)d$

三、问答与计算题

1. 连接螺纹常采用何种螺纹?传动螺旋常采用何种螺纹?为什么?

2. 什么情况下采用细牙螺纹?什么情况下采用多线螺纹?

3. 为什么使用扳手拧紧螺栓时,不能在扳手上增加手柄长度?否则会产生什么后果?

4. 铰制孔用螺栓连接有何特点?用于承受何种载荷?

5. 图 3-24 所示为一螺纹拉杆连接,已知拉杆所受载荷为 $F = 23$ kN(工作中要经常转动螺母以调节拉杆长度),拉杆材料为 Q235,试设计拉杆螺纹直径。

图 3-24　螺纹拉杆

德技铸匠工坊

实践与训练
看视频 学技术
学榜样 做工匠

第三章　螺纹连接

Chapter 4
第四章

联轴器、离合器与制动器

联轴器、离合器和制动器在机械设备中有广泛的应用,图4-1为汽车上应用的联轴器、离合器和制动器。

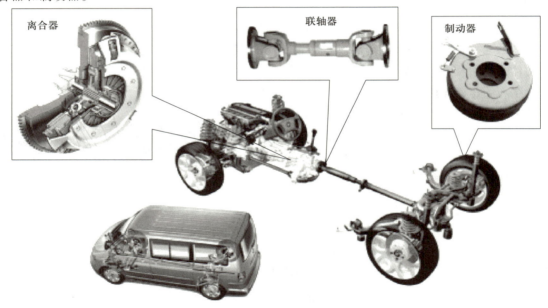

离合器　　　联轴器　　　制动器

图4-1　汽车上应用的联轴器、离合器和制动器

第一节　联轴器

微视频

联轴器应用实例

微视频

联轴器的类型与应用

一、概述

联轴器是用来连接两根轴或轴与回转件的零件,使它们一起回转,传递运动和转矩。用联轴器连接的两根轴,只有在机器停止工作后,经过拆卸才能分离。

二、常用联轴器

常用联轴器的类型、结构与材料、应用特点及安装技巧见表4-1。特殊联轴器的结构如图4-2所示。

表4-1 常用联轴器的类型、结构与材料、应用特点及安装技巧

类型	结构与材料	应用特点	安装技巧
套筒联轴器	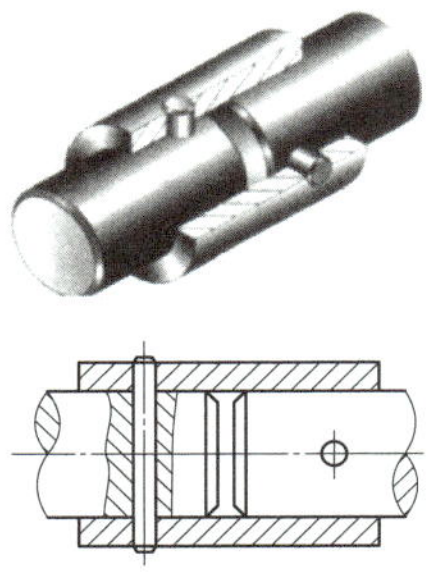 只能用钢件	结构简单、径向尺寸小，但同心度要求高，销连接传递扭矩较小。在机床上应用较多，如车床进给箱输出轴与丝杠、光杠的连接	销连接的销孔需将套与轴固定后配钻并铰孔，销与孔为过渡配合。一般选用圆柱销。 销连接的端面不得露出套筒外。拆卸时需选直径小于销外径的平头样冲用力冲出
凸缘联轴器	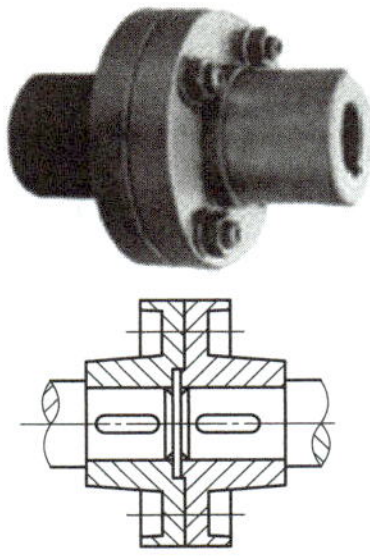 可选用铸铁或钢件	结构简单，可传递较大转矩。适用于对中精度高、载荷平稳的两轴连接，如电动机与减速器的连接	装配时，只要对准半联轴器端面上凸凹槽后，即可拧紧连接螺栓。 拧紧螺栓时，应使每个螺栓连接受力均匀，避免因受力不均造成中心线偏斜而影响传动
弹性套柱销联轴器	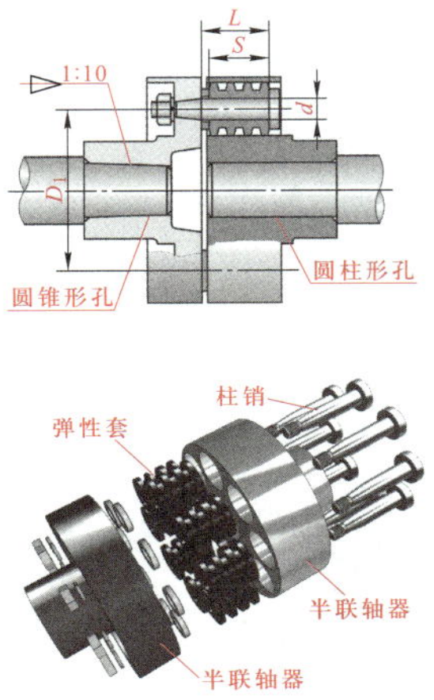 可选用铸铁或钢件	靠橡胶的弹性变形补偿两轴线的同轴度误差，还起到缓冲和吸振的作用。适用于对机器减振要求较高的场合，如铣床的电动机通过联轴器与主轴箱连接，消除振动对加工表面结构的影响	先将半联轴器分别安装在两轴后，再把主动轴的弹性橡胶套柱销插入从动轴的联轴器的套孔中。 安装时注意尽量保证两轴的对中性，防止损坏橡胶套。 用平尺检验两半联轴器的外圆柱面是否在同一直线上，如四侧均在同一直线上，表示两轴线对中性好，但允许有少量的误差

续　表

类型	结构与材料	应用特点	安装技巧
十字滑块联轴器	只能用钢制作	结构简单，径向尺寸小，转动时滑块有较大的离心力。适用于低速、转矩不大、无冲击但两轴径向位移偏差较大的场合	先将两半联轴器与轴固定后再放入滑块，最后确定两轴的位置。安装后用手拨动传动轴，两轴应运转自如，无转动不匀的现象。在滑块滑动表面注入润滑脂或油，减少摩擦表面的磨损
齿轮联轴器	只能用钢制作	靠内外齿轮的啮合来传递较大的转矩，两个带内齿的凸缘用螺栓紧固。外齿轮的齿面有一定的弧度，允许外齿轮与轴产生一定的偏角误差，即轴线存在一定的偏角也能正常传动，适用于高速、重载、起动频繁和经常正反转的场合，如轧钢机的传动轴连接	该联轴器重量较大，安装时注意安全操作，有的需要借助起重设备。先将半联轴器的外齿轮用键固定在轴上，套上半联轴器的内齿轮，最后用螺栓固定两半联轴器。应尽量保证两凸缘在同一圆柱面内，使两轴中心线偏差最小。安装之后应空转检查联轴器是否运转正常。在内外齿轮啮合面注入少量的润滑脂，以防齿面生锈
万向联轴器	用钢制作	两轴的角偏移可达45°，主动轴作等角速转动时，从动轴作变角速转动。两套单万向联轴器成对使用，可使主、从动轴角速度相等。如载重汽车的底盘通过中间轴上的两套万向联轴器将内燃机的转矩匀速传给后驱动轮	先将半联轴器安装在轴上，并把十字轴块用销固定在半联轴器上，后把中间轴两端用销轴固定在十字轴块上。装配时应在销轴位置上注入少量润滑脂，销轴处应有防松措施。检查主、从动轴和中间轴是否转动自如

微视频

弹性套柱销联轴器

微视频

十字滑块联轴器

此外还有梅花联轴器、蛇形弹簧联轴器、轮胎联轴器和滚子链联轴器，其结构如图4-2所示。

(a) 梅花联轴器　　　　　　　(b) 蛇形弹簧联轴器

微视频

轮胎联轴器

(c) 轮胎联轴器　　　　　　　(d) 滚子链联轴器

图4-2　特殊联轴器的结构

想一想　凸缘联轴器与弹性套柱销联轴器在结构和应用上有何不同？

微视频

离合器应用实例

第二节　离合器

离合器主要用来连接主、从动轴传递运动和动力，与联轴器不同的是，离合器能随时接合和分离两轴。常用的离合器有牙嵌离合器和摩擦式离合器等，其类型、结构与材料、应用特点及安装技巧见表4-2。

微视频　　　　　　微视频　　　　　　微视频　　　　　　微视频

联轴器和离合器区别　　端面齿牙嵌式离合器　　圆周齿牙嵌式离合器　　多圆盘摩擦离合器

表 4-2 常用离合器的类型、结构与材料、应用特点及安装技巧

类型	结构与材料	应用特点	安装技巧
牙嵌式离合器	主动轴 固定套筒 对中环 滑动套筒 滑环 从动轴 用钢制作	工作可靠，接合与分离迅速、平稳，动作准确，操作方便、省力，结构简单，维护方便。常用于控制机器需要运动与停止，或改变转向的场合，一般应用在低速场合，如机床工作台的左、右进给与停止。 　　离合器端面牙形常用矩形、梯形或三角形	两轴要求对中性好。主动轴上半离合器安装紧固，不得松动；从动轴与半离合器的轴向移动操纵灵活、轻松自如，不得晃动。 　　接合齿形表面不应有油污，对三角形和梯形齿表面不应注入润滑油，以防降低传递的转矩
摩擦式离合器 单圆盘摩擦离合器	摩擦片 滑环 主动轴 从动轴 用钢制作	单圆盘摩擦离合器结构简单，散热好，尺寸较大，但传递的转矩较小，常应用在汽车离合器上	单、多圆盘摩擦片必须与轴保持垂直状态，滑环的移动应轻便自如、迅速、准确。 　　摩擦片表面如出现光滑、明亮、沟痕，表明已经不能形成足够的摩擦力，应更换新摩擦片。 　　摩擦片间的间隙调节应当使离合迅速、准确。间隙过小，主、从动轴分离不彻底，容易发热；间隙过大，接合时间过长，摩擦力不够。 　　多圆盘式摩擦片为奇数组合，即内摩擦片比外摩擦片多一片。为降低摩擦片的温度，需要喷注润滑油冷却
多圆盘摩擦离合器	用钢制作	多圆盘摩擦离合器结构较为复杂，外径尺寸较小，多片组合使用，传递的转矩较大。摩擦片一般为钢板经喷砂处理制作而成，适用于空间尺寸要求较小而转矩又较大的场合，如机床起动频繁的主轴箱传动中	

想一想 比较牙嵌离合器与摩擦式离合器在工作原理上的不同，并分析其使用上的特点。

第三节　制动器

微视频

制动器应用实例

一、概述

制动器是用摩擦力矩来降低机器运转速度并使其停止转动的装置。制动器在使用时应满足的基本要求是：能产生足够大的阻力矩，制动平稳可靠，结构紧凑，操作灵活、方便，具有良好的散热性和较高的耐磨性。

二、常用制动器

常用制动器按其结构形式可分为带式制动器、盘式制动器、鼓式制动器和锥形制动器。表4-3为常用制动器的结构与材料、应用特点及安装技巧。

表4-3　常用制动器的结构与材料、应用特点及安装技巧

类型	结构与材料	应用特点	安装技巧
带式制动器	用钢制作	钢带内固定上一层摩擦带，当拉紧钢带时，摩擦带包紧摩擦轮，使转轴停止转动。 带与带轮之间的摩擦面积越大，摩擦系数越大，拉紧力越大，转轴越容易被制动。适用于制动时间要求不太严格的场合，如电动自行车的制动、机床主轴的制动	钢带上常铆接上牛皮带或特制摩擦带，安装时要求摩擦带与带轮之间充分脱离，间隙均匀，制动迅速快捷。 带轮与摩擦带之间不得有油、脂侵入，以防止带轮打滑，影响制动效果
盘式制动器	用钢制作	转轴上安装制动盘，当制动块夹紧制动盘时，圆盘被制动。 制动块可使用油、气缸制动，夹紧力大且均匀，制动圆盘不易产生变形，制动灵敏、迅速，反应时间短，性能稳定，如应用于各种汽车的制动器	制动盘必须垂直于转轴，轴向跳动量应控制在公差值内。 制动盘出现沟痕或制动时间过长时，应更换制动盘或制动块，并调整制动缸的压力，以保证制动迅速可靠

微视频

鼓式制动器

微视频

盘式制动器

练 习 题

一、选择题

1. 联轴器与离合器的主要区别是_____。

　　A. 联轴器多数已经标准化和系列化,而离合器则不是

　　B. 联轴器靠啮合传动,而离合器靠摩擦传动

　　C. 离合器能补偿两轴的偏移,而联轴器不能

　　D. 联轴器是一种固定连接装置,而离合器则是一种能随时将两轴结合或分离的装置

2. 刚性联轴器与弹性联轴器的主要区别是_____。

　　A. 弹性联轴器内装有弹性元件,而刚性联轴器没有

　　B. 弹性联轴器能补偿两轴的偏移,而刚性联轴器不能

　　C. 刚性联轴器要求两轴严格对中,而刚性联轴器没有

　　D. 弹性联轴器过载时会打滑,而刚性联轴器不会

3. 下列工作情况中,哪一种适用于选用弹性联轴器?（　　　）

　　A. 工作平稳,两轴线严格对中

　　B. 工作平稳,两轴线对中较差

　　C. 工作中有冲击、振动、两轴线不能严格对中

　　D. 单向工作,两轴线严格对中

4. 牙嵌式离合器只能在什么情况下结合?（　　　）

　　A. 单向转动时　　　　　　　　　　　　　B. 高速转动时

　　C. 正反转工作时　　　　　　　　　　　　D. 两轴转速差很小或停车时

5. 用于连接两个相交轴的单万向联轴器,其主要缺点是什么?（　　　）

　　A. 结构庞大,维修困难

　　B. 只能传递小转矩

　　C. 零件易损坏,使用寿命短

　　D. 主动轴作等速转动,但从动轴作周期性的变速转动

二、简答题

1. 自行车有多少种不同的制动方法? 各有何特点? 哪一种制动效果最好?

2. 小汽车的前轮都采用盘式制动器,而后轮却选用其他形式的制动器,其中有何规律? 请描述制动器的外形。

3. 说出下列机器各用什么结构的联轴器。

　（1）水泥搅拌机的电动机与减速器之间的联轴器。

　（2）载重汽车底盘传动轴上的联轴器。

（3）普通车床的进给箱输出三杠（光杠、丝杠、操作杠）的联轴器。

4. 联轴器和离合器在功用上有何异同？

5. 制动器应满足的基本要求是什么？

工业文明与文化

质量与质量管理

一、质量强国是国家的发展战略

党和政府高度重视质量工作，始终认为质量问题是经济发展中的一个战略问题。质量发展是兴国之道、强国之策。1996年，国务院制定并实施《质量振兴纲要》，2012年2月，国务院印发《质量发展纲要（2011—2020年）》，这是建设质量强国的一项重大举措，是质量工作发展史上具有里程碑意义的重大事件。

无数事实证明：质量是企业的生命。

案例1：三鹿奶粉事件　2008年9月，三鹿奶粉爆发三聚氰胺事件，近30万儿童受到健康影响，相关责任人受到刑事处罚，2009年2月13日，三鹿奶粉正式宣布破产。

案例2：丰田的刹车门事件　2010年，丰田仅在北美已经发出四次召回令，涉及旗下十余种汽车品牌，1 400多万辆汽车。1月份丰田在美国市场销售量骤降16%，评级机构表示已经考虑调低对丰田的评级。丰田股价暴跌22%。分析认为，仅召回汽车的维修费用就可能高达15亿美元，而停售车型给丰田公司带来的损失平均每天高达9 000万美元。

案例3：大众的尾气门事件

2015年9月18日，美国相关部门正式披露了大众集团旗下柴油发动机涉嫌尾气排放作弊的问题，自此德国大众便笼罩在"排放门"的阴霾之下。仅美国涉及大约48.2万辆，面临罚款的金额最高可达180亿美元。9月21日和9月22日，大众汽车的股价暴跌接近20%，令其市值较9月18日收盘蒸发约三分之一，约为250亿欧元。在短短的一个月内，大众集团面临高层的人事变动、蒸发的市值、巨额的罚款、百万计的待召回车辆、品牌信誉的缺失和德国制造口碑的受损等诸多问题。德国《日报》报道警告说，"大众汽车要是垮了，德国也就垮了。而德国要是垮了，欧洲也就垮了。"德国总理罕见表态"百分之百的透明度"查清这桩丑闻。

二、质量管理是组织的永恒主题

1. 质量的概念

美国著名的质量管理专家朱兰博士从顾客的角度出发，提出了产品质量就是产品的适用性,即产品在使用时能成功地满足用户需要的程度。

美国质量管理专家克劳斯比从生产者的角度出发,把质量概括为"产品符合规定要求的程度"。

全面质量控制的创始人菲根堡姆认为,产品或服务质量是指营销、设计、制造、维修中各种特性的综合体。

国际标准化组织(ISO)2005年颁布的ISO 9000:2005《质量管理体系基础和术语》中对质量的定义是:一组固有特性满足要求的程度。

2. 影响产品质量的六大因素

(1)人的因素:指人的质量意识、责任感、事业心、文化素质、技术水平、操作熟练程度和组织管理能力;人起着能动的、决定性的作用。

(2)材料因素:指原材料、毛坯、零部件、标准件、外构件等质量。

(3)机器的因素:指设备、工艺装备和其他与生产有关的工具质量。

(4)方法因素:指生产工艺过程、实验分析和量具以及测试仪表等质量。

(5)检测手段:指检验测量的方法和量具以及测试仪器等质量。

(6)环境因素:指空气的温度、湿度、含尘量、噪声、振动、辐射、毒品以及工人劳动环境的文明整洁及美化程度。

3. 质量管理

任何组织都需要管理。当管理与质量有关时,则为质量管理。质量管理是在质量方面指挥和控制组织的协调活动,通常包括制定质量方针、目标以及质量策划、质量控制、质量保证和质量改进等活动。

在工业历史上,质量管理的发展大致经历了质量检验阶段、统计质量控制阶段、全面质量管理阶段。

4. 全面质量管理的观念

第一,全面的质量,包括产品质量、服务质量、成本质量。

第二,全过程的质量,指质量贯穿于生产的全过程,用工作质量来保证产品质量。

第三,全员参与的质量,对员工进行质量教育,强调全员把关,组成质量管理小组。

第四,全企业的质量,目的是建立企业质量保证体系。

5. 质量管理体系

为了实现质量管理的方针目标,有效地开展各项质量管理活动,必须建立相应的管理体系,这个体系称为质量管理体系。它可以有效地达到质量改进的目的。ISO 9000是国际上通用的质量管理体系,对推动世界各国工业企业的质量管理和供需双方的质量保证,促进国际贸易交往起到了很好的作用。

6. 质量管理体系认证

质量管理体系认证是指依据质量管理体系标准,由质量管理体系认证机构对质量管理体系实施合格评定,并通过颁发体系认证证书,以证明某一组织有能力按规定的要求提供产品的活动。质量管理体系认证也称质量管理体系注册。

贯彻 ISO 9001 标准并进而获得第三方质量体系认证已经成为企业赢得客户和消费者信赖的基本条件。

开展质量体系认证具有以下作用:

(1)强化品质管理,提高企业效益;增强客户信心,扩大市场份额。

(2)获得了国际贸易绿卡——"通行证",消除了国际贸易壁垒。

(3)节省了第二方审核的精力和费用。

(4)在产品品质竞争中立于不败之地。

(5)有利于国际间的经济合作和技术交流。

(6)强化企业内部管理,稳定经营运作,减少因员工辞职造成的技术或质量波动。

(7)提高企业形象。

三、质量管理的八项原则

原则1:以顾客为关注焦点。

原则2:领导作用。

原则3:全员参与。

原则4:过程方法。

原则5:管理的系统方法。

原则6:持续改进。

原则7:基于事实的决策方法。

原则8:互利的供方关系。

第三部分 机 械 传 动

机械设备中广泛应用着各种传动,如带传动、链传动、齿轮传动等。

传动的目的是改变工作部分与原动机的运动关系,实现减速、增速和变速的要求。本部分主要介绍常见的带传动、链传动、齿轮传动、蜗杆传动及轮系等。

带传动

变速齿轮

(a) 汽车

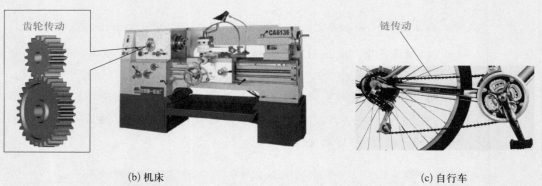

齿轮传动

链传动

(b) 机床

(c) 自行车

第五章 带传动

Chapter 5

微视频

带传动应用举例

带传动由主动带轮、从动带轮和传动带组成,它依靠挠性的传动带与带轮之间的摩擦力来传递运动和动力,属于摩擦传动机构,如图5-1所示。把一根或几根环形带张紧在主动带轮和从动带轮上,使带与带轮接触面间产生正压力,当主动带轮转动时,靠带与带轮之间的摩擦力带动从动轮转动。

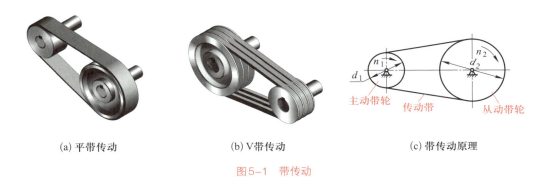

(a) 平带传动　　　　　　　　(b) V带传动　　　　　　　　(c) 带传动原理

图5-1　带传动

带传动具有以下特点:

(1) 带具有弹性,能缓冲吸振,因此,传动平稳,无噪声。

(2) 当工作机过载时,带和带轮之间将发生打滑,可防止其他零件损坏。

(3) 结构简单,制造、安装、维护方便。

(4) 可用于两轴相距较远的传动。

(5) 带与带轮之间存在一定的相对滑动,不能保证准确的传动比。

(6) 带传动的外轮廓尺寸大,传动效率较低,带的使用寿命较短。

第一节　带传动的类型与标准

一、带传动的类型与应用

在带传动中,按带的截面形状可分为平带传动、V带传动、同步带传动和圆带传动,如图5-2所示。

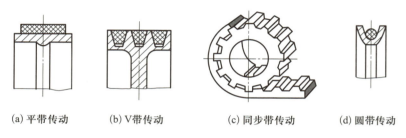

(a) 平带传动　　(b) V带传动　　(c) 同步带传动　　(d) 圆带传动

图5-2　带传动的类型

1. 平带传动

如图5-2a所示,平带的截面为矩形,已标准化。常用的平带有橡胶帆布带、皮革带、棉布带和化纤带等。平带传动结构最简单,带的柔性好,带轮易加工,多用于中心距较大或速度较高的场合。平带传动有开口传动、交叉传动和半交叉传动三种形式,如图5-3所示。

(a) 开口传动　　　　　(b) 交叉传动　　　　　(c) 半交叉传动

图5-3　平带传动的形式

想一想　分析上述三种传动形式中,两轴之间的关系及两轮的转动方向规律。

2. V带传动

如图5-2b所示,V带的截面为梯形,带轮也做出相应的轮槽,工作时带与轮槽的两个侧面接触。在同样的张紧力作用下,V带传动产生的摩擦力是平带传动的3倍,故传递功率的能力远比平带强,在一般机械中广泛采用V带传动。

知识卡片

　　V带分为普通V带、窄V带、联组V带和多楔带。

　　窄V带：相对普通V带而言，截面较窄，高度与节宽之比约为0.9，弹性强度高，使用伸长小，传动极平稳。与普通V带相比，窄V带传动具有传动能力更大、效率更高、结构更紧凑、使用寿命更长等优点。目前，窄V带已广泛应用于高速、大功率且结构要求紧凑的机械传动中，如图5-4b所示。

　　联组V带：由几条相同的普通V带或窄V带由连接层连在一起，具有良好的整体性。各条带受力均匀、运行平稳、承载传力高、使用寿命长、不易抖动和翻带。适用于有冲击振动的场合，如图5-4c所示。

　　多楔带：多楔带兼有V带和平带两者的优点，既有平带的柔软、坚韧的特点，又有V带紧凑、高效等优点。适于汽车发动机等多轴传动、大功率、高速系统，如图5-4d所示。

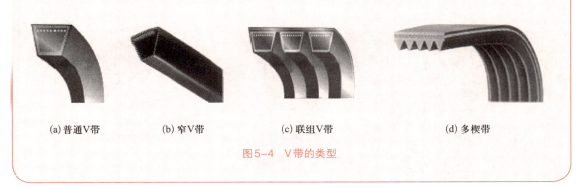

(a)普通V带　　　　(b)窄V带　　　　(c)联组V带　　　　(d)多楔带

图5-4　V带的类型

3. 同步带传动

　　它是靠带齿与带轮上的齿相互啮合来传递运动和动力的（图5-5），有梯形齿同步带和圆弧齿同步带。其传动比准确、效率高、速比范围大，可适用于较大功率和速度较高的场合。

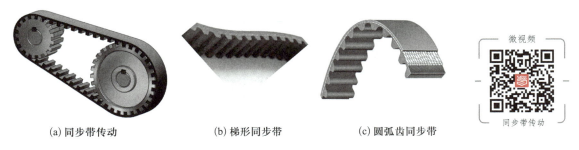

(a)同步带传动　　　　(b)梯形同步带　　　　(c)圆弧齿同步带

微视频

同步带传动

图5-5　同步带传动

想一想　V带与同步带传动的优缺点是什么？

4. 圆带传动

截面为圆形,多用皮革制成,传动功率较小,多用在低速小载荷传动中,如缝纫机、录音机、牙科医疗器械等轻、小型机械(图5-2d)。

二、V带的标准

V带是横截面为等腰梯形无接头的封闭环状带,其工作面为两侧面,侧面夹角(称为楔角)为40°。

如图5-6所示,V带的结构由顶胶、底胶、抗拉体和包布层组成。顶胶和底胶在V带与带轮接触工作时因弯曲而分别被拉伸和压缩,这两层材质一般为胶料。抗拉体是V带的主要承力层,按承力层的材质可将V带分为帘布结构(图5-6a)和线绳结构(图5-6b)两大类。前者价格低廉、抗拉强度高、应用广泛;后者柔性好,适用于转速高、直径较小的带轮,但不宜用于大功率传动。包布层用胶帆布制成,起耐磨和保护作用。

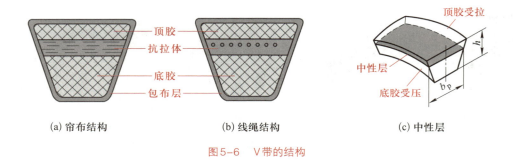

(a) 帘布结构　　　　　　(b) 线绳结构　　　　　　(c) 中性层

图5-6　V带的结构

V带是标准化产品。根据国家标准规定,普通V带型号有Y、Z、A、B、C、D、E七种。Y型截面尺寸最小,E型截面尺寸最大,截面尺寸越大承载能力越强。各型号V带的截面尺寸见表5-1。

表5-1　V带的截面尺寸(摘自 GB/T 11544—2012)

型号	Y	Z	A	B	C	D	E
节宽 b_p/mm	5.3	8.5	11.0	14.0	19.0	27.0	32.0
顶宽 b/mm	6.0	10.0	13.0	17.0	22.0	32.0	38.0
高度 h/mm	4.0	6.0	8.0	11.0	14.0	19.0	23.0
每米带长质量 q/ $(kg \cdot m^{-1})$	0.04	0.06	0.10	0.17	0.30	0.62	0.90

楔角 $\alpha = 40°$

当V带绕带轮弯曲时,其长度和宽度均保持不变的面层称为中性层,如图5-6c所示,中性层的宽度称为节宽 b_p。在规定的张紧力下,沿V带中性层量得的周长称为基准长度 L_d,又称为公称长度。它主要用于带传动的几何尺寸计算和V带的标记,其长度已标准化,见表5-2。

表 5-2　V带的基准长度和带长系数 K_L

带 长 系 数 K_L

基准长度 L_d/mm	普 通 V 带							窄 V 带			
	Y	Z	A	B	C	D	E	SPZ	SPA	SPB	SPC
400	0.96	0.87									
450	1.00	0.89									
500	1.02	0.91									
560		0.94									
630		0.96	0.81					0.82			
710		0.99	0.82					0.84			
800		1.00	0.85					0.86	0.81		
900		1.03	0.87	0.81				0.88	0.83		
1 000		1.06	0.89	0.84				0.90	0.85		
1 120		1.08	0.91	0.86				0.93	0.87		
1 250		1.11	0.93	0.88				0.94	0.89	0.82	
1 400		1.14	0.96	0.90				0.96	0.91	0.84	
1 600		1.16	0.99	0.93	0.84			1.00	0.93	0.86	
1 800		1.18	1.01	0.95	0.85			1.01	0.95	0.88	
2 000			1.03	0.98	0.88			1.02	0.96	0.90	0.81
2 240			1.06	1.00	0.91			1.05	0.98	0.92	0.83
2 500			1.09	1.03	0.93			1.07	1.00	0.94	0.86
2 800			1.11	1.05	0.95	0.83		1.09	1.02	0.96	0.88
3 150			1.13	1.07	0.97	0.86		1.11	1.04	0.98	0.90
3 550			1.17	1.10	0.98	0.89		1.13	1.06	1.00	0.92

注：凡有带长系数者均表示有该型号的基准长度 L_d。

普通V带的标记是由带的型号、带的基准长度和标准编号组成的。例如，基准长度为 1 250 mm 的 A 型普通V带的标记为 A1250 GB/T 11544。标记通常压印在V带外表面上。

> **知识卡片**
>
> 　　窄V带已经标准化,按横截面尺寸由小到大分为SPZ、SPA、SPB、SPC四种型号。在相同条件下,横截面尺寸越大,传递的功率越大。

三、V带轮的结构与材料

　　V带轮由具有轮槽的轮缘、轮毂和轮辐三部分组成,如图5-7a所示。在轮缘上加工出轮槽,断面尺寸(图5-7b)应和V带截面尺寸相适应,即型号要相同。

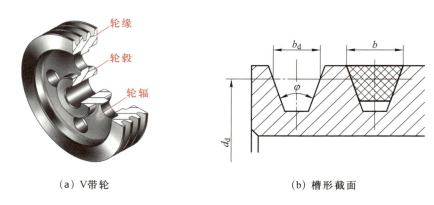

（a）V带轮　　　　　　　　　　　　　　（b）槽形截面

图5-7　V带轮及槽型截面

　　V带轮的基准直径d_d是指带轮上与所配用V带的节宽相对应处b_d的直径,如图5-7b所示。d_d的数值已标准化,应按国家标准选用标准系列值。在带传动中,带轮基准直径越小,传动时V带在带轮上的弯曲变形越严重,V带的弯曲应力越大,从而会降低V带的使用寿命。为了延长V带的使用寿命,对各型号的普通V带轮都规定有最小基准直径d_{dmin}。

　　普通V带轮的基准直径d_d标准系列值见表5-3。

表5-3　普通V带轮的基准直径d_d标准系列值(摘自GB/T 13575.1—2022)　　　　　　mm

槽型	Y	Z	A	B	C	D	E
d_{dmin}	20	50	75	125	200	355	500
d_d的范围	20～125	50～630	75～100	125～1 125	200～2 000	355～2 000	500～2 500
d_d的标准系列值	50、56、71、75、100、125、140、150、160、180、200、212、224、236、250、280、300、315、400、500、530、630、710、800、1 000、1 060、1 250、1 400、1 600、1 800、2 000、2 240、2 500						
槽角φ	32°	34°			36°		

　　根据带轮直径的大小,带轮的基本结构分为实心式(图5-8a)、腹板式(图5-8b)、孔板式(图5-8c)和轮辐式(图5-8d)等。

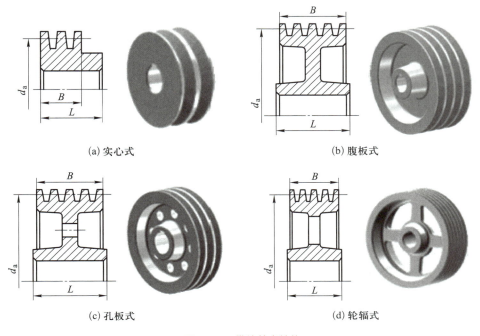

(a) 实心式　　　　　　　　　　　　(b) 腹板式

(c) 孔板式　　　　　　　　　　　　(d) 轮辐式

图5-8　V带轮基本结构

由于带传动多用于高速级,选择带轮材料时,主要考虑重量要轻,质量分布要均匀,以及摩擦系数要大。带轮的材料一般采用铸铁,常用牌号为HT100、HT150,速度高时用HT200。

第二节　带传动的工作能力分析

一、带传动的受力分析

图5-9所示为带传动工作前后的受力情况。安装带传动时,传动带就以一定的初拉力F_0紧套在带轮上,由于F_0的作用,带和带轮接触面上就产生了正压力。带传动不工作时,传动带两边拉力相等,都等于F_0。

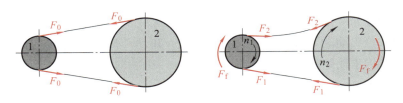

图5-9　带传动的受力分析

带传动工作时,设主动轮以转速 n_1 转动,带与带轮接触面间便产生摩擦力 F_f,主动轮在摩擦力作用下驱使带传动,带同样靠摩擦力驱使从动轮以转速 n_2 转动。在摩擦力 F_f 的作用下,带绕入主动轮的一边被进一步拉紧,称为紧边,紧边拉力由 F_0 增大到 F_1;带绕入从动轮的一边则有所松动,称为松边,松边拉力由 F_0 下降到 F_2。紧边拉力 F_1 与松边拉力 F_2 之差称为有效拉力 F_e,显然有效拉力 F_e 与带与带轮之间在整个接触弧上总摩擦力 F_f 相等,即

$$F_e = F_f = F_1 - F_2 \tag{5-1}$$

带传动所能传递的功率:

$$P = \frac{F_e v}{1\ 000} \tag{5-2}$$

式中　P——功率(kW);

F_e——有效拉力(N);

v——传送带速度(m/s)。

当传递功率增大时,带上有效拉力 F_e 相应增大,但初拉力 F_0 一定时,带与带轮之间总摩擦力 F_f 有一极限值,它限制着带传动的工作能力。

最大有效拉力:

$$F_{emax} = 2F_0 \frac{e^{f_v \alpha_1} - 1}{e^{f_v \alpha_1} + 1} \tag{5-3}$$

式中　q——带每米长度质量(kg/m);

f_v——当量摩擦系数;

α_1——带在小带轮上的包角(带与带轮接触弧所对的带轮圆心角,单位为 rad)。

由上式可知,影响带的最大有效拉力的因素有初拉力 F_0、带速 v、当量摩擦系数 f_v 和小轮上包角 α_1。

1. 初拉力 F_0

初拉力 F_0 越大,带与带轮间的正压力越大,传动时摩擦力就越大,最大有效拉力就越大;但初拉力 F_0 过大时,带磨损加剧,以致过快松弛,降低带的寿命。如初拉力 F_0 过小,则带传动工作能力不能充分发挥,运转时容易打滑。

2. 带速 v

带速 v 一般取 5 m/s ≤ v ≤ 25 m/s。v 过大离心力过大,使带与带轮之间摩擦力减小,从而使有效拉力减小,传出动能下降;v 过小,由 $P = F_e \cdot v$ 知,所需有效拉力 F_e 过大,即所需带根数过多,为提高带的传出动能,一般取 v 大些。

3. 包角 α

包角 α 越大,带与带轮接触弧上摩擦力就越大,传动能力越强。

4. 当量摩擦系数 f_v

最大有效拉力 F_{emax} 随 f_v 的增大而增大。因为 f_v 越大,摩擦力就越大,传动能力就越高,当量摩擦系数 f_v 取决于带与带轮材料、表面状况、形状和带传动的工作环境条件。

二、带传动的应力分析

带传动工作时,带上应力有以下几种:

1. 工作拉应力
紧边拉应力:

$$\sigma_1 = \frac{F_1}{A}(MPa) \tag{5-4}$$

松边拉应力:

$$\sigma_1 = \frac{F_2}{A}(MPa) \tag{5-5}$$

式中 A——带的横截面积(mm^2)。

2. 弯曲应力
带绕在带轮上引起弯曲应力,弯曲应力为

$$\sigma_b \approx E\frac{h}{D}(MPa) \tag{5-6}$$

式中 E——带的弹性模量(MPa);

h——带的高度(mm);

D——带轮计算直径(mm)。对于 V 带轮,即基准直径 d_d。

3. 离心拉应力

$$\sigma_c = \frac{F_c}{A} = \frac{qv^2}{A}(MPa) \tag{5-7}$$

式中 q——带单位长度质量(kg/m);

A——横截面面积(mm^2);

v——带速(m/s)。

带工作时应力分布情况如图 5-10 所示。带上最大应力发生在紧边开始绕上小带轮处:

$$\sigma_{max} = \sigma_1 + \sigma_{b1} + \sigma_c \tag{5-8}$$

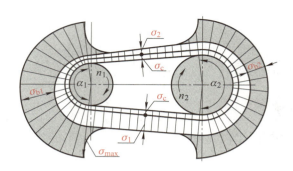

图 5-10 带工作时应力分布情况

由上述分析可知，带工作在交变应力状态下，当应力循环次数达到一定值时，将发生疲劳破坏。

三、带传动传动比与滑动

1. 传动比

带传动的传动比 i_{12} 就是带轮的转速之比，如不考虑带在带轮上的相对滑动，则带的速度与两带轮的圆周速度相等。用公式表示为：

$$i_{12} = \frac{n_1}{n_2} = \frac{d_2}{d_1} \qquad (5-9)$$

式中　n_1，n_2——主动带轮、从动带轮的转速（r/min）；

　　　d_1，d_2——主动带轮、从动带轮的基准直径（mm），如图 5-1c 所示。

一般平带传动的传动比 $i_{12} \leqslant 5$，V 带传动的传动比 $i_{12} \leqslant 7$。

2. 弹性滑动现象

如图 5-11 所示，带是挠性体，受拉后会产生弹性变形。由于紧边和松边拉力不同，因而弹性变形也不同。当紧边在 A_1 点绕上主动轮时，其所受的拉力为 F_1，此时带的线速度 v 和主动轮的圆周速度 v_1 相等。在带由 A_1 点转到 B_1 点的过程中，带所受的拉力由 F_1 逐渐降低到 F_2，带的弹性变形也随之逐渐减小，因而带沿带轮的运动是一面绕进，一面向后收缩，带的速度便逐渐低于主

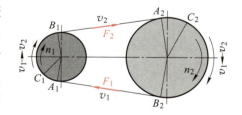

图 5-11 带传动的弹性滑动现象

动轮的圆周速度 v_1，说明带与带轮之间产生了相对滑动。在从动轮上与之相反，带绕过从动轮时拉力由 F_2 逐渐增大到 F_1，弹性变形逐渐增加，因而带沿带轮运动时一面绕进，一面向前伸长，使带的速度逐渐地高于从动轮圆周速度 v_2，即带与从动轮间也发生相对滑动。这种由于带的弹性变形不一致而引起的带与带轮之间的相对滑动，称为带的弹性滑动。弹性滑动现象是摩擦型带传动正常工作时固有的特性，是不可避免的。

由于存在弹性滑动现象,从动轮圆周速度 v_2 必然低于主动轮圆周速度 v_1,其差值与主动轮圆周速度之比称为弹性滑动系数 ε:

$$\varepsilon = \frac{v_1 - v_2}{v_1} \times 100\% \qquad (5\text{--}10)$$

带传动的实际传动比为:

$$i = \frac{n_1}{n_2} = \frac{d_{d2}}{d_{d1}(1 - \varepsilon)} \qquad (5\text{--}11)$$

滑动系数很小($\varepsilon \approx 1\% \sim 2\%$),一般计算时可不考虑。

3. 打滑

当 F_1 与 F_2 之间的拉力差大于带与带轮之间在整个接触弧上总摩擦力时,带与带轮之间发生剧烈的相对滑动(一般发生在较小的主动轮上),从动轮转速急速下降,甚至停转,带传动失效,这种现象称为打滑。打滑对其它机件有过载保护作用,但应尽快采取措施克服,以免带磨损发热使带损坏。

第三节　带传动的设计计算

一、带传动的失效形式和计算准则

带传动的主要失效形式有:

(1)带在带轮上打滑,不能传递运动和动力;

(2)带由于疲劳产生脱层、撕裂和拉断;

(3)带的工作面磨损。

带传动设计计算准则为:保证带传动不打滑的条件下,具有一定的疲劳强度和寿命。

二、单根 V 带的基本额定功率和许用功率

单根普通 V 带在试验条件所能传递的功率,称为基本额定功率,用 P_1 表示,其值见表 5-4。

单根普通 V 带在设计所给定的实际条件下,允许传递的功率,称为许用功率,用 $[P_1]$ 表示。

单根普通 V 带基本额定功率 P_1 是在特定试验条件(特定的带基准长度 L_d,特定使用寿命,传动比 $i=1$,包角 $\alpha=180°$,载荷平稳)下测得的带所能传递的功率。一般设计给定的实际条件与上述试验条件不同,须引入相应的系数进行修正。

当 $i \neq 1$ 时,考虑到带绕过大带轮时产生的弯曲应力比绕过小带轮的小,从疲劳观点看,在带具有同样使用寿命条件下,可以传递更大的功率,即加上额定功率增量 $\triangle P_1$(表 5-4)。

表5-4　单根V带的基本额定功率和额定功率增量

型号 A

小带轮转速 $n/(r\cdot min^{-1})$	小带轮基准直径 d_{d1}/mm（单根V带的基本额定功率 P_1）								传动比 i（额定功率增量 ΔP_1）					
	75	90	100	112	125	140	160	180	1.13~1.18	1.19~1.24	1.25~1.34	1.35~1.51	1.52~1.99	≥2.00
700	0.40	0.61	0.74	0.90	1.07	1.26	1.51	1.76	0.04	0.05	0.06	0.07	0.08	0.09
800	0.45	0.68	0.83	1.00	1.19	1.41	1.69	1.97	0.04	0.05	0.06	0.08	0.09	0.10
950	0.51	0.77	0.95	1.15	1.37	1.62	1.95	2.27	0.05	0.06	0.07	0.08	0.10	0.11
1200	0.60	0.93	1.14	1.39	1.66	1.96	2.36	2.74	0.07	0.08	0.10	0.11	0.13	0.15
1450	0.68	1.07	1.32	1.61	1.92	2.28	2.73	3.16	0.08	0.09	0.11	0.13	0.15	0.17
1600	0.73	1.15	1.42	1.74	2.07	2.45	2.94	3.40	0.09	0.11	0.13	0.15	0.17	0.19
2000	0.84	1.34	1.66	2.04	2.44	2.87	3.42	3.39	0.11	0.13	0.16	0.19	0.22	0.24

型号 B

小带轮转速 $n/(r\cdot min^{-1})$	125	140	160	180	200	224	250	280	1.13~1.18	1.19~1.24	1.25~1.34	1.35~1.51	1.52~1.99	≥2.00
400	0.84	1.05	1.32	1.59	1.85	2.17	2.50	2.89	0.06	0.07	0.08	0.10	0.11	0.13
700	0.30	1.64	2.09	2.53	2.96	3.47	4.00	4.61	0.10	0.12	0.15	0.17	0.20	0.22
800	1.44	1.82	2.32	2.81	3.30	3.86	4.46	5.13	0.11	0.14	0.17	0.20	0.23	0.25
950	0.64	2.08	2.66	3.22	3.77	4.42	5.10	5.85	0.13	0.17	0.20	0.23	0.26	0.30
1200	1.93	2.47	3.17	3.85	4.50	5.26	6.04	6.90	0.17	0.21	0.25	0.30	0.34	0.38
1450	2.19	2.82	3.62	4.39	5.13	5.97	6.82	7.76	0.20	0.25	0.31	0.36	0.40	0.46
1600	2.33	3.00	3.86	4.68	5.64	6.33	7.02	8.13	0.23	0.28	0.34	0.39	0.45	0.51

型号 C

小带轮转速 $n/(r\cdot min^{-1})$	200	224	250	280	315	355	400	450	1.13~1.18	1.19~1.24	1.25~1.34	1.35~1.51	1.52~1.99	≥2.00
500	2.87	3.58	4.33	5.19	6.17	7.27	8.52	9.81	0.20	0.24	0.29	0.34	0.39	0.44
600	3.30	4.12	5.00	6.00	7.14	8.45	9.82	11.29	0.24	0.29	0.35	0.41	0.47	0.53
700	3.69	4.64	5.64	6.76	8.09	9.50	11.02	12.63	0.27	0.34	0.41	0.48	0.55	0.62
800	4.07	5.12	6.23	7.52	8.92	10.46	12.10	13.80	0.31	0.39	0.47	0.55	0.63	0.71
950	4.58	5.78	7.04	8.49	10.05	11.73	13.48	15.23	0.37	0.47	0.56	0.65	0.74	0.83
1200	5.29	6.71	8.21	9.81	11.53	13.31	15.04	16.59	0.47	0.59	0.70	0.82	0.94	1.06
1450	5.84	7.45	9.04	10.72	12.46	14.12	15.53	16.47	0.58	0.71	0.85	0.99	1.14	1.27

传动摩擦力最大值取决于小轮包角 α_1。当 $\alpha_1 < 180°$ 时,传动能力降低,故引入包角系数 K_α(表5-5)。

表5-5 包角系数 K_α

包角 α_1（°）	180	175	170	165	160	155	150	145	140	135	130	125	120
K_α	1.00	0.99	0.98	0.96	0.95	0.93	0.92	0.91	0.89	0.88	0.86	0.84	0.82

带的基准长度越大,绕过带轮的次数越少,即应力循环次数越少,带的疲劳寿命增大。在同样条件下可传递更大地功率。故引入带长修正系数 K_L(表5-2)。

单根普通 V 带许用功率为:

$$[P_1] = (P_1 + \Delta P_1) \cdot K_\alpha \cdot K_L \tag{5-12}$$

三、设计计算的已知条件和主要内容

1. 设计计算的已知条件

(1)传动的用途、工作表现和原动机种类;

(2)传递的功率;

(3)主、从动轮转速 n_1、n_2(或 n_1 和传动比 i);

(4)其他要求,如中心距大小,安装位置限制等。

2. 设计计算的主要内容

(1)V 带的型号、长度和根数;

(2)带轮的尺寸、材料和结构;

(3)传动中心距 a;

(4)带作用在轴上的压轴力 F_Q 等。

四、设计计算步骤

1. 确定计算功率

由于不同原动机和工作机载荷性质及工作情况不同,应引入工况系数 K_A(表5-6),对给定名义功率 P 进行修正。计算功率 P_c 为:

$$P_c = K_A P \tag{5-13}$$

表5-6　工况系数 K_A

工况		K_A					
		空载、轻载启动			重载启动		
载荷性质	工作机	每天工作小时数/h					
		<10	10～16	>16	<10	10～16	>16
载荷变动微小	液体搅拌机，通风机和鼓风机（≤7.5 kW），离心式水泵，压缩机，轻负荷输送机	1.0	1.1	1.2	1.1	1.2	1.3
载荷变动小	带式输送机，通风机（>7.5 kW），旋转式水泵和压缩机（非离心式），发电机，金属切削机床，印刷机等	1.1	1.2	1.3	1.2	1.3	1.4
载荷变动较大	斗式提升机，往复式水泵和压缩机，起重机，冲剪机床，橡胶机械，纺织机械等	1.2	1.3	1.4	1.4	1.5	1.6

注：1. 空载、轻载启动——电动机（交流启动、三角启动、直流并励）、四缸以上的内燃机；

　　2. 重载启动——电动机（联机交流启动、直流复励或串励）、四缸以下的内燃机；

　　3. 在反复启动、正反转频繁等场合，将查出的系数 K_A 乘以1.2。

2. 选择V带的型号

根据计算功率 P_c 和主动轮转速 n_1，由图5-12选择V带的型号。

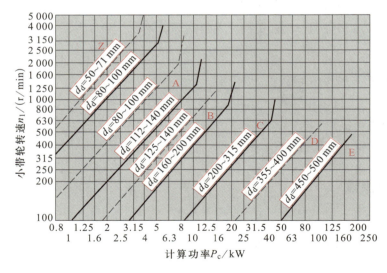

图5-12　普通V带选型图

3. 确定V带轮的基准直径 d_{d1}、d_{d2}

（1）确定小带轮的基准直径 d_{d1}

为了使带传动结构紧凑，小带轮的基准直径 d_{d1} 应小些。基准直径 d_{d1} 越小，带的弯曲应力越大,影响带的寿命。为了避免弯曲应力过大,对V带轮的最小直径加以限制,见表5-3。

计算结果按表5-3圆整至标准尺寸。

(2)验算带速v

$$v = \frac{\pi d_{d1} \cdot n_1}{60 \times 1\,000} \qquad (5-14)$$

一般取5 m/s$\leqslant v \leqslant$25 m/s,如带速超过上述范围,应重选小带轮直径d_{d1}。

(3)确定大带轮的基准直径d_{d2}

大带轮基准直径d_{d2}按下式计算:

$$d_{d2} = id_{d1}(1 - \varepsilon) \qquad (5-15)$$

d_{d2}按表5-3圆整至标准尺寸,并调整传动比。

4. 确定中心距a和带的基准长度L_d

(1)初定中心距a_0

中心距a愈大,带的长度愈大,单位时间内带弯曲疲劳次数越少,带的寿命增大。但中心距a过大,易引起带传动抖动,影响带传动正常运行。中心距a过小又将导致小带轮包角α_1过小,使传动能力下降。

一般初定中心距a_0时取值范围:

$$0.7(d_{d1} + d_{d2}) < a_0 < 2(d_{d1} + d_{d2}) \qquad (5-16)$$

或根据结构而定。

(2)确定带的基准长度L_d

由带传动的几何关系初算带的基准长度L_{d0}:

$$L_{d0} = 2a_0 + \frac{\pi}{2}(d_{d1} + d_{d2}) + \frac{(d_{d1} - d_{d2})^2}{4a_0} \qquad (5-17)$$

L_{d0}按圆整得到基准长度L_d。

(3)确定实际中心距a

$$a \approx a_0 + \frac{L_d - L_{d0}}{2} \qquad (5-18)$$

中心距a要能够调整,以便于安装和调节带的初拉力。

安装时所需的最小中心距:$a_{min}=a-0.015L_d$。

张紧或补偿所需最大中心距:$a_{max}=a+0.03L_d$。

（4）验算小带轮包角 α_1

$$\alpha_1 = 180° - \frac{d_{d2} - d_{d1}}{a} \times 57.3° \tag{5-19}$$

一般应使 $\alpha_1 \geqslant 120°$，若过小，可增大中心距或设张紧轮。

（5）确定 V 带根数 z

$$z = \frac{P_c}{[P_1]} \tag{5-20}$$

$[P_1]$ 为单根 V 带所能传递的功率，圆整后一般取 $z = 3 \sim 5$。若计算结果超出范围，应重选 V 带型号或加大带轮直径后重新设计。

（6）计算单根 V 带的初拉力 F_0

$$F_0 = 500 \times \left(\frac{2.5}{K_\alpha} - 1\right)\frac{P_c}{z \cdot v} + qv^2 \, (\mathrm{N}) \tag{5-21}$$

（7）计算压轴力 F_Q

为了设计安装带轮的轴和轴承，需确定带传动作用于轴上压轴力 F_Q，不考虑两边的拉力差，可以近似地按初拉力 F_0 的合力计算，如图 5-13 所示。

$$F_Q = 2zF_0\cos\left(\frac{\pi}{2} - \frac{\alpha_1}{2}\right) = 2zF_0\sin\frac{\alpha_1}{2} \tag{5-22}$$

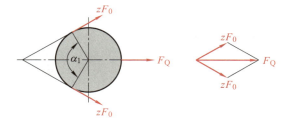

图 5-13　带传动作用于轴上压轴力

（8）V 带轮的结构设计

带轮的结构设计包括：根据带轮的基准直径选择结构形式；根据带的型号确定轮槽尺寸；根据经验公式确定辐板、轮毂等结构尺寸；绘制带轮工作图，并标注技术要求等，如图 5-14 所示。

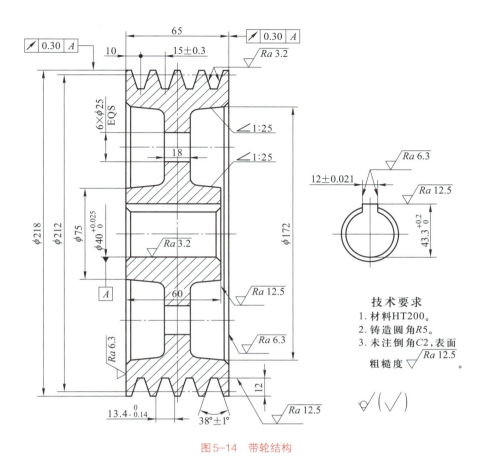

图5-14 带轮结构

例5-1 试设计某机床用的普通V带传动,已知电动机功率$P=5.5$ kW,转速$n_1=1\,440$ r/min,传动比$i=1.92$,要求两带轮中心距不大于800 mm,每天工作16 h。

解: 按表5-7所列步骤进行计算。

表5-7 带传动设计步骤

	计算项目	计算依据	计算结果
1	计算功率	查表5-6 式5-13	$K_A=1.2$ $P_c=K_A P=1.2\times5.5=6.6$ kW
2	确定V带型号	表5-3	A型带
3	(1)小带轮的基准直径d_{d1}	表5-3	$d_{d1}=112$ mm
	(2)验算带的速度v	式5-14	$v=\dfrac{\pi d_{d1}\cdot n_1}{60\times1\,000}=\dfrac{\pi\times112\times1\,440}{60\times1\,000}=8.44$ m/s
	(3)确定大带轮的基准d_{d2}	表5-3 取$\varepsilon=0.015$	$d_{d2}=id_{d1}(1-\varepsilon)=1.92\times112\times(1-0.015)=211.81$ mm 圆整取标准值$d_{d2}=212$ mm。

续　表

计算项目	计算依据	计算结果
3	(1)初定中心距 a_0	式5-16	$0.7(d_{d1}+d_{d2})<a_0<2(d_{d1}+d_{d2})$ $a_0 = 700$ mm
	(2)确定带的基准长度 L_d	式5-17 表5-2	$L_{d0} = 2a_0 + \dfrac{\pi}{2}(d_{d1} + d_{d2}) + \dfrac{(d_{d1} - d_{d2})^2}{4a_0}$ $= \left[2 \times 700 + \dfrac{\pi}{2}(112 + 212) + \dfrac{(212 - 112)^2}{4 \times 700} \right] = 1\,912.5$ mm 取 $L_d = 2\,000$ mm
	(3)确定中心距 a	式5-18	$a \approx a_0 + \dfrac{L_d - L_{d0}}{2} = 700 + \dfrac{2\,000 - 1\,912.5}{2} = 744$ mm $a_{max} = a + 0.03L_d = (744 + 0.03 \times 2\,000)\,\text{mm} = 804$ mm $a_{min} = a - 0.015L_d = (744 - 0.015 \times 2\,000)\,\text{mm} = 714$ mm
	(4)验证小带轮包角 α_1	式5-19	$\alpha_1 = 180° - \dfrac{d_{d2} - d_{d1}}{a} \times 57.3° = 180° - 57.3° \times$ $\dfrac{212 - 112}{744} = 172.3° > 120°$
4	确定V带的根数 z	表5-4 表5-5 表5-2 式5-20	$P_1 = 1.6$ kW $\Delta P = 0.15$ kW $K_L = 1.03$ 取 $z = 4$ $\quad z = \dfrac{P_c}{[P_1]} = \dfrac{P_c}{(P_1 + \Delta P_1)K_\alpha K_L} =$ $\dfrac{6.6}{(1.60 + 0.15) \times 0.958 \times 1.03} = 3.72$
5	计算初拉力 F_0	表5-1 式5-21	A 型带 $q=0.10$ kg/m $F_0 = 500 \times \dfrac{(2.5 - K_\alpha)P_c}{K_\alpha zv} + qv^2$ $= \left[500 \times \dfrac{(2.5 - 0.985) \times 6.6}{0.985 \times 4 \times 8.44} + 0.10 \times 8.44^2 \right] = 157$ N
6	计算带作用在轴上的力 F_Q	式5-22	$F_Q = 2zF_0\sin\dfrac{\alpha_1}{2} = 2 \times 4 \times 157 \times \sin\dfrac{172.3°}{2} = 1\,253$ N
7	带轮结构设计	小带轮 $d_{d1} = 112$ mm 大带轮 $d_{d2} = 212$ mm	小带轮采用实心轮(结构设计略);大带轮采用孔板轮如图5-14所示

第四节　V带传动的张紧、安装与维护

一、V带传动的张紧

1. 张紧

由前述可知,张紧力 F_0 越大,带与带轮间的摩擦力越大,带的传动能力越大。但过大的张紧力,不仅会使带过早松弛而降低其使用寿命,同时也增大了轴与轴承之间的压力。因此,张紧力应控制在适当的范围内,在中等中心距的带传动中,一般用大拇指按下带,若挠度为10～15 mm,则认为张紧力合适,如图5-15所示。

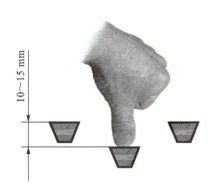

图5-15　带的张紧力

2. 张紧装置

带传动工作中,在张紧力的作用下,经过一段时间运转后,带会因产生塑性变形而松弛,从而使张紧力F_0降低,带的传动能力下降。为了保证带传动的传动能力,当张紧力F_0不足时,必须重新张紧。常见的张紧装置有以下几种。

(1)定期张紧装置　采用定期改变中心距的方法来调节张紧力,使带重新张紧。在水平或倾斜不大的传动中,可采用如图5-16a所示的张紧装置。在垂直或接近垂直的带传动中,可采用如图5-16b所示的张紧装置。

(2)自动张紧装置　将装有带轮的电动机装在浮动的摆架上(图5-17),利用电动机的自重使带轮随电动机绕固定轴摆动,自动保持张紧力。

(3)采用张紧轮的张紧装置　当带传动的中心距不能调整时,可采用如图5-18所示的张紧轮装置。使用时张紧轮应装在松边内侧,并靠近大带轮。

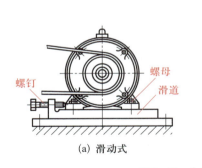

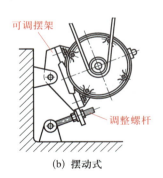

(a)　滑动式　　　　　　　　(b)　摆动式

图5-16　定期张紧装置

二、V带传动的安装与维护

(1)安装时,主动带轮与从动带轮的轮槽要对正,两轮的轴线要保持平行,否则会引起带的扭曲及带的过早磨损,还会使轴承承受附加载荷,如图5-19所示。

(2)带的型号与轮槽的型号要对应,要保证带的断面在轮槽中的正确位置,即带应与带轮的外缘平齐,不能高出,也不能陷入太深(图5-20)。

(3)成组使用的V带,其长短不能相差过大,一般新旧V带不要同时使用,否则会使带受力不均匀。

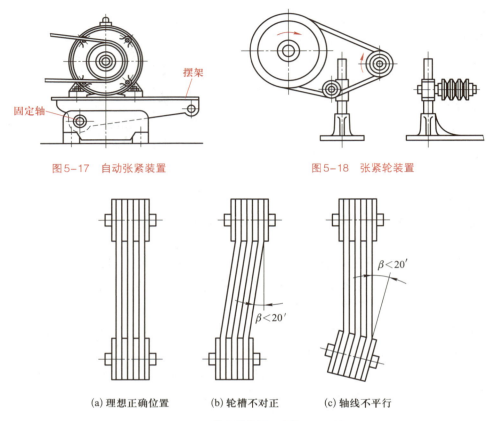

图5-17　自动张紧装置

图5-18　张紧轮装置

(a) 理想正确位置　　(b) 轮槽不对正　　(c) 轴线不平行

图5-19　V带和带轮的正确位置及误差

(a) 正确　　　　　　(b) 不正确　　　　　(c) 不正确

图5-20　V带在轮槽中的位置

（4）带传动装置应加安全防护罩，避免发生意外并保护带的工作环境。

（5）带不应和酸、碱、盐及油类等对橡胶有腐蚀作用的介质接触，并尽量避免日光暴晒和雨淋。

练 习 题

一、填空题

1. 带传动张紧的目的是_____。

2. 与平带传动相比较，V带传动的优点是_____。

3. V带的公称长度为：_____长度。

4. 带传动过程中，承受的三种应力是：_____应力、_____应力和_____应力。
   任一截面上的总应力随运转位置而不断变化，最大应力发生在_____处，其值为_____。

5. 影响带所传递最大圆周力的因素有_____、_____、_____。

6. 带传动的主要失效形式有_____和_____。

7. 带传动不能保证精确的传动比，其原因是带传动有_____。

8. 在传动系统中，带传动通常放置在_____。

9. 带传动维护中，新旧带_____(能、不能)混合使用。

10. 在中心距一定情况下，传动比越大，小带轮上的包角_____、传动能力_____。

二、简答题

1. 带传动有何优缺点？

2. 摩擦型带传动有哪些类型？各自的特点是什么？

3. 何为包角？它对带传动有什么影响？

4. 打滑会带来哪些后果？打滑是否可以避免？打滑多发生在大带轮上还是小带轮上？

5. 打滑与弹性滑动有何区别？对带传动各有什么影响？

6. V带轮的轮槽角φ比V带的楔角$\alpha(=40°)$要小，试分析原因。

7. 什么是弹性滑动？对带传动有什么影响？弹性滑动可以避免吗？

8. V带有哪两种结构？各有何特点？

9. 带传动为什么要考虑张紧？常见的张紧装置有哪些？

10. 带传动中张紧轮应当设置在何处？

德技铸匠工坊

实践与训练
看视频 学技术
学榜样 做工匠

第五章 带传动

第六章

链传动

链传动是一种用途广泛的机械传动形式，兼有齿轮传动和带传动的特点。链传动种类繁多，本章重点介绍传动用滚子链和链轮的结构及类型。在详细讨论链传动的运动特性的基础上，介绍了链传动的设计计算的基本过程，并简要介绍链传动的布置、安装和润滑。

微视频

链传动应用举例

第一节 链传动的特点与类型

一、链传动的组成与工作原理

如图 6-1 所示，链传动由两轴平行的主动链轮 1、从动链轮 2 和链条 3 组成。靠链轮齿和链条链节之间的啮合传递运动和动力。因此，链传动是一种具有中间挠性件的啮合传动。

 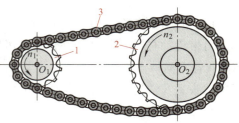 

微视频

链传动组成与工作原理

图6-1 链传动

二、链传动的特点

链传动兼有带传动和齿轮传动的特点。

链传动的主要优点有：平均传动比恒定，传动过程中无打滑现象；结构紧凑，承载能力强,传动可靠性和效率高,工作寿命长;无须很大的张紧力,作用在链轮轴上的压力小;可用于两轴中心距较大、工作环境比较恶劣的场合;成本低廉,制造、安装精度要求较低。

链传动的主要缺点有:瞬时传动比不恒定;链条易磨损,长时间工作后容易发生跳齿和脱链等现象;高速传动时,易产生振动和噪声;只能用于平行轴间的传动。

链传动主要用在要求工作可靠,且两轴相距较远,以及其他不宜采用齿轮传动的场合。例如自行车和摩托车上应用链传动,结构简单,工作可靠。链传动还可应用于重型及极为恶劣的工作条件下,例如建筑机械中的链传动,常受到土块、泥浆及瞬时过载的影响,但仍能很好工作。

链传动应用较广,一般应用在 100 kW 以下、传动比 $i \leqslant 8$、中心距 $a \leqslant 5 \sim 6$ m、链速 $v \leqslant 15$ m/s 的场合。

三、链传动的类型

链条的系列和品种很多,常用的链条按照工作性质分为三大类:

（1）传动链　传动链是一种应用范围最为广泛的传动方式,主要用来传递运动和动力。

（2）输送链　又称牵引链,用于链式输送机中移动重物,如图 6-2a、b 所示。

（3）起重链　主要用于起重机械中提升重物,起牵引和悬挂重物的作用,如图 6-2c 所示。

(a) 链斗式提升机

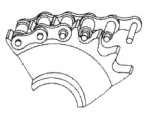

(b) 链式输送机

(c) 链式电动葫芦

图6-2　链传动的类型

根据链条结构的不同,传动链的种类主要有**套筒滚子链**和**齿形链**两种,如图6-3所示。套筒滚子链又称滚子链,结构简单、不易磨损,应用较广。

(a) 套筒滚子链　　　　　　(b) 齿形链

图6-3　传动链的种类

第二节 套筒滚子链与链轮

一、套筒滚子链的结构

1. 滚子链的结构与标准

滚子链的结构如图6-4所示。它是由**内链板**、**外链板**、**销轴**、**套筒及滚子**组成的。销轴与外链板、套筒与内链板分别以过盈配合连接，组成外链节、内链节。内、外链节通过套筒与销轴之间的间隙配合组成铰链结构，内、外链节可相对转动。滚子与套筒是间隙配合，当链条与链轮进入或脱离啮合时，滚子可在链轮上滚动，此时两者之间为滚动摩擦，从而减少了链条与链轮轮齿的磨损。

链条上相邻销轴的轴间距称为节距，用 p 表示，它是链传动最主要的参数，节距越大，链传动各零件的结构尺寸也越大，承载能力也越高，但传动越不平稳，重量也随之增大。当需要传递大功率而又要求传动结构尺寸较小时，可采用小节距的双排链或多排链，如图6-5所示。为了避免受力不均，**最多不超过四排链**。

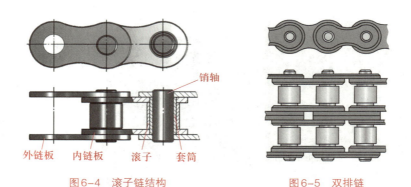

图6-4 滚子链结构　　　　　图6-5 双排链

滚子链已经标准化，其结构和基本参数已在国家标准中作了规定，表6-1列出了GB/T 1243—2006规定的滚子链的节距尺寸。

表6-1 滚子链的链号与节距

链号	06B	08A	10A	12A	16A	20A	24A
节距 p/mm	9.525	12.70	15.875	19.05	25.40	31.75	38.10

国家标准规定滚子链的标记为：

链号 – 排数 – 链节数　　标准编号

例如：08A-1-86　GB/T 1243—2006表示链号为08A（节距为12.7 mm）、单排、86节的滚子链。

2. 滚子链的接头形式

当链节数为偶数时，内、外链板正好相接，可直接采用链节连接，接头处常采用开口销（图6-6a）或弹性锁片（图6-6b）锁住连接链板。当链节数为奇数时，接头可使用过渡链节（图6-6c）连接，过渡链节不仅制造复杂，而且抗拉强度较低，因此应尽量采用偶数链节。

| （a）开口销 | （b）弹性锁片 | （c）过渡链接 |

图6-6 滚子链的接头形式

二、滚子链链轮

链轮不是标准件，但链轮上的齿形必须按国家标准中规定的参数制作，其结构也要参照国家标准制作。

1. 链轮的结构

滚子链轮的结构如图6-7所示，链轮的结构主要依据链轮直径的大小确定，小直径链轮可制成实心式；中等直径链轮可制成腹板式或孔板式；对于大直径链轮，为了提高轮齿的耐磨性，常将齿圈和齿芯用不同材料制造，然后用焊接或螺栓连接的方法装配在一起。链轮上的齿形按GB/T 1243—2006中规定的参数制造，目前的链轮轮齿多采用三圆弧一直线齿形。

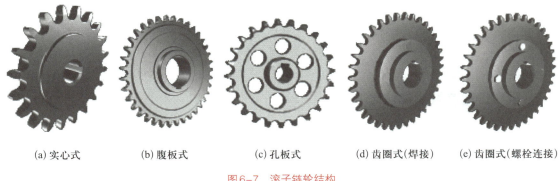

(a) 实心式　　　(b) 腹板式　　　(c) 孔板式　　　(d) 齿圈式（焊接）　　　(e) 齿圈式（螺栓连接）

图6-7 滚子链轮结构

2. 链轮的材料

链传动的主要失效形式是链条元件的疲劳破坏或因套筒和销轴之间的磨损而使链节距过度伸长。一般链传动中，换两三次链条才换一次链轮。链传动工作时，链与链轮之间有冲击和摩擦，故链轮轮齿应有足够的耐磨性和强度。小链轮因为啮合次数多、冲击大、磨损严重,所以,应该选择比大链轮更好的材料。

无剧烈振动和冲击的链轮,可以选用40钢、50钢等淬火、回火;有动载荷及传递较大功率的链轮,应采用15Cr、20Cr渗碳淬火、回火;使用优质链条的重要链轮,要采用35SiMn、40Cr等淬火、回火。

第三节　链传动的运动特性

一、平均链速与平均传动比

链条是由若干个链节组成的,每个链节可视为刚体。由于链条是以折线形状绕在链轮上的,相当于链条绕在边长为节距p,边数为链轮齿数z的多边形上,因此链轮每转过一周时链条转过的长度为zp,则链条的平均链速为

$$v = \frac{n_1 z_1 p}{60 \times 1\,000} = \frac{n_2 z_2 p}{60 \times 1\,000} \qquad (6-1)$$

式中　　v——平均链速,单位为m/s;

　　　　p——链节距,单位为mm;

　　z_1、z_2——主、从动链轮的齿数;

　　n_1、n_2——主、从动链轮的转速,单位为r/min。

由上式可得链传动的平均传动比为:

$$i = \frac{n_1}{n_2} = \frac{z_2}{z_1} \qquad (6-2)$$

二、瞬时链速与瞬时传动比

如图6-8所示,当主动链轮匀速转动时,链条铰链A在任一位置(以β角度量)上的瞬时速度为

$$v_A = \omega_1 R_1 \qquad (6-3)$$

链条前进分速度为

$$v = \omega_1 R_1 \cos \beta \qquad (6-4)$$

链条上下运动分速度为

$$v' = \omega_1 R_1 \sin \beta \qquad (6-5)$$

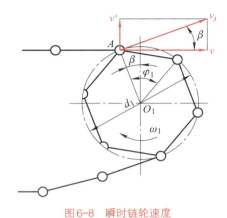

图 6-8　瞬时链轮速度

每一链节在主动链轮上对应中心角为

$$\varphi_1 = \frac{360°}{z_1} \qquad (6-6)$$

β 角的变化范围为

$$-\frac{\varphi_1}{2} \sim \frac{\varphi_1}{2} \qquad (6-7)$$

瞬时传动比为

$$i_s = \frac{\omega_1}{\omega_2} \qquad (6-8)$$

实际上，由于链条绕在链轮上呈多边形，因此即使主动轮以等角速度转动，链传动的瞬时链速、瞬时传动比和从动轮的瞬时角速度等都是变化的，并按每一链节啮合的过程做周期性的变化，所以链条的直线运动速度是变化的，链传动不能保持恒定的瞬时传动比。

三、链传动的失效形式

1. 链条疲劳破坏

链传动时，由于链条在松边和紧边所受的拉力不同，使链条工作在交变拉应力状态。经过一定的应力循环次数后，链条元件由于疲劳强度不足而破坏，链板将发生疲劳断裂，或套筒、滚子表面出现疲劳点蚀。在润滑良好的条件下，疲劳强度是决定链传动能力的主要因素。

2. 链条磨损

链传动时,销轴与套筒的压力较大,彼此又产生相对转动,因而导致铰链磨损,使链的实际节距变长如图6-9所示。铰链磨损后,由于实际节距的增长主要出现在外链节,内链节的实际节距几乎不受磨损影响而保持不变,因而增加了各链节的实际节距的不均匀性,使传动更不平稳。链的实际节距因磨损而伸长到一定程度时,链条与轮齿的啮合情况变坏,从而发生爬高和跳齿现象。磨损是润滑不良的开式链传动的主要失效形式,会造成链传动寿命降低。

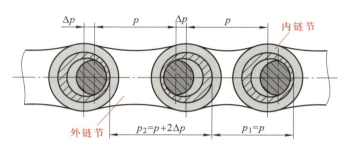

图6-9　链条磨损后的实际节距

3. 链条胶合

在高速重载时,销轴与套筒接触表面间难以形成润滑油膜,金属直接接触导致胶合,限制了链传动的极限转速。

4. 链条冲击破断

对于因张紧不好而有较大松边垂度的链传动,在反复起动、制动或反转时所产生的巨大冲击,将会使销轴、套筒、滚子等元件不到疲劳破坏时就产生冲击破断。

5. 链条过载拉断

低速($v < 0.6$ m/s)重载的链传动在过载时,因强度不足而被拉断。

第四节　链传动的主要参数及其选择

一、链轮齿数

链轮齿数要选择适当,不宜过多或过少。链轮齿数愈少,链轮传动的不均匀性和动载荷都会增加,同时当链轮齿数过少时,使链轮直径过小,会增加链节的负荷和工作频率,加速链条磨损。

由此可见,增加小链轮齿数对传动是有利的。但链轮齿数过多,会造成链轮尺寸过大,而且当链条磨损后，容易引起脱链现象。同样会缩短链条的使用寿命。由于链节数常为偶数，为考虑磨损均匀，链轮齿数一般应取与链节数互为质数的奇数。一般小链轮齿数 z_1 可由表 6-2 选取，然后再按传动比确定大链轮的齿数 z_2。一般 z_2 不宜大于 120。

表 6-2　小链轮齿数 z_1

链速 $v/(\mathrm{m \cdot s^{-1}})$	$0.6 \sim 3$	$>3 \sim 8$	>8
z_1	$\geqslant 17$	$\geqslant 21$	$\geqslant 25$

二、链节距

节距 p 是链传动中最主要的参数。节距越大其承载能力越高，但传动中附加动载荷，冲击和噪声也都会越大。因此，在满足传递功率的前提下，应尽量选取小节距的单排链；若传动速度高，功率大时，则可选用小节距多排链。这样可在不加大节距的条件下，增加链传动所能传递的功率。

三、链传动的中心距

若链传动中心距过小，则小链轮的包角也小，同时参与啮合的齿数就少；若中心距过大，易使链传动时链条抖动。一般可取中心距 $a=(30 \sim 50)p$，最大中心距 $a_{\max} \leqslant 80p$。另外，为了便于安装链条和调节链的张紧度，中心距一般都设计成可调的。

四、链节数

中心距与链轮齿数确定的场合，根据计算公式代入中心距、大小链轮齿数、节距，可计算出链节数，为延长链的使用寿命，链节数应尽量为偶数。

第五节　链传动的安装与维护

一、链传动的布置

链传动的布置应遵循以下原则：

（1）大小链轮的轴线要平行，各链轮在同一平面内，且使链条在同一竖直面内运动。图 6-10 为用水平尺和直尺检查链轮的安装情况。

（2）两链轮的轴心连线最好是水平或与水平面的夹角小于 45°。尽量避免垂直布置，以防链节磨损后因伸长造成下边链轮与链条的啮合不良，出现脱链。

（3）链传动一般应使紧边在上、松边在下；否则，松边下垂，链有可能无法从小链轮脱出，反而会被卷入。

(a) 检查轴的水平和平行情况

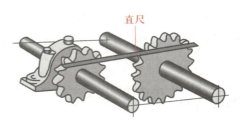
(b) 检查链轮的共面情况

图6-10　用水平尺和直尺检查链轮的安装情况

二、链传动的张紧

链条张紧的目的，主要为了避免由于铰链磨损使链条长度增大时，松边过于松弛而造成啮合不良和链条的振动；同时也为了增大链条与链轮的包角。

最常用的张紧方法是移动链轮以**增大两轮的中心距**。中心距不可调时，可在松边外侧（也可在内侧）设置张紧轮（链轮或滚轮），如图6-11所示。

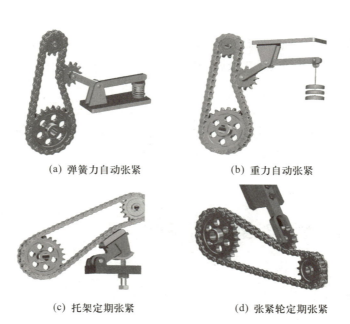

(a) 弹簧力自动张紧　　　　　　(b) 重力自动张紧

(c) 托架定期张紧　　　　　　(d) 张紧轮定期张紧

图6-11　链传动的张紧方法

三、链传动的润滑

良好的润滑有利于减少磨损，降低摩擦损失，缓和冲击和延长链的使用寿命。滚子链的润滑方式见表6-3。

表6-3　滚子链的润滑方式

方式	人工润滑	滴油润滑	油浴润滑	压力润滑
简图				
说明	用刷子或油壶定期向链条松边内、外链板间隙中注油	装有简单外壳,用油杯滴油	采用不漏油的外壳使链条从油槽中通过	采用不漏油的外壳,油泵强制向链条供油,喷油管口设在链条啮合入口处,循环油可起冷却作用

练 习 题

1. 与带传动相比,链传动有何特点?

2. 滚子链由哪几部分构成? 说明各部分之间的配合连接关系。

3. 什么是节距? 说明节距与承载能力的关系。

4. 自行车链条因磨损而伸长,若伸长过大,可去掉数节后再用,为什么去掉的链节数必须是偶数?

5. 自行车、摩托车的链传动是减速传动还是增速传动,为什么? 与一般带传动、链传动是否相同?

6. 若将带传动和链传动都做水平布置,则要求它们的松边和紧边位置不同(图6-12),试说明其原因。

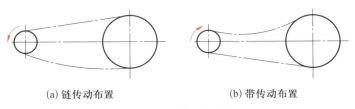

(a) 链传动布置　　　　　　(b) 带传动布置

图6-12　练习题6图

7. 请调查一种机械设备的链传动,记录节距p、排数m、中心距a、链节数L_p、链轮齿数z_1和z_2、止锁方式、张紧方法和润滑油品种等。

德技铸匠工坊

实践与训练
看视频 学技术
学榜样 做工匠

第六章 链传动

Chapter 7
第七章 | **齿轮传动**

第一节　齿轮传动的特点

一、齿轮传动的特点

微视频

齿轮传动的应用

齿轮传动是利用两齿轮的轮齿相互啮合传递运动和动力的机械传动。齿轮传动是机械传动中应用最广泛、最主要的一种啮合传动机构。与其他传动机构相比，齿轮传动有以下特点：

（1）传递功率和圆周速度适应范围大，传递功率可由很小到十几万千瓦，圆周速度可达300 m/s。

（2）**瞬时传动比恒定不变，且可以实现较大的传动比。**一般齿轮传动的传动比 $i \leqslant 5$，最大传动比 $i_{max} = 8$。

（3）结构紧凑、工作可靠、使用寿命长、传动效率高。

（4）制造与安装精度要求高，成本高，且不宜用于较大中心距的场合。

想一想 上述特点，哪些是优点？哪些是缺点？

二、齿轮传动的分类

齿轮传动应用广、类型多，通常按传动轴的相对位置进行分类，如图7-1所示。

此外根据齿轮传动工作条件，还分为**闭式齿轮传动、开式齿轮传动和半开式齿轮传动**。

（1）闭式齿轮传动　将齿轮封闭在箱体内，具有良好的润滑条件和防护条件，常用于速度较高或重要的齿轮传动的场合，如图7-2a所示。

（2）开式齿轮传动　没有防护箱体，齿轮暴露在外面，外界杂物容易侵入轮齿啮合处，易引起齿面磨损，常用于低速与不重要的齿轮传动的场合，如图7-2b所示。

（3）半开式齿轮传动　齿轮浸入油池，有防护罩，但不封闭。

本章着重介绍外啮合的渐开线直齿圆柱齿轮传动。

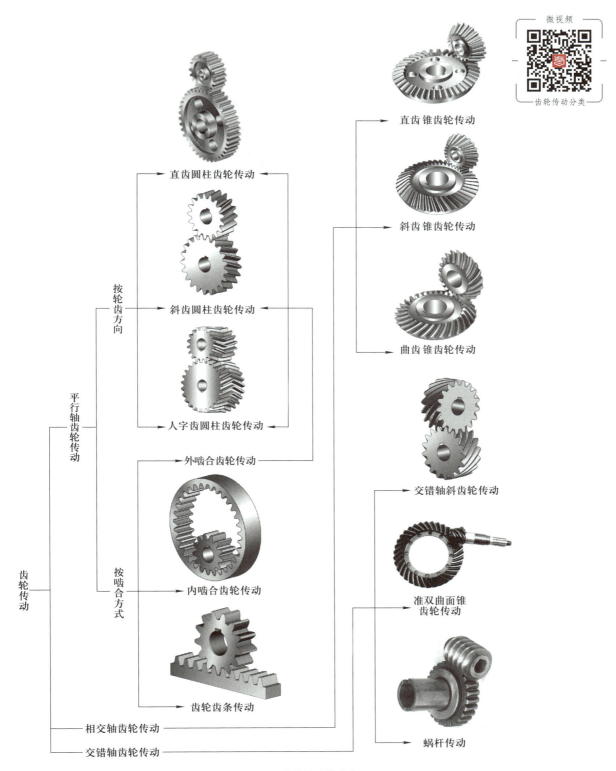

微视频

齿轮传动分类

直齿锥齿轮传动

斜齿锥齿轮传动

曲齿锥齿轮传动

直齿圆柱齿轮传动

斜齿圆柱齿轮传动

人字齿圆柱齿轮传动

外啮合齿轮传动

交错轴斜齿轮传动

内啮合齿轮传动

准双曲面锥齿轮传动

齿轮齿条传动

相交轴齿轮传动

交错轴齿轮传动

蜗杆传动

按轮齿方向

平行轴齿轮传动

按啮合方式

齿轮传动

图7-1 齿轮传动的分类

（a）闭式齿轮传动　　　　　　　　　（b）开式齿轮传动

图7-2　闭式齿轮传动与开式齿轮传动

第二节　渐开线与渐开线齿廓啮合特点

一、渐开线的形成与渐开线齿廓

在平面内，一条动直线沿着一个固定的圆作纯滚动时，此动直线上一点的轨迹，称为圆的渐开线。

如图7-3所示，直线 AB 与一半径为 r_b 的圆相切，并沿此圆做无滑移的纯滚动，则直线 AB 上任意一点 K 的轨迹 CKD 称为该圆的渐开线。与直线作纯滚动的圆称为基圆，r_b 为基圆半径，直线 AB 称为发生线。

以渐开线作为齿廓曲线的齿轮称为渐开线齿轮。图7-4所示的齿轮轮齿的可用齿廓是由同一基圆的两条相反（对称）的渐开线组成的，称为渐开线齿轮。

微视频

渐开线形成过程

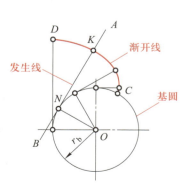
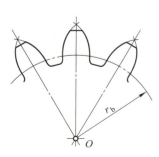

图7-3　渐开线的形成　　　　图7-4　渐开线齿廓的形成

二、渐开线的特性

从渐开线的形成可以看出，它具有下列特性：

（1）发生线在基圆上滚过的线段长度NK，等于基圆上被滚过的一段弧长$\overset{\frown}{NC}$（图7-3），即$\overset{\frown}{NK}=\overset{\frown}{NC}$。

（2）渐开线上任一点K处的法线必与其基圆相切，且切点N为渐开线K点的曲率中心，线段NK为曲率半径（图7-3）。渐开线上各点的曲率半径不同，离基圆越近，曲率半径愈小，在基圆上其曲率半径为零。

（3）渐开线的形状取决于基圆的大小。基圆相同，渐开线形状相同。基圆越小，渐开线越弯曲；基圆越大，渐开线越趋平直。当基圆半径趋于无穷大时，渐开线成直线，这种直线型的渐开线就是齿条的齿廓曲线（图7-5）。

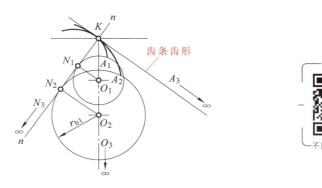

图7-5　不同基圆的渐开线

（4）基圆内无渐开线。

三、渐开线齿廓的啮合特点

1. 能保证瞬时传动比恒定

渐开线齿轮传动最突出的优点，就是瞬时传动比恒定不变，这是由齿轮齿廓的曲线所决定的。 如图7-6所示，一对齿轮的两渐开线齿廓在任意点K啮合，它们的基圆半径分别为r_{b1}、r_{b2}。过啮合点K作公法线N_1N_2交连心线O_1O_2于P点。由渐开线的特性知，N_1N_2必与两基圆相切。又因两定圆在同一方向上的内公切线仅有一条，故不论齿廓在何处啮合，过啮合点所作的公法线都与N_1N_2重合，故P点为一定点，这说明渐开线齿廓符合齿廓啮合基本定律。

由图7-6可知，$\triangle O_1N_1P \backsim \triangle O_2N_2P$，故，故两轮的传动比可写成

$$i = \frac{\omega_1}{\omega_2} = \frac{\overline{O_2P}}{\overline{O_1P}} = \frac{r'_2}{r'_1} = \frac{r_{b2}}{r_{b1}} = 常数 \qquad （7-1）$$

对于每一个具体齿轮来说,其基圆半径为常数,两轮基圆半径的比值为定值,故渐开线齿轮能保证瞬时传动比恒定。

由式(7-1)可得

$$\omega_1\,\overline{O_1P}\;=\;\omega_2\,\overline{O_2P}$$

上式表明,若过点P(称为节点),分别以O_1和O_2为圆心作两圆(称为节圆),则该两圆在P点有相同的圆周速度,说明两节圆在作纯滚动。

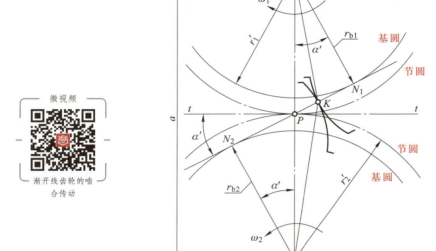

图7-6　渐开线齿轮的啮合传动

知识卡片　**齿廓啮合基本定律**

相互啮合传动的一对齿轮,在任一位置时的传动比,都与其连心线O_1O_2被其啮合齿廓在接触点处的公法线所分成的两线段长成反比,即

$$i = \frac{\omega_1}{\omega_2} = \frac{\overline{O_2P}}{\overline{O_1P}}$$

式中　ω_1、ω_2——主、从动齿轮的角速度。

这一规律称为**齿廓啮合基本定律**。

2. 中心距具有可分性

式（7-1）表明，渐开线齿轮传动的传动比，不仅等于两齿轮节圆半径的反比，也等于其基圆半径的反比。齿轮加工好后其基圆半径已定，不会因中心距变动而改变，因此当由于加工、安装误差，或零件受载变形等原因，引起两齿轮中心距稍小变化时，只要渐开线齿廓仍能保持啮合，其瞬时传动比就能保持恒定不变。这个特点称为渐开线齿轮传动中心距的可分性。

3. 传递压力方向不变性

由前述可知，过任意啮合点所作两齿廓的公法线都是同一条直线N_1N_2，故所有的啮合点都落在N_1N_2线上（N_1N_2线称为啮合线），所以齿廓间传递的压力是沿着公法线N_1N_2的方向，这个特性称传递压力方向不变性，这是渐开线传动的又一个优点，该特点确保了齿轮传动的平稳。

N_1N_2与过节点作两节圆的公切线$t\text{-}t$之间所夹的锐角称为啮合角，用α'表示（图7-6）。由于公法线为一定直线，故啮合角为定值，这也是齿轮传动平稳的原因之一。

第三节　渐开线标准直齿圆柱齿轮的几何尺寸

一、齿轮各部分的名称及基本参数

图7-7所示为渐开线直齿圆柱齿轮的一部分。齿廓表面为渐开线曲面，且两侧齿廓完全对称。

（1）齿顶圆和齿根圆　过所有轮齿顶端的圆称为齿顶圆，其直径用d_a表示；过所有轮齿根部的圆称为齿根圆，其直径用d_f表示（图7-7）。

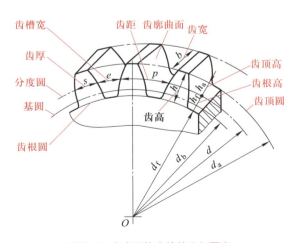

微视频

齿轮结构组成

图7-7　直齿圆柱齿轮的几何要素

（2）齿厚、齿槽宽和齿距　在某一圆周上，轮齿两侧齿廓间的弧长称为该圆上的齿厚，用 s 表示；齿槽两侧齿廓间的弧长称为该圆上的齿槽宽，用 e 表示；相邻两齿同侧齿廓间的弧长称为该圆上的齿距，用 p 表示。显然

$$p = s + e$$

（3）分度圆　分度圆介于齿顶圆和齿根圆之间，是计算齿轮各部分尺寸的基准，其直径用 d 表示。对于标准齿轮，分度圆上的齿厚与齿槽宽相等。

（4）齿数　齿轮圆周上的轮齿总数，用 z 表示。

（5）模数　齿轮的分度圆直径 d、齿数 z、齿距 p 的关系为

$$\pi d = pz \quad 或 \quad d = \frac{p}{\pi} z \pi$$

上式中令 $m = \dfrac{p}{\pi}$，称为齿轮的模数，单位为 mm。故

$$d = mz$$

可见，模数 m 的大小反映了齿距 p 的大小，也就是反映了轮齿的大小。**模数越大，轮齿越大，齿轮所能承受的载荷就越大；反之模数越小，轮齿越小，齿轮所能承受的载荷越小。**

我国规定的标准模数系列见表 7-1。

表 7-1　标准模数系列（摘自 GB/T 1357—2008）　　　　　　　　　　mm

第一系列		1	1.25	1.5	2	2.5	3	4	5	6
	8	10	12	16	20	25	32	40	50	
第二系列		1.125	1.375	1.75	2.25	2.75	3.5	4.5	5.5	(6.5)
	7	9	11	14	18	22	28	36	45	

注：1. 本表适用于渐开线齿轮，对于斜齿圆柱齿轮，指法面模数，对于锥齿轮，指大端模数。
　　2. 选用模数时应优先选用第一系列，括号内的数值尽可能不用。

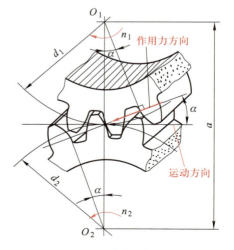

图 7-8　两啮合圆柱齿轮

（6）压力角 α　**压力角是物体运动方向与作用力方向所夹的锐角**，如图 7-8 所示。通常说的齿轮压力角，是指渐开线齿廓在分度圆上的压力角，压力角已标准化，**我国规定标准压力角 $\alpha = 20°$。**

（7）齿顶高、齿根高和全齿高　分度圆与齿顶圆之间的部分叫齿顶，其径向距离为齿顶高，用 h_a 表示；分度圆与齿根圆之间的部分叫齿根，其径向距离为齿根高，用 h_f 表示；齿顶圆与齿根圆之间的径向距离为全齿高（简称齿高），用 h 表示。显然

$$h = h_a + h_f$$

其中　　　　　　$$h_a = h_a^* m, \quad h_f = (h_a^* + c^*) m$$

式中　h_a^*——齿顶高系数；

　　　c^*——顶隙系数（径向间隙系数）。

　　国家标准规定，正常齿制齿顶高系数$h_a^* = 1$，顶隙系数$c^* = 0.25$；短齿制齿顶高系数$h_a^* = 0.8$，顶隙系数$c^* = 0.3$。

　　（8）齿宽　轮齿的轴向宽度称为齿宽，用b表示。

　　上述的齿数z、模数m、压力角α、齿顶高系数h_a^*和顶隙系数c^*为齿轮的基本参数。

想一想　如图7-8所示，两齿轮啮合时，一个齿轮轮齿的齿顶与另一个齿轮的齿槽底部有一定的间隙，该间隙大小为＿＿＿＿＿＿＿＿。该间隙有哪些作用＿＿＿＿＿＿＿＿。

知识卡片　模数、分度圆大小与轮齿大小的关系

　　图7-9所示为两个齿数相同（$z = 16$）而模数不同的齿轮，可以比较其几何尺寸和轮齿的大小。图7-10所示为分度圆直径相同（$d = 72$ mm）、模数不同的四种齿轮轮齿的比较。不难看出，模数小的，轮齿就小，齿数也多。m越大，p越大、s越大，轮齿承载能力也越强。

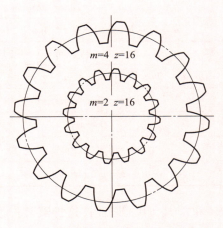

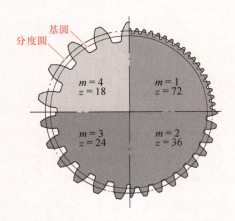

图7-9　齿数、模数与分度圆大小的比较　　　图7-10　齿数、模数与轮齿大小的比较

微视频

齿数、模数与分度圆比较

微视频

齿数、模数与轮齿比较

二、渐开线标准直齿圆柱齿轮的几何尺寸

对模数 m、压力角 α、齿顶高系数 h_a^* 和顶隙系数 c^* 都取标准值,且分度圆上的齿厚 s 等于齿槽宽 e 的齿轮,称为标准齿轮。

外啮合标准直齿圆柱齿轮的几何尺寸计算公式见表7–2。

表7–2　外啮合标准直齿圆柱齿轮的几何尺寸计算公式

名 称		代 号	计 算 公 式
基本参数	模 数	m	根据强度计算决定,按表7–1选取标准值
	齿 数	z	$z_1 \geqslant z_{\min}, z_2 = iz_1$
	压力角	α	取标准值,$\alpha = 20°$
	齿顶高系数	h_a^*	取标准值,$h_a^* = 1.0$
	顶隙系数	c^*	取标准值,$c^* = 0.25$
几何尺寸	分度圆直径	d	$d = mz$
	齿顶高	h_a	$h_a = h_a^* m = m$
	齿根高	h_f	$h_f = (h_a^* + c^*)m = 1.25m$
	全齿高	h	$h = h_a + h_f = (2h_a^* + c^*)m = 2.25m$
	齿顶圆直径	d_a	$d_a = d + 2h_a = (z + 2h_a^*)m = (z + 2)m$
	齿根圆直径	d_f	$d_f = d - 2h_f = (z - 2h_a^* - 2c^*)m = (z - 2.5)m$
	基圆直径	d_b	$d_b = d\cos\alpha = mz\cos\alpha$
	齿 距	p	$p = \pi m$
	齿 厚	s	$s = p/2 = \pi m/2$
	齿槽宽	e	$e = p/2 = \pi m/2$

一对模数相等的标准齿轮,在齿侧无间隙安装时,其分度圆相切,这种安装称为标准安装,其中心距称为标准中心距(图7–8),即

$$a = \frac{1}{2}(d_1 + d_2) = \frac{1}{2}m(z_1 + z_2)$$

例7–1　已知一标准直齿圆柱齿轮的齿数 $z = 36$,齿顶圆直径 $d_a = 304$ mm。试计算其分度圆直径 d、齿根圆直径 d_f、齿距 p 以及齿高 h。

解: 由式 $d_a = (z + 2)m$ 得

$$m = \frac{d_a}{z+2} = \frac{304}{36+2} \text{ mm} = 8 \text{ mm}$$

将 m 代入有关各式,得

$$d = mz = 36 \times 8 \text{ mm} = 288 \text{ mm}$$

$$d_f = (z - 2.5)m = (36 - 2.5) \times 8 \text{ mm} = 268 \text{ mm}$$

$$p = \pi m \approx 3.14 \times 8 \text{ mm} = 25.12 \text{ mm}$$

$$h = 2.25m = 2.25 \times 8 \text{ mm} = 18 \text{ mm}$$

例7-2　一对相啮合的标准直齿圆柱齿轮,已知齿数$z_1 = 24$,$z_2 = 40$,模数$m = 5$ mm。试计算大、小齿轮的分度圆直径d、齿顶圆直径d_a、齿根圆直径d_f、基圆直径d_b、齿距p、齿厚s、齿顶高h_a、齿根高h_f、齿高h和中心距a。

解: 按表7-2所列有关公式计算,计算结果列于表7-3。

表7-3　例7-2计算结果　　　　　　　　　　　　mm

名称及代号	应用公式	小齿轮z_1	大齿轮z_2
分度圆直径d	$d = mz$	$d_1 = 5 \times 24 = 120$	$d_2 = 5 \times 40 = 200$
齿顶圆直径d_a	$d_a = (z + 2)m$	$d_{a1} = (24+2) \times 5 = 130$	$d_{a2} = (40+2) \times 5 = 210$
齿根圆直径d_f	$d_f = (z - 2.5)m$	$d_{f1} = (24 - 2.5) \times 5 = 107.5$	$d_{f2} = (40 - 2.5) \times 5 = 187.5$
基圆直径d_b	$d_b = d\cos \alpha$	$d_{b1} = 120 \times \cos 20° \approx 112.76$	$d_{b2} = 200 \times \cos 20° \approx 187.94$
齿距p	$p = \pi m$	$p_1 = p_2 3.14 \times 5 = 15.7$	
齿厚s	$s = p/2$	$s_1 = s_2 = 7.85$	
齿顶高h_a	$h_a = m$	$h_{a1} = h_{a2} = 5$	
齿根高h_f	$h_f = 1.25m$	$h_{f1} = h_{f2} = 1.25 \times 5 = 6.25$	
齿高h	$h = 2.25m$	$h_1 = h_2 = 2.25 \times 5 = 11.25$	
中心距a	$a = m(z_1 + z_2)/2$	$a = 5 \times (24+40)/2 = 160$	

三、公法线长度和分度圆弦齿厚

齿轮在加工、检验时,常用测量公法线长度和分度圆弦齿厚的方法来保证齿轮的尺寸精度。

1. 公法线长度

基圆切线与齿轮某两条反向齿廓交点间的距离称为**公法线长度**,用W表示(图7-11a)。测量公法线长度只需普通的卡尺或专用的公法线千分尺(图7-11b、c),测量方法简便,结果准确,在齿轮加工中应用较广。

如图7-11a所示,卡尺跨测三个轮齿,分别与轮齿相切于A、B两点,则线段AB就是跨三个轮齿测得的公法线长度W。可见

$$W = (3 - 1)p_b + s_b$$

式中　p_b——基圆齿距；

$\quad\quad$ s_b——基圆齿厚。

当$\alpha=20°$时，经推导整理，可得齿数为z的标准齿轮公法线长度W的计算公式为

$$W = m[2.952\,1(k - 0.5) + 0.014z] \tag{7-2}$$

式中　m——模数；

$\quad\quad$ z——齿轮齿数；

$\quad\quad$ k——跨齿数，由下式计算

$$k = z/9 + 0.5 \approx 0.111z + 0.5$$

计算出的跨齿数k应四舍五入取整数，再代入式（7-2）计算W值。

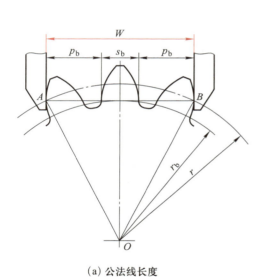

（a）公法线长度

（b）公法线千分尺

（c）公法线长度测量

图7-11　公法线长度及测量

微视频

公法线长度测量

2. 分度圆弦齿厚

测量公法线长度，对于斜齿圆柱齿轮将受到齿宽条件的限制；对于大模数齿轮，测量也有困难；此外，还不能用于检测锥齿轮和蜗轮。在这种情况下，通常改用测量齿轮的分度圆弦齿厚。

分度圆上齿厚对应的弦长 AB 称**分度圆弦齿厚**,用 $\bar{s}_{nc}$ 表示(图7-12a)。为了确定测量位置,把齿顶到分度圆弦齿厚的径向距离称为分度圆弦齿高,用 $\bar{h}_{c}$ 表示。标准齿轮分度圆弦齿厚和弦齿高的计算公式分别为

$$\bar{s}_{nc} = mz\sin\frac{90°}{z}$$

$$\bar{h}_{c} = m\left[h_{a}^{*} + \frac{z}{2}\left(1 - \cos\frac{90°}{z}\right)\right]$$

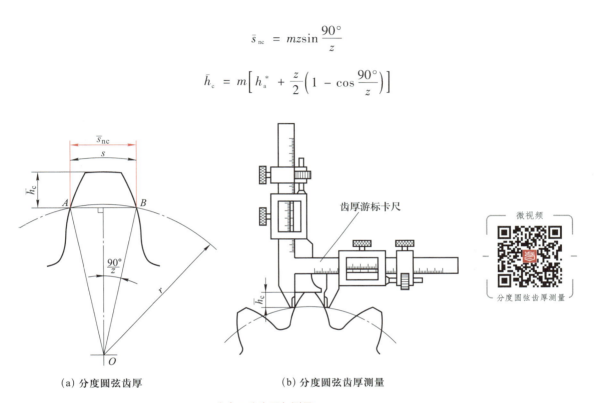

（a）分度圆弦齿厚　　　　　（b）分度圆弦齿厚测量

图7-12　分度圆弦齿厚与测量

分度圆弦齿厚可以使用齿厚游标卡尺进行测量,如图7-12b所示。

第四节　内齿轮与齿条

一、内齿轮

由两个外齿轮(齿顶曲面位于齿根曲面之外的齿轮)组成的齿轮副称**外齿轮副**。当要求齿轮传动两轴平行,回转方向相同,且结构紧凑时,可采用内齿轮副传动。齿顶曲面位于齿根曲面之内的齿轮称为**内齿轮**,有一个齿轮是内齿轮的齿轮副称为**内齿轮副**。内齿轮副的另一个齿轮是外齿轮。如图7-13所示,大齿轮为直齿圆柱内齿轮,与其啮合的小齿轮为直齿圆柱

外齿轮。

直齿圆柱内齿轮主要几何要素如图7-14所示，与外齿轮比较有以下几点不同：

（1）内齿轮的齿廓曲线也是渐开线，但内齿轮的齿廓是内凹的（外齿轮的齿廓是外凸的）。内齿轮的齿厚相当于外齿轮的槽宽，内齿轮的槽宽相当于外齿轮的齿厚。

（2）内齿轮的齿顶圆在它的分度圆之内，齿根圆在它的分度圆之外。

（3）为了使内齿轮齿顶两侧齿廓全部为渐开线，齿顶圆必须大于齿轮的基圆。

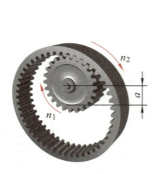

图7-13　内齿轮副

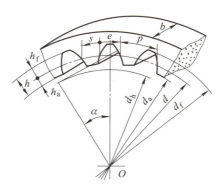

图7-14　内齿轮主要几何要素

微视频

内啮合齿轮传动

图片

内齿轮的几何要素计算

二、齿条

对于渐开线齿轮，当基圆半径增加到无穷大时，演化为齿条，如图7-15所示。齿轮中的圆在齿条中都变成了直线，即齿顶线、分度线、齿根线等。齿条与齿轮相比主要有两点不同：

（1）齿条的齿廓是直线，传动时作直线移动，所以齿条直线齿廓上各点的压力角相同，都等于齿廓倾斜角（压力角），即等于标准压力角 $\alpha=20°$。

（2）齿条上各同侧齿廓是平行的，所以与分度线平行的任意直线上其齿距均相等，即 $p=\pi m$。

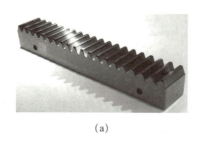

(a)

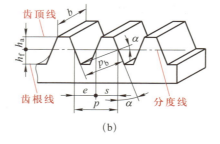

(b)

微视频

齿轮齿条传动

图7-15　齿条

第五节　渐开线直齿圆柱齿轮的啮合传动

一对渐开线齿廓能保证瞬时传动比恒定,但是齿廓长度是有限的,因此必然会出现前后轮齿交替啮合。为了保证啮合交换时传动连续、平稳且不发生轮齿干涉,还必须满足下列条件。

一、一对渐开线齿轮正确啮合的条件

如图7-16所示,一对渐开线齿轮同时有两对轮齿参加啮合,前一对轮齿在B点相啮合,后一对轮齿在B'点相啮合。两个啮合点都在啮合线N_1N_2上,只有当两轮相邻两齿的同侧齿廓间法向距离相等,即$B_1B_1'=B_2B_2'$时,才能保证两轮正确啮合。B_1B_1'和B_2B_2'为两齿轮的法向齿距,由渐开线相关特性得

$$B_1B_1' = B_2B_2' = p_{b1} = p_{b2}$$

式中,p_{b1}、p_{b2}分别为两齿轮基圆上相邻两齿同侧齿廓间的弧长(称为基圆齿距),则有

$$p_b = \frac{\pi d_b}{z} = \pi m \cos \alpha$$

因此有

$$p_{b1} = \pi m_1 \cos \alpha_1 = p_{b2} = \pi m_2 \cos \alpha_2$$
$$m_1 \cos \alpha_1 = m_2 \cos \alpha_2$$

式中,m_1、m_2及α_1、α_2分别为两轮的模数和压力角。由于模数和压力角均已标准化,为满足上式应使

$$\left.\begin{aligned} m_1 &= m_2 = m \\ \alpha_1 &= \alpha_2 = \alpha \end{aligned}\right\}$$

故一对渐开线齿轮正确啮合的条件是两轮的模数和压力角应分别相等,且等于标准值。这样一对齿轮的传动比可写成

$$i_{12} = \frac{\omega_1}{\omega_2} = \frac{n_1}{n_2} = \frac{d_2}{d_1} = \frac{z_2}{z_1}$$

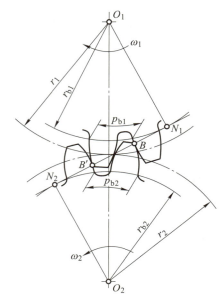

图7-16 一对渐开线齿轮正确啮合的条件

二、连续传动条件

齿轮传动是靠轮齿的依次啮合来传递运动的,要保证运动的传递平稳、连续,必须在前一对轮齿脱开啮合前,后一对轮齿刚好或已进入啮合,否则运动就会中断,且产生冲击。

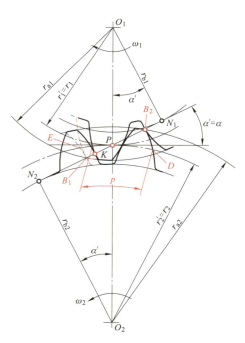

图7-17 连续传动条件

如图7-17所示为一对互相啮合的渐开线标准齿轮,当两齿廓开始啮合时,主动轮1的齿根部分与从动轮2的齿顶在 B_2 点开始接触。当两轮继续转动时,啮合点的位置沿着啮合线 N_1N_2 向 N_2 方向移动,主动轮齿廓上的接触点由齿根向齿顶移动,从动轮齿廓上的接触点由齿顶向齿根移动。当两齿廓要脱离啮合时(图中红色虚线),主动轮1的齿顶与从动轮2的齿根部分在 B_1 点终止接触。由此可见,线段 B_1B_2 为啮合点的实际轨迹,称为实际啮合线。由于基圆内无渐开线,故线段 N_1N_2 为理论上可能的最大啮合线段,称为理论啮合线。

工作时要求齿轮能连续传动,即要求前一对轮齿在啮合终点 B_1 之前的某点 B' 啮合时,后一对轮齿已到达啮合始点 B_2 开始啮合。因此,保证连续传动要求:

$$\overline{B_1B_2} \geqslant \overline{B_2B'} = p_b$$

实际啮合线段长度 $\overline{B_1B_2}$ 与基圆齿距 p_b 之比称为**重合度**,用 ε 表示,则连续传动条件可表示

$$\varepsilon = \frac{\overline{B_1B_2}}{p_b} \geqslant 1$$

考虑安装、制造等误差,为保证齿轮连续传动,要求重合度应大于1。重合度越大,说明同时参加啮合的轮齿数越多,传动越平稳。

三、齿轮传动的标准中心距及啮合角

齿轮传动中心距的变化虽然不影响传动比,但会改变顶隙和齿侧间隙等的大小。一对渐开线外啮合标准齿轮,如果正确安装,在理论上是没有齿侧间隙(简称侧隙)的。否则,两轮在啮合过程中就会发生冲击和噪声,正反转转换时还会出现空程。

而标准齿轮正确安装,实现无侧隙啮合的条件是

$$s_1 = e_2 = p/2 = \pi m/2 = s_2 = e_1$$

所以正确安装的两标准齿轮,两分度圆正好相切,节圆和分度圆重合,这时的中心距称为标准中心距,用 a 表示(图7-18a),即

$$a = r'_1 + r'_2 = r_1 + r_2 = \frac{m}{2}(z_1 + z_2)$$

此时的啮合角与分度圆压力角相等,即 $\alpha' = \alpha$。

应该指出,单个齿轮只有分度圆和压力角,不存在节圆和啮合角。

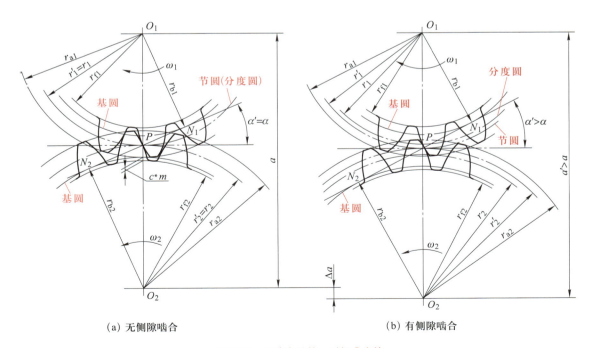

(a) 无侧隙啮合　　　　　　　　　　　　(b) 有侧隙啮合

图7-18　正确安装的一对标准齿轮

如果不按标准中心距安装，则虽然两齿轮的节圆仍然相切，但两轮的分度圆并不相切（图7-18b），此时两啮合齿轮的实际中心距为

$$a = r'_1 + r'_2 \neq r_1 + r_2$$

此时**节圆和分度圆不重合**，啮合角与分度圆压力角不相等（$\alpha' \neq \alpha$）。

第六节　渐开线齿轮的加工原理与根切现象

一、渐开线齿轮的加工方法

1. 仿形法

对于单件生产和精度要求不高的齿轮，常用成形铣刀在铣床上将轮齿铣出，刀具的外形与齿轮的齿槽形状相同，这种加工方法称为仿形法。图7-19所示即为用成形铣刀加工轮齿的方法，每铣完一个齿槽，将齿轮毛坯转过 $\dfrac{360°}{z}$，再铣下一个齿。

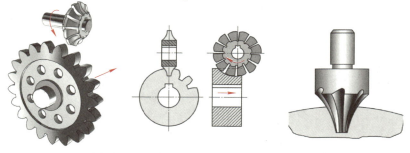

（a）盘形铣刀加工　　　　　　　（b）指状铣刀加工

图7-19　仿形法加工齿轮

2. 展成法

对于生产批量较大的齿轮，为了提高效率、保证精度，常采用展成法加工。它是利用齿轮啮合传动的原理，在刀具与齿轮毛坯的对滚运动中，刀具逐渐切削出渐开线齿形。展成法常用的刀具有齿轮插刀（图7-20）和滚刀（图7-21）两种。

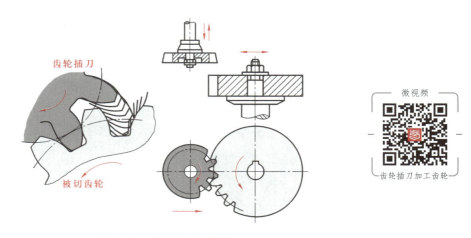

图7-20 齿轮插刀加工齿轮

刀具与齿轮毛坯除按啮合传动的关系运动外,还需做径向与轴向的进给运动,才能将齿槽内的材料全部切除。刀具刀刃在各个位置的包络线即为渐开线齿廓(图7-20)。

图7-21 齿轮滚刀加工齿轮   图7-22 根切现象

二、根切现象与最少齿数

用展成法加工齿轮,若齿轮齿数太少,则切削刀具的齿顶就会切去轮齿根部的一部分,这种现象称为根切。图7-22所示为根切后的齿廓。轮齿根切后,抵抗弯曲的能力降低,并减小了重合度,因此要设法避免根切现象。

为了避免根切,在选取齿轮齿数时,要大于不发生根切的最少齿数。当采用齿条插刀(或滚刀)加工齿轮时,其最少齿数z_{min}的数值如下:

正常齿:$\alpha = 20°$,$h_a^* = 1$时,$z_{min} = 17$。

短　齿:$\alpha = 20°$,$h_a^* = 0.8$时,$z_{min} = 14$。

知识卡片　变位齿轮的概念

　　轮齿发生根切的原因是：刀具的齿顶线超过了啮合极限点。如图7-23所示，将刀具向远离轮坯中心的方向移动一个距离xm，刀具就不会切到轮齿的根部，从而不再发生根切现象。通过改变刀具和轮坯的相对位置来切制齿轮的方法称为变位修正法，这样切制的齿轮称为变位齿轮，xm称为刀具移动量，x称为变位系数。

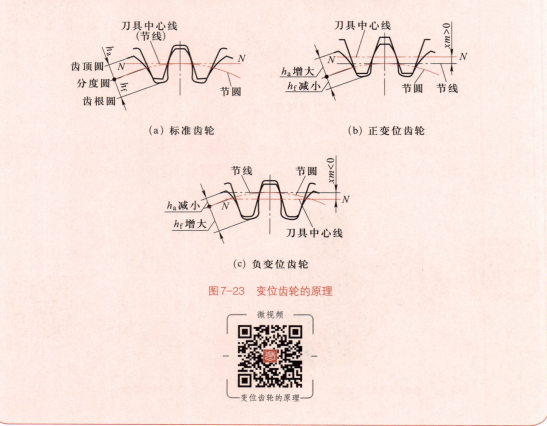

图7-23　变位齿轮的原理

　　刀具向远离轮坯方向移动，称为正变位，变位系数x为正值；刀具向靠近轮坯方向移动，称为负变位，变位系数x为负值。变位齿轮的齿廓如图7-24所示。

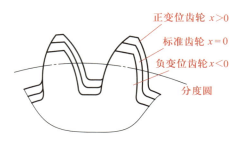

图7-24　变位齿轮的齿廓

第七节　齿轮传动精度的概念

由于齿轮加工和齿轮副安装过程中存在误差,影响到齿轮传动的准确性、平稳性和载荷分布的均匀性。为了保证齿轮副的正常传动,必须根据齿轮和齿轮副的实际使用要求,选择齿轮的精度。

一、齿轮传动的使用要求与强制性检测指标

对齿轮传动的使用要求可以归纳为以下四个方面,每一方面都规定了如下的强制性检测指标。

1. 齿轮传递运动的准确性

齿轮传递运动的准确性是指要求齿轮在一转范围内传动比变化尽量小,以保证主、从动齿轮的运动协调。也就是说,在齿轮一转中,它的转角误差的最大值(绝对值)不得超过一定的限度。

2. 齿轮的传动平稳性

齿轮的传动平稳性是指要求齿轮回转过程中瞬时传动比变化尽量小,也就是要求齿轮在一个较小角度范围内(如一个齿距角范围内)转角误差的变化不得超过一定的限度。

3. 轮齿载荷分布的均匀性

轮齿载荷分布的均匀性是指要求齿轮啮合时,工作齿面接触良好,载荷分布均匀,避免载荷集中于局部齿面而造成齿面磨损或折断,以保证齿轮传动有较大的承载能力和较长的使用寿命。

4. 侧隙

侧隙即齿侧间隙,是指两个相互啮合齿轮的工作齿面接触时,相邻的两个非工作齿面之间形成的间隙。齿轮副应具有适当的侧隙,它用来储存润滑油,补偿热变形和弹性变形,防止齿轮在工作中发生齿面烧蚀或卡死,以使齿轮副能够正常工作。

为了保证齿轮的前三项要求,GB/T 10095.1—2008规定一些强制性检测精度指标;同样为保证齿轮的侧隙,也有对应的检测指标,如:齿厚偏差、公法线长度偏差等。

二、圆柱齿轮的精度等级及其选择

我国国家标准GB/T 10095.1—2022、GB/T 10095.2—2008规定单个渐开线圆柱齿轮共13个精度等级,它们分别用阿拉伯数字0,1,2,…,12表示。其中,0级精度最高,以后各级精度依次递降,12级精度最低。一般机械传动中常用6～9级。

选择精度等级的主要依据是齿轮的用途和工作条件,应考虑齿轮的圆周速度、传递的功率、工作持续时间、传递运动准确性的要求、振动和噪声、承载能力、寿命等。

齿轮精度等级选择

第八节　齿轮常用材料和圆柱齿轮的结构

一、齿轮常用材料

齿轮常用材料主要是优质碳素钢和合金钢,一般多用锻件,较大直径的齿轮不宜锻造时,需采用铸钢或球墨铸铁。对开式传动和不重要场合,齿轮也可用灰铸铁制造。在小功率高速齿轮传动中,为降低噪声,常用尼龙和夹布胶木等作为齿轮材料。

齿轮常用材料的性能、热处理与应用范围见表7-4。

表7-4　齿轮常用材料的性能、热处理及应用范围

材料牌号	热处理	力学性能		应用范围
		抗拉强度 / MPa	硬度	
45	正火	600～750	170～217 HBW	低中速、中载的非重要齿轮
	调质	750～900	220～250 HBW	低中速、中载的重要齿轮
	整体淬火	≥1 000	38～40 HRC	
	调质、齿圈高频淬火	750～900(心部)	48～55 HRC(齿面)	低速、重载或高速、中载而冲击较小的齿轮
40Cr	调质	800～1 000	230～260 HBW	低中速、中载的重要齿轮
	整体淬火	1 500～1 650	HRC45～50	
	调质,齿圈高频淬火	800～1 000(心部)	50～55 HRC(齿面)	高速、中载、无猛烈冲击的齿轮
20Cr	渗碳—淬火	≥800(心部)	56～62 HRC(齿面)	高速、中载并承受冲击的重要齿轮
ZG310-570	正火	500～550	150 HBW	低中速、中载的大直径齿轮
ZG340-540	正火	≥580	160～210 HBW	
	正火—高温回火—齿圈高频淬火	≥550(心部)	40～50 HRC	
QT600-2	正火	600	229～362 HBW	低中速、轻载、有冲击的齿轮
QT450-10		450	≤207 HBW	

续　表

材料牌号	热处理	力学性能		应用范围
		抗拉强度 / MPa	硬度	
HT150	人工时效（低温回火）	≥150	163 ～ 229 HBW	低速、轻载、冲击较小的齿轮（常用作大直径齿轮）
HT200		≥200	170 ～ 241 HBW	
夹布胶木		纵向85 ～ 100	30 ～ 40 HBW	高速、轻载、要求噪声小的齿轮
MC尼龙		55 ～ 75	21 HBW	

注：当齿轮圆周速度 $v<3$ m/s 时称为低速；$v=3 ～ 15$ m/s 时称为中速；$v>15$ m/s 时称为高速。

二、圆柱齿轮的结构

圆柱齿轮结构形式有以下四种：

1. 齿轮轴

当齿轮的直径较小时，可将齿轮与轴作成一体，形成齿轮轴，如图7-25a所示。

2. 实心式齿轮

当齿顶圆直径 $d_a≤200$ mm 时，可采用实心式结构。毛坯可以用热轧型材或锻造加工，如图7-25b所示。

3. 腹板式齿轮

当齿顶圆直径 $d_a≤500$ mm 时，可采用腹板式结构，以减轻重量、节约材料，腹板面积较大时，可在腹板上开若干个孔，如图7-25c所示。腹板式齿轮通常选用锻造毛坯，也可用铸造毛坯及焊接结构。

(a) 齿轮轴　　　　　(b) 实心式齿轮

(c) 腹板式齿轮　　　　　(d) 轮辐式齿轮

图7-25　圆柱齿轮结构

4. 轮辐式齿轮。

当齿轮直径 $d_a > 500$ mm时，采用轮辐式结构。受锻造设备的限制，轮辐式齿轮多为铸造齿轮，如图7-25d所示。

第九节　齿轮的失效形式与齿轮强度的概念

一、齿轮的失效形式

齿轮的失效是指齿轮在传动过程中，轮齿突然失去正常工作能力的现象。

轮齿的表面质量或齿廓形状发生变化时，都会影响齿轮的正常工作。因此，齿轮强度一般指轮齿的强度。轮齿发生破坏后，齿轮即失效。下面讨论几种常见的失效形式。

1. 轮齿折断

齿轮轮齿在传递动力时，相当于一根悬臂梁。在齿根处受到的弯曲应力最大，且在齿根的过渡圆角处具有较大的应力集中（图7-26a）。传递载荷时，轮齿从啮合开始到啮合结束，随着啮合点位置的变化，齿根处的应力从零增到某一最大值，然后又逐渐减小为零，轮齿在交变载荷的不断作用下，在轮齿根部的应力集中处便会产生疲劳裂纹（图7-26b）。随着重复次数的增加，裂纹逐渐扩展，直至轮齿折断（图7-26c、d），这种折断称为疲劳折断。

轮齿折断是**开式齿轮传动**和**硬齿面闭式齿轮传动中轮齿失效**的主要形式之一。

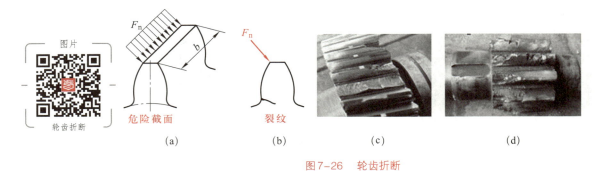

危险截面　　裂纹

(a)　　　　(b)　　　　(c)　　　　(d)

图7-26　轮齿折断

防止轮齿折断的主要措施有：选择适当的模数和齿宽，采用合适的材料及热处理方法，减少齿根应力集中，齿根圆角不宜过小，应达到一定的表面结构要求。

2. 齿面疲劳点蚀

轮齿在传递动力时，两工作齿面理论上是线接触，实际上因齿面的弹性变形会形成很小的面接触。由于接触面积很小，所以产生很大的接触应力。传动过程中，齿面间的接触应力从零增加到最大值,又从最大值降到零,当接触应力的循环次数超过某一限度时,工作齿面便会产生微小的疲劳裂纹。如果裂纹内渗入了润滑油,在另一轮齿的挤压下,封闭在裂缝内的油压会急剧升高,加速裂纹的扩展,最终导致表面层上小块金属的剥落,形成小坑(图7-27)。这种现象称为疲劳点蚀(简称点蚀)。实践表明,点蚀多发生在靠近节线(分度线)的齿根表面处,如图7-28所示。

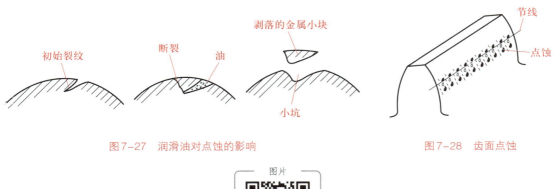

图7-27　润滑油对点蚀的影响　　　　　　　图7-28　齿面点蚀

图片

齿面点蚀

点蚀使轮齿工作表面损坏,造成传动不平稳和产生噪声,轮齿啮合情况会逐渐恶化而报废。

齿面抗疲劳点蚀的能力主要与齿面硬度有关,齿面硬度越高,抗疲劳点蚀的能力愈强。因此,齿面点蚀是闭式软齿面齿轮传动的主要失效形式。在开式传动中,因磨损较快,裂纹来不及扩展就被磨掉,故不会出现点蚀。**要防止疲劳点蚀,除了提高齿面硬度外,合理确定大、小齿轮的材料组合和硬度差,提高齿面质量和精度,也可提高抗疲劳点蚀的能力。**

3. 齿面胶合

轮齿在较大的压力下,齿面间的油膜被破坏,而使金属直接接触,金属在高温高压下互相粘连,当继续滑动时,其中较软齿面上的金属将沿滑动方向被撕下一部分而形成胶合沟纹(图7-29),这种现象即为齿面胶合。在高速和低速重载的传动中容易出现齿面胶合。

为防止胶合,在低速齿轮传动中,一般采用高黏度的润滑油;在高、中速齿轮传动中,可采用抗胶合润滑油。此外,合理选择齿轮参数、两齿轮选用不同材料,均有利于防止胶合发生。

4. 齿面磨损

齿轮工作时,由于齿面间的相对滑动,在力的作用下,齿面间产生滑动摩擦,使齿面磨损,如图7-30所示。产生的磨屑又会进一步加速齿面磨损,当齿面磨损严重时,齿廓形状不再是标准的渐开线,齿侧间隙增大,造成传动平稳性差,引起噪声和冲击,甚至会因齿厚变薄严重,发生轮齿折断。

图7-29 齿面胶合

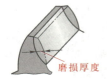 

磨损厚度

图7-30 齿面磨损

开式齿轮传动中,由于灰尘、磨屑易进入,并且润滑不良,故齿面磨损是开式传动的一种主要失效形式。**要减轻齿面磨损,就要尽可能采用闭式传动或加防尘护罩,改善润滑条件;此外,还可以提高齿面硬度、减小表面粗糙度值、采用适当的材料组合等。**

5. 齿面塑性变形

齿面较软的齿轮,在较大的载荷和摩擦力的作用下,可能使齿面表层金属沿相对滑动方向发生局部塑性流动,出现齿面塑性变形。如图7-31所示,主动轮上沿分度线处形成凹沟,从动轮上沿分度线处形成凸棱。塑性变形严重时,在主动轮齿顶边缘处会出现飞边,影响齿轮的正常工作。这种现象在低速、过载和起动频繁的传动中较为常见。

防止塑性变形的方法,主要是选用高屈服强度的材料和高硬度材料。

 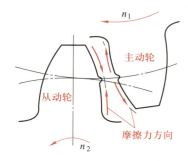

图7-31 轮齿塑性变形

知识卡片 齿面硬度与失效形式的关系

齿面硬度不大于350 HBW的称为软齿面,齿面硬度大于350 HBW的称为硬齿面。在闭式软齿面齿轮传动中,齿面点蚀是主要失效形式;在闭式硬齿面齿轮传动中,轮齿疲劳折断的可能性最大;在开式齿轮传动中,齿面易磨损,因磨损而折断则较为多见。

二、齿轮强度的概念

1. 计算准则

齿轮失效形式的分析为齿轮的设计和制造、使用与维护提供了科学的依据。目前,对于齿面磨损和齿面塑性变形,还没有较成熟的计算方法。关于齿面胶合,只在设计高速重载齿轮传动中,才做胶合计算。对于一般齿轮传动,通常只按齿根弯曲疲劳强度或齿面接触疲劳强度进行计算。

对于软齿面(HBW ≤ 350)闭式齿轮传动,由于主要失效形式是齿面点蚀,故应按齿面接触疲劳强度进行设计计算,再校核齿根弯曲疲劳强度。

对于硬齿面(HBW > 350)闭式齿轮传动,由于主要失效形式是轮齿折断,故应按齿根弯曲疲劳强度进行设计计算,然后校核齿面接触疲劳强度。

开式齿轮传动或铸铁齿轮,仅按齿根弯曲疲劳强度设计计算,考虑磨损的影响可将模数加大 10% ～ 20%。

2. 齿面接触疲劳强度

一对轮齿的啮合可视为两个近似圆柱体在法向力的作用下相互接触,如图 7-32 所示。接触线因弹性变形而成为窄带形接触面,最大接触应力产生在接触区中心处。考虑到点蚀多发生在节线附近的表面,因此,常以节点为计算对象,根据计算接触应力的公式,计算出齿轮的齿面接触应力 σ_H。

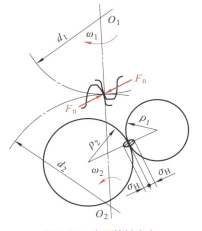
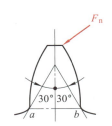

图 7-32 齿面接触应力   图 7-33 齿根弯曲应力

接触疲劳强度计算的强度条件为:齿面实际接触应力 σ_H 小于或等于接触疲劳许用应力 $[\sigma_H]$。其中,σ_H 由齿轮传递转矩、传动比、齿轮直径、轮齿啮合宽度等计算;$[\sigma_H]$ 与齿轮材料、安全系数有关。

3. 齿根弯曲疲劳强度

轮齿受力时,可看作悬臂梁。实验研究表明,轮齿的危险截面位于齿根处的ab截面,如图7-33所示。根据力学知识,可计算出齿根弯曲应力σ_F。

轮齿的疲劳折断与齿轮的材料和轮齿的弯曲应力大小有关。为了防止轮齿折断,除了适当选材外,还必须限制轮齿弯曲应力。齿根弯曲疲劳强度条件为:齿根的弯曲应力σ_F不大于齿轮的许用弯曲疲劳应力$[\sigma_F]$。其中,σ_F由齿轮传递转矩、齿轮直径、轮齿啮合宽度等计算;$[\sigma_F]$与齿轮材料、安全系数有关。

第十节　斜齿圆柱齿轮传动

一、斜齿轮的形成与啮合特点

由于齿轮有一定宽度,故其齿廓实际上是渐开线曲面。直齿圆柱齿轮的齿廓,可看成是发生面在基圆柱上作纯滚动时,其上与基圆柱母线NN平行的直线KK运动的轨迹,如图7-34a所示。齿轮啮合时,轮齿齿廓都是直线接触,且接触线平行于齿轮轴线(图7-34b)。这表明轮齿在开始啮合和终止啮合时,是沿整个齿宽同时进入或同时脱离啮合,轮齿受到的载荷也是突然产生或突然卸去,故传动平稳性较差。

如图7-35a所示,当发生面在基圆柱上作纯滚动时,其上与母线NN不平行的直线KK运动的轨迹,即为斜齿轮的齿廓曲面。直线NN与KK的夹角β_b,称为**基圆柱上的螺旋角**。斜齿轮齿廓参加啮合时,接触线与轴线不平行(图7-35b),且长度是发生变化的。从开始啮合到脱开啮合的过程中,接触线的长度由零逐渐增大,又由最大逐渐缩短为零。这说明斜齿轮的轮齿是逐渐进入啮合和逐渐脱开啮合,轮齿受力较平稳,可用于高速传动。

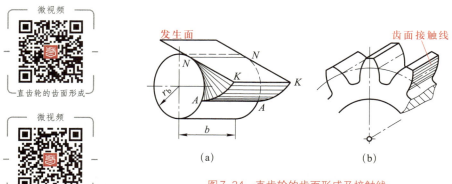

微视频
直齿轮的齿面形成

微视频
斜齿轮的齿面形成

(a)　　　　(b)

图7-34　直齿轮的齿面形成及接触线

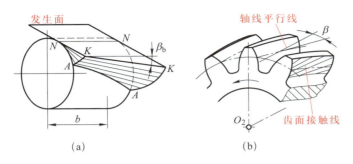

图7-35　斜齿轮的齿面形成及接触线

二、斜齿圆柱齿轮的基本参数

1. 螺旋角

不同圆柱面上的螺旋角是不同的,通常把**斜齿轮分度圆柱面上的螺旋角简称螺旋角**,用β表示,如图7-35b所示。β愈大,轮齿愈倾斜,传动平稳性愈好,但引起的轴向力也愈大,故一般设计时取$\beta=8° \sim 25°$。

斜齿轮的旋向可分为左旋和右旋,判定方法是(图7-36):以齿轮轴线垂直放置为准,轮齿向右上倾斜为右旋,反之为左旋。

(a) 左旋　　　　　　(b) 右旋

图7-36　斜齿轮轮齿的旋向

2. 齿距与模数

加工斜齿轮和直齿轮所用的刀具是相同的,但由于受螺旋角的影响,斜齿轮在法面(垂直于轮齿的平面)和端面(垂直于齿轮轴线的平面)上的齿形是不同的,其参数也分法面参数和端面参数,分别用下角标n和t表示。由加工的方法可知,**法面齿形为标准齿形,法面参数也为标准参数**。

斜齿轮沿分度圆柱的展开图如图7-37所示。p_n为法面齿距,p_t为端面齿距,设m_n为法面模数,m_t为端面模数,则

$$p_n = \pi m_n, p_t = \pi m_t$$

由图 7-37 知：$p_n = p_t \cos \beta$，故

$$m_n = m_t \cos \beta$$

斜齿轮的法面模数 m_n 根据强度计算决定，按表 7-1 选取标准值。

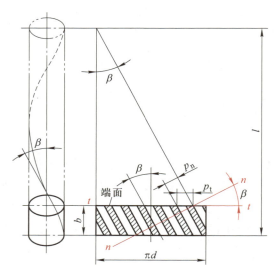

图 7-37　沿分度圆柱展开的斜齿轮

3. 压力角

斜齿轮分度圆上的法面压力角 α_n 与端面压力角 α_t 的关系为

$$\tan \alpha_n = \tan \alpha_t \cos \beta$$

法面压力角取标准值，$\alpha_n = 20°$。

4. 齿顶高系数和顶隙系数

对于斜齿轮，法面齿顶高系数 h_{an}^* 和顶隙系数 c_n^* 为标准值，数值与直齿圆柱齿轮相同。

三、斜齿圆柱齿轮的几个问题

1. 正确啮合条件

一对外啮合标准斜齿圆柱齿轮的正确啮合条件是除两齿轮的模数、压力角分别相等外，其螺旋角大小相等、旋向相反，即

$$\left. \begin{array}{l} m_{n1} = m_{n2} = m_n \\ \alpha_{n1} = \alpha_{n2} = \alpha_n \\ \beta_1 = -\beta_2 \end{array} \right\}$$

可见,两个相啮合的斜齿圆柱齿轮,螺旋角大小相等、旋向相反,必须是一个左旋齿轮与一个右旋齿轮相啮合。

2. 重合度

斜齿圆柱齿轮啮合时,由于螺旋齿面的原因,从进入啮合点到退出啮合点所经过的啮合弧比直齿轮传动要长,所以其重合度大。且斜齿轮传动的重合度随齿宽 b 和螺旋角 β 的增大而增大,故比直齿轮传动平稳,承载能力高。

3. 斜齿圆柱齿轮的当量齿数

如图7-38所示,过斜齿轮分度圆柱上点 P 作法向剖面 n-n,此平面与分度圆柱的交线为一椭圆,以椭圆 P 点的曲率半径 ρ 为分度圆半径,以 m_n 为模数、α_n 为压力角作一直齿圆柱齿轮,其齿形与斜齿轮法面齿形近似,这一假想直齿圆柱齿轮称为该斜齿轮的当量齿轮,它的齿数即为当量齿数,以 z_v 表示,经推导得

$$z_v = z/\cos^3\beta$$

当量齿数不一定为整数,由于 $\cos^3\beta<1$,所以 $z_v>z$。用仿形法加工斜齿轮时,应根据当量齿数选择铣刀号码;用展成法加工斜齿轮时,可用下式求出斜齿轮不发生根切的最少齿数 z_{min},即

$$z_{min} = z_{vmin}\cos^3\beta = 17\cos^3\beta$$

可见斜齿轮不发生根切的最少齿数比直齿轮少,这是斜齿轮的优点之一。

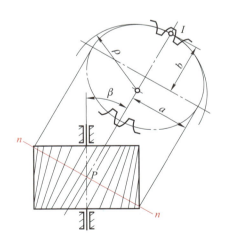

微视频

斜齿轮的当量齿数

图7-38 斜齿圆柱轮的当量齿数

4. 平行轴斜齿轮传动的优缺点

与直齿圆柱齿轮传动相比,平行轴斜齿轮传动具有以下优点:

(1)平行轴斜齿轮传动中齿廓接触线是斜直线,轮齿是逐渐进入和脱离啮合的,故工作平

稳,冲击和噪声小,适用于高速传动。

（2）重合度较大,有利于提高承载能力和传动的平稳性。

（3）不发生根切的最少齿数小于直齿轮的最小齿数 z_{min}。

主要缺点是传动中存在轴向力,如图7-39a所示;为克服此缺点,可采用人字齿轮,两边的轴向力可互相抵消,如图7-39b所示。

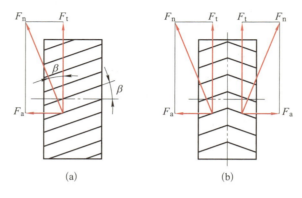

图7-39 斜齿轮上的轴向力

第十一节 直齿圆锥齿轮传动简介

一、直齿圆锥齿轮的特点与应用

圆锥齿轮主要用来传递两相交轴之间的运动和动力。两轴之间的交角 Σ 由传动要求确定,多为90°,如图7-40所示。

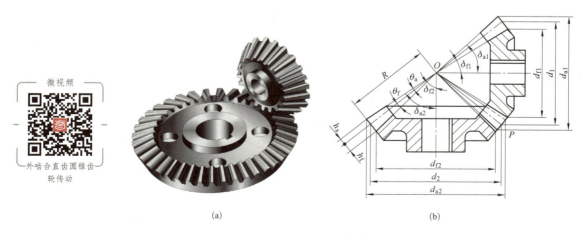

微视频

外啮合直齿圆锥齿轮传动

(a)

(b)

图7-40 直齿圆锥齿轮传动

圆锥齿轮的轮齿是沿着圆锥表面的素线切出的,轮齿均匀地分布在圆锥体上,齿形由大端向小端逐渐收缩,这是区别于圆柱齿轮的特点之一。此外,对应于圆柱齿轮中有关"圆"的概念,在圆锥齿轮中都变成了"圆锥"。如分度圆锥(对应分锥角δ)、齿顶圆锥(对应顶锥角δ_a)、齿根圆锥(对应根锥角δ_f)等。这些圆锥均为共顶点的圆锥,如图7-40所示。在轮齿上还有齿顶角θ_a和齿根角θ_f。

直齿圆锥齿轮齿形简单,制造容易,安装方便,成本较低,故应用最广,但其承载能力低,传动噪声大,故多用于低速、轻载、平稳的场合。斜齿圆锥齿轮已逐渐被曲线齿圆锥齿轮所代替;曲线齿比直齿重合度大,承载能力高,传动效率高,传动平稳,噪声小,在汽车、飞机等高速重载传动中得到了广泛应用。

二、直齿圆锥齿轮的基本参数与几何尺寸

由于圆锥齿轮的齿厚和齿槽宽由大端向小端逐渐减小,考虑设计、制造与测量的方便,常将圆锥齿轮大端的基本参数规定为标准值,各几何尺寸均指大端尺寸。

标准直齿圆锥齿轮的基本参数见表7-5。

表7-5　标准直齿圆锥齿轮的基本参数

名　称	代　号	计　算　公　式
模　数	m	按表7-1选取大端模数为标准模数
齿　数	z	按规定选取
压力角	α	取标准值,$\alpha=20°$
齿顶高系数	h_a^*	取$h_a^*=1$
径向顶隙系数	c^*	取标准值$c^*=0.2$

直齿圆锥齿轮几合尺寸

三、直齿圆锥齿轮的啮合传动

1. 正确啮合条件

同直齿圆柱齿轮的啮合传动相类似,一对渐开线直齿圆锥齿轮的正确啮合条件是:两齿轮大端的模数和压力角分别相等,即

$$\left.\begin{array}{l} m_1 = m_2 = m \\ \alpha_1 = \alpha_2 = \alpha \end{array}\right\}$$

2. 传动比计算

类似于圆柱齿轮传动,一对渐开线圆锥齿轮啮合传动时,两节圆锥作纯滚动,在标准安装时,节圆锥与分度圆锥重合。图7-40所示为一对标准安装的圆锥齿轮,δ_1、δ_2分别为小、大圆锥

齿轮的分锥角,且 $\Sigma=\delta_1+\delta_2=90°$,$d_1$、$d_2$ 分别为两齿轮分度圆锥大端直径。故传动比为

$$i_{12} = \frac{\omega_1}{\omega_2} = \frac{n_1}{n_2} = \frac{d_2}{d_1} = \frac{z_2}{z_1}$$

想一想 比较锥齿轮传动与圆柱齿轮传动的传动比计算的相同点和不同点。δ_1 或 δ_2 角对传动比计算有何影响?

第十二节　齿轮传动的维护

一、齿轮传动的润滑

润滑的目的是减轻磨损、提高效率、散热、防锈、延长寿命等。

1. 润滑方式

对闭式齿轮传动采用浸油润滑(图7-41a、b)和喷油润滑(图7-41c),前者只适用于圆周速度 $v<12$ m/s时。对于开式齿轮传动,由于其传动速度较低,通常采用人工定期加油润滑的方式。

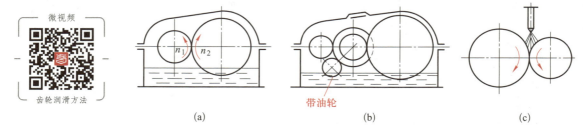

微视频

齿轮润滑方法

带油轮

(a)　　　(b)　　　(c)

图7-41　闭式齿轮传动的润滑方式

2. 润滑介质的选择

齿轮传动常采用的润滑油有:汽车齿轮油、工业齿轮油(如牌号68、100、150)。选择润滑油时,先根据齿轮的工作条件以及圆周速度查得运动黏度值,再根据选定的黏度确定润滑油的牌号。

二、齿轮传动的使用与维护

正确的使用和维护是保证齿轮传动正常工作、延长使用寿命、防止意外事故的重要技术措施。具体内容如下:

1. 保持良好的工作环境

闭式齿轮传动可以防止尘土和异物进入传动内部,同时保护操作者的安全。注意防止酸、碱的侵入。对有精密要求的特殊机械,要防止高温、低温和潮湿的影响。

2. 遵守操作规程、严防超载使用

严格遵守机械设备的使用注意事项、操作规程；不得超速、超载；过载保护装置保持灵敏状态；违规操作机器发出警告时，必须停止运行，进行检查。

3. 经常检查齿轮传动润滑系统的状况

浸油润滑时，经常检查油箱，保持油面在合理的位置。喷油润滑时，经常检查油压在合理的范围，还要按期换油。

4. 经常观察、定期检修

平时勤看、勤听、勤摸，及时发现异常（如温度、声音等）并加以排除。定期进行检查、小修、中修，及早排除故障，以防突然损坏，影响正常生产。

练 习 题

1. 什么是齿轮传动？齿轮传动有哪些优缺点？
2. 按传动轴的相对位置划分，齿轮传动分成哪几种类型？
3. 什么是开式、半开式、闭式齿轮传动？
4. 渐开线是怎样形成的？什么是渐开线齿轮？
5. 渐开线齿廓的啮合特点有哪些？
6. 什么是模数？单位是什么？当齿轮的齿数不变时，模数与齿轮的几何尺寸、轮齿的大小和齿轮的承载能力有什么关系？
7. 齿轮的分度圆在什么位置？如何计算？标准齿轮分度圆上的齿厚与齿槽宽有什么关系？
8. 渐开线直齿圆柱齿轮的主要参数有哪些？
9. 什么是标准齿轮？什么是标准安装？
10. 已知渐开线标准直齿圆柱齿轮的 $m = 3 \text{ mm}$，$z = 27$，$\alpha = 20°$，$h_a{}^* = 1$，$c^* = 0.25$，试计算该齿轮的主要几何尺寸。
11. 一对啮合的标准直齿圆柱齿轮（$\alpha = 20°$，$h_a{}^* = 1$，$c^* = 0.25$），已知：$z_1 = 24$，$z_2 = 60$，模数 $m = 2.5 \text{ mm}$。试计算这对齿轮的分度圆直径 d、齿顶圆直径 d_a、齿根圆直径 d_f、基圆直径 d_b、齿距 p、齿厚 s、槽宽 e、齿顶高 h_a、齿根高 h_f、齿高 h 和中心距 a。
12. 某标准直齿圆柱齿轮传动，已知 $m = 5 \text{ mm}$，$\alpha = 20°$，$a = 350 \text{ mm}$，$i = 9/5$，试求两齿轮齿数、分度圆直径和基圆直径。
13. 测得一标准直齿圆柱齿轮的齿顶圆直径为 130 mm，齿数为 24，全齿高为 11.25 mm，求该齿轮的模数。

14. 什么是公法线长度？测量公法线长度前必须先计算什么齿数？

15. 什么是分度圆弦齿厚？测量分度圆弦齿厚前必须先计算什么高度？

16. 什么是内齿轮？什么是内齿轮副？

17. 齿条是如何演化成的？齿条传动有什么特点？

18. 一齿轮副，主动齿轮齿数 $z_1=20$，从动齿轮齿数 $z_2 = 50$。试计算传动比 i。若主动齿轮转速 $n_1 = 1\,000$ r/min，从动齿轮转速 n_2 是多少？

19. 一对啮合的标准直齿圆柱齿轮传动，已知：主动轮转速 $n_1 = 840$ r/min，从动轮转速 $n_2 = 280$ r/min，中心距 $a = 270$ mm，模数 $m = 5$ mm。求两齿轮齿数 z_1 和 z_2。

20. 直齿圆柱齿轮正确啮合的条件是什么？

21. 对于渐开线标准直齿圆柱齿轮，"只要两轮的齿宽相等就能够正确啮合"和"只要两轮的模数相等就能够正确啮合"这两种说法是否正确？

22. 什么是重合度？为保证齿轮连续传动，重合度应满足什么条件？重合度有什么意义？

23. 齿轮按标准中心距安装与不按标准中心距安装，分度圆与节圆、分度圆压力角与啮合角有什么不同？

24. 渐开线外齿轮的轮齿可以用哪些方法加工？

25. 什么是根切？根切有什么危害？如何避免根切现象？

26. 齿轮传动的使用要求有哪些？选择精度等级的主要依据是什么？

27. 齿轮常用哪些材料？

28. 圆柱齿轮结构有哪几种形式？在什么条件下齿轮与轴制成整体？

29. 齿轮轮齿常见的失效形式有哪些？

30. 开式齿轮传动为什么不易出现点蚀？

31. 斜齿圆柱齿轮在什么面内的参数为标准参数？

32. 标准斜齿圆柱齿轮的正确啮合条件是什么？

33. 与直齿圆柱齿轮传动相比，平行轴斜齿轮传动有什么特点？

34. 直齿锥齿轮有哪些特征？用于什么场合？何处参数采用标准值？

35. 比较直齿圆柱齿轮传动、斜齿圆柱齿轮传动、锥齿轮传动的正确啮合条件的异同点。

36. 已知一对正常齿制渐开线标准锥齿轮的轴交角 $\varSigma = 90°$，$z_1 = 17$，$z_2 = 43$，$m = 3$ mm。试求两齿轮的传动比及分度圆直径 d_1、d_2。

37. 齿轮传动润滑的目的是什么？有哪些润滑方式？

38. 齿轮传动的正确使用与维护有什么作用？包括哪些具体内容？

德技铸匠工坊

实践与训练
看视频 学技术
学榜样 做工匠

第七章 齿轮传动

第八章

蜗杆传动

蜗杆传动是由蜗杆、蜗轮和机架组成的，用于传递两空间交错轴间的运动和动力。通常两轴的轴交角为90°，一般以蜗杆为主动件，蜗轮为从动件，如图8-1所示。

一、蜗杆传动的类型

根据蜗杆的形状，蜗杆传动可分为圆柱蜗杆传动（图8-1a）和圆弧面蜗杆传动（图8-1b）。

圆弧面蜗杆传动啮合情况好，承载能力大，但加工复杂，一般在大功率场合才使用。圆柱蜗杆传动又可分为阿基米德蜗杆传动和渐开线蜗杆传动等。

蜗轮
蜗杆

(a) 圆柱蜗杆传动　　　　　(b) 圆弧面蜗杆传动

图8-1　蜗杆传动

微视频
圆柱蜗杆传动

微视频
圆弧面蜗杆传动

阿基米德蜗杆又称普通圆柱蜗杆，在其轴向剖面内的齿形为直线，横截面内的齿形为阿基米德螺旋线，如图8-2所示。它加工简单，在实际中应用最广。

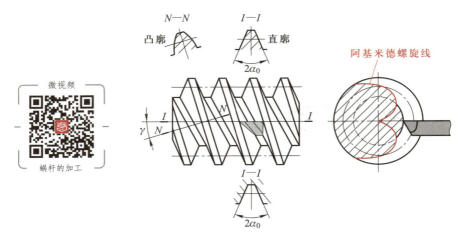

图8-2　阿基米德蜗杆

此外，**蜗杆传动也有左旋、右旋之分**（图8-3），**有单头、双头和多头之分**。本节仅讨论阿基米德蜗杆传动。

(a) 右旋蜗杆　　　　　　　　　　　　　　　(b) 左旋蜗杆

图8-3　蜗杆的旋向

想一想　如何判断蜗杆的旋向？

二、蜗杆传动的特点

（1）单级传动比大，结构紧凑。一般情况下单级传动比 $i=5\sim80$，在分度机构中，传动比可达 $i=600\sim1\,000$。

想一想　如此大的传动比，用齿轮传动需要采用多少级传动？

（2）传动平稳，噪声小。由于蜗杆齿连续不断地与蜗轮齿啮合，所以传动平稳，没有冲击，噪声小。

（3）**容易实现自锁**。当蜗杆的导程角比较小时，蜗杆传动具有自锁性，即只能由蜗杆带动蜗轮转动，而不能由蜗轮作为主动件带动蜗杆转动。

（4）**效率较低，发热量较大**。一般蜗杆传动的效率为 $0.7\sim0.9$，具有自锁特性的蜗杆传动的效率小于 0.5。

（5）成本较高。蜗轮需要用有色金属材料（如青铜）制造,成本较高。

蜗杆传动广泛用于各类机床、矿山机械、起重运输机械的传动系统中,但因其效率低,所以,通常用于功率不大或不连续工作的场合。

知识卡片　自锁特性的应用

　　蜗杆传动的自锁特性用于起重机械设备中,能起到安全保险的作用。图8-4所示的手动起重装置(俗称手动葫芦),就是利用蜗杆的自锁特性使重物G停留在任意位置上,而不会自动下落。

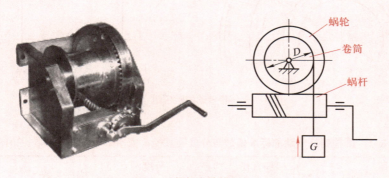

图8-4　蜗杆自锁的应用

第二节　蜗杆传动的主要参数与几何尺寸

一、蜗杆传动的主要参数

1. 模数m和压力角α

图8-5所示为阿基米德蜗杆传动的啮合图。通过蜗杆轴线并与蜗轮轴线垂直的平面称为中间平面,在中间平面内,相当于齿条与渐开线齿轮的啮合。因此,蜗杆传动规定以中间平面上的参数为基准,并沿用齿轮传动的计算关系。**要保证其正确啮合,必须使蜗杆的轴面模数m_{x1}和压力角α_{x1}与蜗轮的端面模数m_{t2}和压力角α_{t2}分别相等,且均取为标准值**(表8-1),即

$$m_{x1} = m_{t2} = m$$

$$\alpha_{x1} = \alpha_{t2} = 20°$$

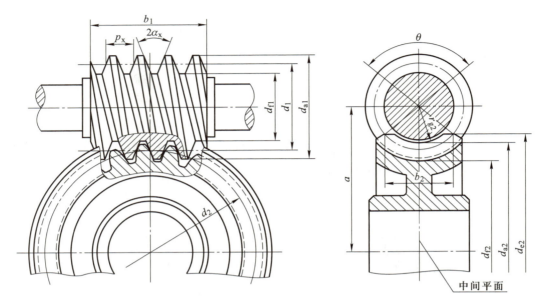

图8-5　蜗杆传动的啮合图

表8-1　圆柱蜗杆传动的标准模数与分度圆直径d_1值（摘自 GB/T 10085—2018）

模数 m / mm	分度圆直径 d_1 / mm	蜗杆头数 z_1	蜗杆直径系数 q	模数 m / mm	分度圆直径 d_1 / mm	蜗杆头数 z_1	蜗杆直径系数 q
1	18	1	18.000	4	40	1,2,4,6	10.000
					71	1	17.750
1.25	20	1	16.000	5	50	1,2,4,6	10.000
	22.4	1	17.920		90	1	18.000
1.6	20	1,2,4	12.500	6.3	63	1,2,4,6	10.000
	28	1	17.500		112	1	17.778
2	22.4	1,2,4,6	11.200	8	80	1,2,4,6	10.000
	35.5	1	17.750		140	1	17.500
2.5	28	1,2,4,6	11.200	10	90	1,2,4,6	9.000
	45	1	18.000		160	1	16.000
3.15	35.5	1,2,4,6	11.270	12.5	112	1,2,4	8.960
	56	1	17.778		200	1	16.000

2. 蜗杆头数z_1、蜗轮齿数z_2和传动比i_{12}

在蜗杆传动中，通常以蜗杆为主动件，蜗轮为从动件，传动比为

$$i_{12} = \frac{n_1}{n_2} = \frac{z_2}{z_1}$$

式中　z_1——蜗杆头数；

　　　z_2——蜗轮齿数。

蜗杆头数通常为$z_1 = 1,2,4$和6。单头蜗杆可获得大传动比,且容易自锁,但传动效率较低。多头蜗杆传动效率高,但制造困难。

3. 蜗杆分度圆直径d_1和蜗杆直径系数q

由于蜗轮是用与蜗杆尺寸相同的蜗轮滚刀配对加工而成的,为了限制滚刀的数目及便于滚刀的标准化,国家标准对每一标准模数规定了一定数目的标准蜗杆分度圆直径d_1(表8-1),并与标准模数相匹配。而把直径d_1与模数m的比值称为蜗杆的直径系数q,即

$$q = \frac{d_1}{m}$$

4. 蜗杆导程角和蜗轮螺旋角

(1)蜗杆的导程角　指蜗杆分度圆柱螺旋线的切线与端平面之间的夹角,以γ表示。

如图8-6所示,将蜗杆分度圆柱面展开,p_x为轴面齿距($p_x = \pi m$),则

$$\tan \gamma = \frac{z_1 p_x}{\pi d_1} = \frac{z_1 \pi m}{\pi d_1} = \frac{z_1 m}{d_1}$$

(2)蜗轮的螺旋角　指蜗轮分度圆柱轮齿的螺旋线的切线与轴线间的夹角,以β表示。

如图8-7所示,当相啮合的蜗杆与蜗轮的轴交角为90°时,蜗杆的导程角等于蜗轮的螺旋角,且旋向相同,即$\beta = \gamma$。

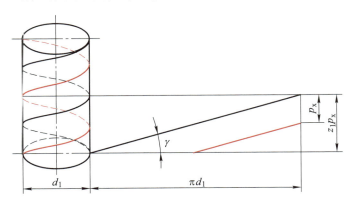

图8-6　蜗杆的导程角γ

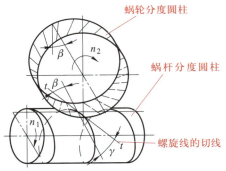

图8-7　蜗杆的导程角与蜗轮的螺旋角的关系

微视频

导程角与螺旋角
的旋向

二、蜗杆传动正确啮合条件

蜗杆传动正确啮合条件是：蜗杆的轴面模数 m_{x1} 和压力角 α_{x1} 分别等于蜗轮的端面模数 m_{t2} 和压力角 α_{t2}，且均取为标准值 m 和 α，即

$$m_{x1} = m_{t2} = m$$
$$\alpha_{x1} = \alpha_{t2} = \alpha = 20°$$

当蜗杆与蜗轮的轴交角为 90° 时，还需保证蜗杆的导程角等于蜗轮的螺旋角，即 $\gamma=\beta$，且两者螺旋线的旋向相同。

三、蜗杆传动的主要几何尺寸计算

当蜗杆传动的主要参数确定后，其几何尺寸可按表 8-2 计算。

表8-2　阿基米德蜗杆传动几何尺寸计算公式

名　称	符号	计　算　公　式		说　明
		蜗　杆	蜗　轮	
中心距	a	$a=\dfrac{1}{2}(d_1+d_2)$		
齿顶高	h_a	$h_{a1}=h_a^* m$	$h_{a2}=h_a^* m$	$h_a^*=1$
齿根高	h_f	$h_{f1}=(h_a^*+c^*)m$	$h_{f2}=(h_a^*+c^*)m$	$c^*=0.2$
全齿高	h	$h_1=h_{a1}+h_{f1}$	$h_2=h_{a2}+h_{f2}$	
分度圆直径	d	$d_1=qm$	$d_2=mz_2$	d_1 按表8-1选取
蜗杆齿顶圆直径	d_{a1}	$d_{a1}=d_1+2h_{a1}$		
蜗轮喉圆直径	d_{a2}		$d_{a2}=d_2+2h_{a2}$	
齿根圆直径	d_f	$d_{f1}=d_1-2h_{f1}$	$d_{f2}=d_2-2h_{f2}$	
蜗轮顶圆直径	d_e		d_{e2}	
蜗轮喉圆母半径	r_g		r_{g2}	
齿宽	b_{e2}	b_1	b_2	
蜗杆分度圆导程角	γ	$\tan\gamma=mz_1/d_1$		
蜗轮分度圆螺旋角	β		$\beta=\gamma$	旋向相同
蜗杆轴面齿距＝蜗轮端面齿距	p	$p_x=p_t=\pi m$		

第三节 蜗杆传动运动分析

一、蜗杆传动中蜗轮回转方向的判定

在蜗杆传动中,由于蜗杆为主动件,故其转向是已知的。蜗轮的转向可由**蜗杆的转向和螺旋线方向用左、右手定则来判断,**即对左旋蜗杆用左手,对右旋蜗杆用右手,弯曲四指表示蜗杆转向,大拇指的相反方向即为蜗轮啮合点圆周速度 v_2 的方向,如图8-8所示。由此,便确定了蜗轮的转向 n_2。

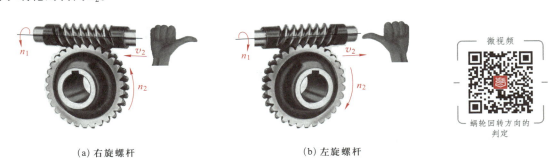

(a) 右旋螺杆   (b) 左旋螺杆

微视频

蜗轮回转方向的判定

图8-8 蜗杆传动中蜗轮回转方向的判定

二、蜗杆传动的滑动速度

蜗杆传动是空间传动,如图8-9所示,蜗杆和蜗轮在啮合点 P 处的圆周线速度分别为 v_1 和 v_2,两者的方向相互垂直,因此在啮合齿面间存在较大的相对滑动速度 v_s,如蜗杆转速为 n_1(r/min),由图示几何关系可知,相对滑动速度为

$$v_s = \sqrt{v_1^2 + v_2^2} = \frac{v_1}{\cos \gamma} = \frac{\pi d_1 n_1}{60 \times 1\,000 \times \cos \gamma} \text{m/s}$$

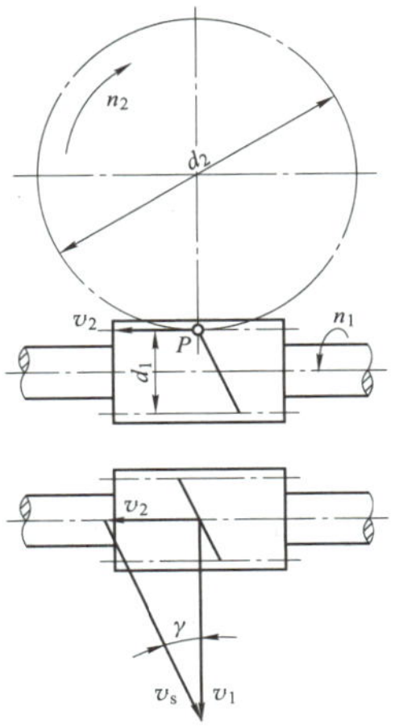

图8-9 蜗杆传动的滑动速度

第四节　蜗杆传动的失效形式和材料选择

一、蜗杆传动的失效形式

和齿轮传动一样，**蜗杆传动的失效形式也有点蚀（齿面接触疲劳破坏）、齿根折断、齿面胶合及过度磨损等**。由于材料和结构上的原因，蜗杆螺旋齿部分的强度总是高于蜗轮轮齿的强度，所以失效经常发生在蜗轮轮齿上。由于蜗杆与蜗轮齿面间有较大的相对滑动，从而增加了产生胶合和磨损失效的可能性，尤其是在润滑不良的条件下，蜗杆传动因齿面胶合而失效的可能性更大。

在开式传动中多发生齿面磨损和轮齿折断；在闭式传动中，蜗杆副多因齿面胶合或点蚀而失效。

由上述蜗杆传动的失效形式可知，蜗杆、蜗轮的材料不仅要求具有足够的强度，更重要的是要具有良好的减摩性和耐磨性能。

二、蜗杆与蜗轮的材料

1. 蜗杆的材料

蜗杆一般是用碳钢或合金钢制成。高速重载蜗杆常用15Cr或20Cr，并经渗碳淬火；也可用40、45钢或40Cr并经淬火。这样可以提高表面硬度，增加耐磨性。通常要求蜗杆淬火后的硬度为40～55 HRC，经氮化处理后的硬度为55～62 HRC。一般不太重要的低速中载的蜗杆，可采用40或45钢，并经调质处理，其硬度为220～300 HBW。

2. 蜗轮的材料

蜗轮的材料常采用青铜及灰铸铁。锡青铜耐磨性最好，但价格较高，用于滑动速度 $v_s \geqslant$ 3 m/s的重要传动，具体牌号有 ZCuSn10P1、ZCuSn5Pb5Zn5（铸造锡青铜）；铝铁青铜的耐磨性较锡青铜差一些，但价格便宜，一般用于滑动速度 $v_s \leqslant 4$ m/s的传动，具体牌号有 ZCuAl10Fe3（铸造铝铁青铜）；如果滑动速度不高（$v_s < 2$ m/s），且对效率要求也不高时，可采用灰铸铁（HT150、HT200）。为了防止变形，常对蜗轮进行时效处理。

三、蜗杆与蜗轮的结构

1. 蜗杆的结构

蜗杆通常与轴做成一个整体，称为蜗杆轴。按蜗杆的加工方法不同，可分为车制蜗杆和铣制蜗杆两种。图8-10a所示为铣制蜗杆，在轴上直接铣出螺旋齿形，没有退刀槽；图8-10b所示为车制蜗杆，则需在轴上设置退刀槽。

（a）铣制蜗杆（无退刀槽）

（b）车制蜗杆（有退刀槽）

图8-10　蜗杆轴

2. 蜗轮的结构

铸铁蜗轮或小直径的青铜蜗轮可制成整体式（图8-11a）。为了节约贵重金属，对尺寸较大的青铜蜗轮，可采用组合结构，有齿圈式（图8-11b）、螺栓连接式（图8-11c）、镶铸式（图8-11d）等。

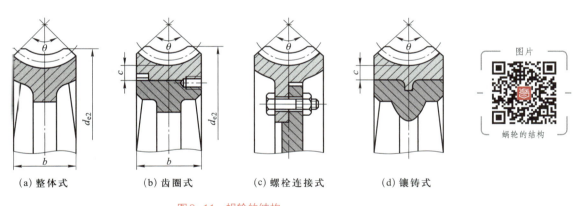

（a）整体式　　　　（b）齿圈式　　　　（c）螺栓连接式　　　　（d）镶铸式

图8-11　蜗轮的结构

第五节　　蜗杆传动的维护

蜗杆传动效率低、因摩擦产生的发热量较大，因此良好的润滑条件和必要的散热措施对蜗杆传动有着非常重要的意义。

一、蜗杆传动的润滑

润滑的主要目的在于减小摩擦与散热,以提高蜗杆传动的效率,防止胶合及减少磨损。

闭式蜗杆传动的润滑方式有浸油润滑和喷油润滑。滑动速度v_s较小时采用浸油润滑,为利于形成动压油膜及散热,在搅油损失不过大的前提下,油量可适当增加,通常对下置蜗杆传动,浸油深度约为一个齿高至蜗杆外径的1/2,对上置式蜗杆传动,蜗轮浸油深度为一个齿高至蜗轮外径的1/3;滑动速度v_s较大时采用喷油润滑,滑动速度v_s越大,喷油压力越大。

开式蜗杆传动的润滑方式,采用手工周期性润滑。

二、蜗杆传动的调整与磨合(跑合)

安装蜗杆传动时,要仔细调整蜗杆与蜗轮的相对位置,确保中间平面通过蜗杆轴线(检查接触斑点达到图8-12a所示正常接触状态)。一般情况下先固定蜗杆的位置,再调整蜗轮。

蜗杆传动使用前必须先在空载低速下跑合1 h后再逐步加载到额定值。跑合5 h后要停机检查接触斑点是否达到要求,如图8-12所示,若达不到要求,应进行调整直到正常接触为止,然后冲洗零件、更换润滑油。蜗杆传动一般每运转2 000 ～ 4 000 h应更换一次润滑油,注意不要改变润滑油的牌号,以免不同润滑油产生化学反应,改变油性。如果要改变润滑油的牌号,需先进行彻底清洗。

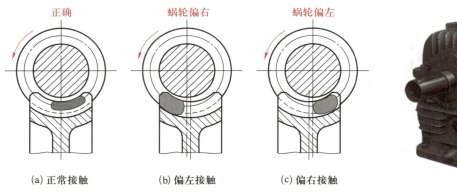

正确　　　　蜗轮偏右　　　　蜗轮偏左

(a) 正常接触　　　(b) 偏左接触　　　(c) 偏右接触

图8-12　蜗杆蜗轮安装位置与接触斑点

图8-13　蜗杆减速器散热片

三、蜗杆传动的冷却

蜗杆传动由于摩擦大,所以,工作时发热量较大。在闭式传动中,如果不能及时散热,会使传动装置及润滑油的温度不断升高,促使润滑条件恶化,最终导致胶合等齿面损伤失效。一般应当控制箱体的平衡温度$t < 75 ～ 85\ ℃$,如果超过这个限度,应提高箱体的散热能力,可考虑采取以下措施:在箱体外壁增加散热片,如图8-13所示;在蜗杆轴端安装风扇进行人工通风;在箱体油池内装蛇形冷却水管;采用压力喷油循环润滑等,如图8-14所示。

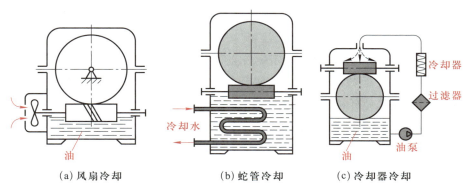

(a) 风扇冷却　　　　　(b) 蛇管冷却　　　　　(c) 冷却器冷却

图8-14　蜗杆传动的冷却

练 习 题

一、填空题

1. 蜗杆传动主要用来传递_____轴之间的运动和动力。

2. 一般情况下,单级蜗杆传动的传动比_____。

3. 蜗杆传动中,蜗杆头数常取z_1_____,蜗杆头数越少,则传动效率_____,自锁性_____。

4. 蜗杆传动中,蜗杆螺旋线方向与蜗轮螺旋线方向应该_____。

5. 由于滑动摩擦大,蜗杆传动的效率_____齿轮传动的效率。

6. 蜗杆传动正确啮合条件：_____、_____、_____。

7. 蜗杆直径系数表达式：_____。

8. 蜗杆传动主要失效形式：_____、_____、_____、_____。

9. 为了提高蜗杆传动强度、硬度、耐磨性,蜗杆常选用_____材料,蜗轮常选用_____材料。

10. 蜗杆传动润滑的目的在于减小_____,提高_____,防止_____。

11. 控制蜗杆传动箱体平衡温度 $t <$_____。

12. 为提高蜗杆传动箱体散热能力,常采取那些措施：_____、_____、_____、_____。

二、简答题

1. 蜗杆传动由哪些零件组成? 用于什么场合? 谁是主动件? 有哪些类型? 常用的是哪一种?

2. 蜗杆传动有何优缺点?

3. 何为蜗杆传动的中间平面? 在中间平面内蜗杆与蜗轮的齿形如何?

4. 蜗杆传动的正确啮合条件是什么?

5. 蜗杆传动的传动比 $i=d_2/d_1$ 吗?

6. 蜗杆头数的选取对传动和加工有什么影响?

7. 什么是蜗杆直径系数? 为什么要规定蜗杆直径系数?

8. 一蜗杆传动,已知: 模数 $m=10$ mm,蜗杆分度圆直径 $d_1=90$ mm,头数 $z_1=1$,蜗轮齿数 $z_2=41$。计算蜗杆、蜗轮的主要几何尺寸。

9. 某蜗杆传动的 $m=5$ mm, $d_1=90$ mm, $z_1=1$, $z_2=50$, $h_a^*=1$, $c^*=0.2$。求蜗杆和蜗轮的主要几何尺寸。

10. 一蜗杆传动,已知: 蜗杆头数 $z_1=2$,蜗杆转速 $n_1=980$ r/min,蜗轮齿数 $z_2=70$。求蜗轮转速 n_2。如要求蜗轮转速 $n_2=35$ r/min,蜗轮的齿数 z_2 应为多少?

11. 判断图8–15中蜗杆、蜗轮的转向或蜗杆的旋向,并在图中注明。

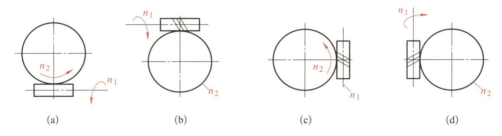

(a)　　　　　(b)　　　　　(c)　　　　　(d)

图8–15　练习题11图

12. 蜗杆传动的失效形式有哪些? 说明发生失效的情况。

13. 蜗杆和蜗轮分别选择什么材料?

14. 对于蜗杆传动,如何提高箱体的散热能力?

Chapter 9
第九章 | 齿轮系

第一节 齿轮系概述

一、轮系的组成与应用

由两个互相啮合的齿轮所组成的齿轮机构是齿轮传动中最简单的形式。在机械传动中，有时为了获得较大的传动比，或将主动轴的一种转速变换为从动轴的多种转速，或需改变从动轴的回转方向，往往采用一系列相互啮合的齿轮，将主动轴和从动轴连接起来组成传动。**这种由一系列相互啮合的齿轮组成的传动系统称为轮系。**

二、轮系的分类

组成轮系的可以是圆柱齿轮、锥齿轮或蜗杆蜗轮。根据轮系中各轮几何轴线的位置是否固定，可分为定轴轮系和行星轮系两大类型。

1. **定轴轮系。**在轮系运转时，若各齿轮的几何轴线的位置都是固定不**变的，则称为定轴轮系，**如图9-1所示。

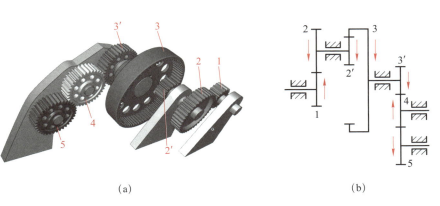

(a)　　　　　　　　　　　(b)

图9-1　定轴轮系

微视频

圆柱齿轮定轴轮系

微视频

圆锥齿轮定轴轮系

微视频

行星齿轮传动装置

2. 行星轮系。在轮系运转时,若至少有一个齿轮的几何轴线是绕另一齿轮的固定几何轴线转动的,则该轮系称为行星轮系,也称周转轮系。图9-2所示即为一种最简单的行星轮系。在该轮系中,齿轮1和构件H各绕固定轴线O_1和O_H回转,而齿轮2的几何轴线O_2并不固定,它随构件H一起绕固定轴线O_H回转。

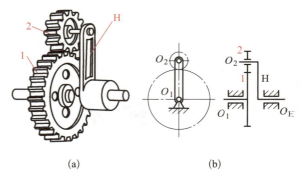

(a)　　　　　　　　(b)

图9-2　行星轮系

知识卡片　齿轮在轴上的固定方式

齿轮在轴上的三种固定方式见表9-1。

表9-1　**齿轮在轴上的三种固定方式**

结　构　简　图		齿轮与轴之间的关系
单一齿轮与轴固定	双联齿轮与轴固定	齿轮与轴之间固定(齿轮与轴固定为一体,齿轮与轴一同转动,齿轮不能沿轴向移动)
单一齿轮与轴空套	双联齿轮与轴空套	齿轮与轴之间空套(齿轮与轴空套,齿轮与轴各自转动,互不影响)
单一齿轮与轴进行轴向滑移	双联齿轮与轴进行轴向滑移	齿轮与轴之间滑移(齿轮与轴周向固定,齿轮与轴一同转动,但齿轮可沿轴滑移)

第二节　定轴轮系传动比的计算

一、一对齿轮传动比的计算

1. 圆柱齿轮传动比计算

由于齿轮传动是靠轮齿的依次啮合来传递运动的,所以**一对齿轮啮合的传动比总是与两**

齿轮齿数成反比。在计算传动比时,不仅要确定两齿轮传动比的大小,而且要确定其转向。

对于一对轴线平行的圆柱齿轮传动,其两轮的转向如图9-3所示,其传动比可表示为

$$i_{12} = \frac{n_1}{n_2} = \pm\frac{z_2}{z_1}$$

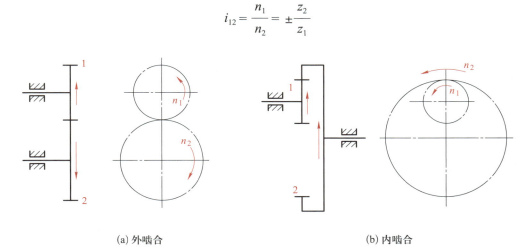

(a) 外啮合　　　　　　　　　　　　　　(b) 内啮合

图9-3　圆柱齿轮传动比及回转方向

当两齿轮外啮合时,其转向相反(图9-3a),用负号表示;内啮合时,两齿轮转向相同(图9-3b),用正号表示。

此外,齿轮的转向若用箭头标注(箭头的方向即为齿轮上可见端面最高点的圆周速度方向),**当两箭头方向相同时,用正号表示,反之用负号表示。**

2. 轴线不平行齿轮传动比计算

对于轴线不平行的齿轮传动,只计算其传动比的大小。图9-4a所示的锥齿轮传动和图9-4b所示的蜗杆传动,其传动比为

$$i_{12} = \frac{n_1}{n_2} = \frac{z_2}{z_1}$$

而各轮的转向,只有通过标注箭头的方法来表示。

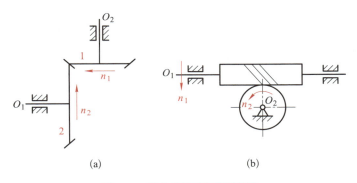

(a)　　　　　　　　　(b)

图9-4　锥齿轮传动和蜗杆传动

二、定轴轮系传动比的计算

图9-5所示为定轴轮系,设轮系中各齿轮齿数为z_1、z_2、z_3、z_4、z_5、z_6、z_7,转速为n_1、n_2、$n_3(=n_2)$、n_4、$n_5(=n_4)$、n_6、n_7。1为首轮,7为末轮,轮系的传动关系为

啮合关系

$$\text{传动路线 } \mathrm{I} \xrightarrow{z_1/z_2} \mathrm{II} \xrightarrow{z_3/z_4} \mathrm{III} \xrightarrow{z_5/z_6} \mathrm{IV} \xrightarrow{z_6/z_7} \mathrm{V}$$

转速　　　n_1　　　$n_2(=n_3)$　　$n_4(=n_5)$　　　n_6　　　　n_7

传动比　　$-\dfrac{z_2}{z_1}$　　　$\dfrac{z_4}{z_3}$　　　$-\dfrac{z_6}{z_5}$　　　$-\dfrac{z_7}{z_6}$

在定轴轮系中,首末齿轮转速之比称为该轮系的传动比,等于各级齿轮副传动比的连乘积,也等于轮系中所有啮合齿轮中从动轮齿数的乘积与主动轮齿数的乘积之比。

图9-5所示的定轴轮系,首轮1到末轮7的传动比i_{17}为

$$i_{17}=\frac{n_1}{n_7}=\left(-\frac{z_2}{z_1}\right)\left(\frac{z_4}{z_3}\right)\left(-\frac{z_6}{z_5}\right)\left(-\frac{z_7}{z_6}\right)=(-1)^3\frac{z_2 z_4 z_7}{z_1 z_3 z_5}$$

一般情况,若用1、K分别表示定轴轮系中的首末轮,m为外啮合的次数,则传动比的计算公式为

$$i_{1K}=\frac{n_1}{n_K}=(-1)^m\frac{\text{从1至}K\text{所有从动轮的齿数乘积}}{\text{从1至}K\text{所有主动轮的齿数乘积}}$$

末轮转向取决于轮系中齿轮外啮合的次数m,判断方法如下。

对于轴线平行的定轴轮系(全为圆柱齿轮),如$(-1)^m$为正,则末轮转向与首轮相同;如$(-1)^m$为负,则末轮转向与首轮转向相反。也可以用箭头判别末轮的转向。

对于轴线不平行的定轴轮系(轮系中有锥齿轮、蜗杆蜗轮传动),只能用上述公式计算传动比的大小,末轮的转向用箭头判别。

知识卡片　　**惰轮**

在图9-5所示轮系的传动比计算中,齿轮6并没有影响传动比的**大小,只是改变了传动比的正负号**,这种齿轮称为惰轮或介轮。它的特点是既当从动轮(对前一级传动)又当主动轮(对后一级传动),在计算传动比时,只考虑其外啮合的次数即可。

微视频

惰轮

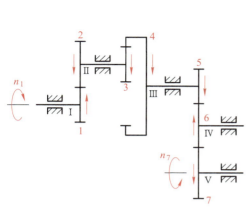

图9-5　定轴轮系　　　　　　　图9-6　卷扬机传动系统示意图

例9-1　如图9-5所示,已知$z_1=24$,$z_2=28$,$z_3=20$,$z_4=60$,$z_5=20$,$z_6=20$,$z_7=28$,齿轮1为主动件。求传动比i_{17};若齿轮1转向已知,试判定齿轮7的转向。

解:由图9-5分析可知,$m=3$,根据公式

$$i_{17}=(-1)^3\frac{z_2z_4z_7}{z_1z_3z_5}=-\frac{28\times60\times28}{24\times20\times20}=-4.9$$

结果为负值,说明从动轮7与主动轮1的转向相反。

各轮转向如图9-5中箭头所示。

例9-2　图9-6为一卷扬机的传动系统示意图,末端为蜗杆传动。已知$z_1=18$,$z_2=36$,$z_3=20$,$z_4=40$,$z_5=2$(右旋),$z_6=50$,鼓轮直径$D=200$ mm,$n_1=1\,000$ r/min。试求蜗轮的转速n_6和重物G的移动速度v,并确定提升重物时n_1的回转方向。

解:图示轮系中有锥齿轮、蜗杆蜗轮等轴线不平行的情况,只能用上面公式计算传动比的大小,而轮系中各齿轮的转向,只有通过标注箭头的方法来确定。

轮1至轮6的总传动比为

$$i_{16}=\frac{n_1}{n_6}=\frac{z_2z_4z_6}{z_1z_3z_5}$$

故

$$n_6=n_1\frac{z_1z_3z_5}{z_2z_4z_6}=1\,000\times\frac{18\times20\times2}{36\times40\times50}\text{ r/min}=10\text{ r/min}$$

重物G的移动速度为

$$v=\pi Dn_6\approx3.14\times200\times10\text{ mm/min}=6\,280\text{ mm/min}=6.28\text{ m/min}$$

由重物G提升可确定蜗轮的回转方向,根据蜗杆为右旋,可确定蜗杆的回转方向,再用画箭头的方法即可确定n_1的回转方向,如图9-6所示。

第三节 行星轮系传动比的计算

在图9-7a所示的行星轮系中,外齿轮1和内齿轮3均可绕固定几何轴线O转动,这种齿轮称为太阳轮。齿轮2空套在构件H上,而构件H则绕固定轴线O回转,当轮系运转时,齿轮2一方面绕着自己的轴线回转,另一方面又随着构件H一起绕着固定轴线O回转,这种兼有自转和公转的齿轮称为行星轮。行星轮的轴所在的构件H称为行星架。

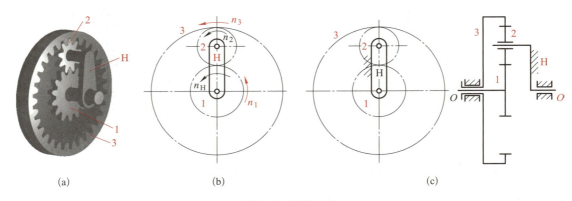

图9-7 行星轮系

图9-7b所示为行星轮系中各构件的运动转速,可见齿轮2的轴线随着构件H一起绕轴线O转动,转速为n_H。根据相对运动的原理,若给整个行星轮系加上一个公共转速"$-n_H$",使它绕行星架的轴线回转,此时各构件之间的相对运动关系仍保持不变,但行星架的运动速度为$n_H - n_H = 0$,即行星架"静止不动"了,如图9-7c所示。这时行星轮系便转化为了定轴轮系,转化轮系中各构件的转速见表9-2。

表9-2 转化轮系中各构件的转速

构　　件	转化前的转速	转化后的转速
1	n_1	$n_1^H = n_1 - n_H$
2	n_2	$n_2^H = n_2 - n_H$
3	n_3	$n_3^H = n_3 - n_H$
H	n_H	$n_H^H = n_H - n_H = 0$

转化轮系中齿轮1与齿轮3的传动比可用定轴轮系传动比的计算公式进行计算。则

$$\frac{n_1^H}{n_3^H} = \frac{n_1 - n_H}{n_3 - n_H} = -\frac{z_3}{z_1}$$

任意两轮 G、K 和行星架 H 转速间关系的一般表达式为

$$\frac{n_G^H}{n_K^H}=\frac{n_G-n_H}{n_K-n_H}=(-1)^m\frac{\text{齿轮 G 与 K 之间所有从动轮的齿数的乘积}}{\text{齿轮 G 与 K 之间所有主动轮的齿数的乘积}}$$

式中　m——转化轮系中从 G 轮至 K 轮的外啮合次数。

用上述公式计算时要注意转速的方向，一般先假定一个转向为正方向，与其相反的转向取负值，与其相同的转向取正值，代入公式进行计算。

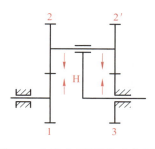

例9-3　图9-8所示的行星轮系中,已知 $z_1=56$, $z_2=62$, $z_2'=58$, $z_3=60$, 试求行星架 H 与齿轮1间的传动比 i_{H1}。

解:因齿轮3为固定轮,故 $n_3=0$。可选择齿轮1到齿轮3间进行计算。

图9-8　大传动比行星轮系减速器

在转化轮系中,外啮合次数 $m=2$,1轮与3轮的传动比为

$$\frac{n_1^H}{n_3^H}=\frac{n_1-n_H}{n_3-n_H}=\frac{n_1-n_H}{-n_H}=1-\frac{n_1}{n_H}=1-i_{1H}$$

$$=(-1)^2\frac{z_2z_3}{z_1z_2'}=\frac{62\times60}{56\times58}$$

微视频

差速器模型

故

$$i_{1H}=1-\frac{62\times60}{56\times58}=-\frac{59}{406}$$

$$i_{H1}=\frac{1}{i_{1H}}=-\frac{406}{59}\approx-6.88$$

即当行星架转6.88圈时,齿轮1才转1圈,且两者转向相反。

知识卡片　行星轮系可实现大传动比

上例中,如 $z_1=100$, $z_2=101$, $z_2'=100$, $z_3=99$, 则

$$i_{1H}=1-\frac{101\times99}{100\times100}=\frac{1}{10\ 000}$$

$$i_{H1}=\frac{1}{i_{1H}}=10\ 000$$

可见该行星轮系减速器传动比之大。

第四节 组合轮系传动比的计算

组合轮系是由定轴轮系和行星轮系或由两个以上的行星轮系组合而成的轮系。

计算组合轮系的传动比时,必须首先将该轮系分解为几个单一的基本轮系,再分别按相应的传动比计算公式列出方程式,最后联立解出所求的传动比。

解决此类问题的关键是:在轮系中先找出单一的行星轮系,即先找出行星轮,再找出支持行星轮的行星架以及与行星轮相啮合的太阳轮,即确定了行星轮系。

例9-4 如图9-9所示轮系中,已知各轮齿数分别为 $z_1 = z'_2 = z'_3 = 20$, $z_2 = z_3 = 40$ z_4、$z_5 = 80$。试计算传动比 i_{1H}。

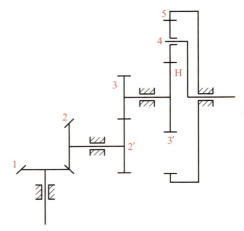

图9-9 组合轮系

解:该轮系包括两个基本轮系:齿轮1、2、2′和3组成定轴轮系;齿轮3′、4、5和转臂H组成周转轮系。

定轴轮系中
$$\frac{n_1}{n_3} = \frac{z_2 z_3}{z_1 z'_2} = \frac{40 \times 40}{20 \times 20} = 4$$

$$n_3 = \frac{n_1}{4} \qquad (9-1)$$

行星轮系中
$$\frac{n'_3 - n_H}{n_5 - n_H} = -\frac{z_5}{z'_3}$$

$$\frac{n'_3 - n_H}{0 - n_H} = 1 - \frac{n'_3}{n_H} = -\frac{80}{20} = -4$$

所以
$$\frac{n'_3}{n_H} = 5$$

$$n'_3 = 5n_H \qquad (9-2)$$

联立式(9-1)(9-2),得

$$\frac{n_1}{4} = 5n_H$$

$$i_{1H} = \frac{n_1}{n_H} = 20$$

第五节　轮系的应用

一、可获得很大的传动比

一对相互啮合的齿轮传动，受结构的限制，传动比不能过大（一般 $i = 3 \sim 5$，$i_{max} \leqslant 8$），而采用轮系传动可以获得很大的传动比，以满足变速工作的要求。

二、可做较远距离的传动

当两轴中心距较大时，如用一对齿轮传动，则两齿轮的尺寸必然很大，不仅浪费材料，而且传动机构庞大，如图9-10中的虚线所示；而采用轮系传动，则可使其结构紧凑，并能进行远距离传动，如图9-10中的实线所示。

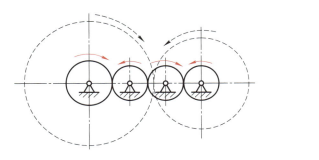

微视频

实现大传动比传动

图9-10　轮系做远距离的传动

三、可改变从动轴的回转方向

如图9-11所示，在主动轴转向不变的情况下，在轮系中采用惰轮（中间轮）可以改变从动轴的回转方向，以适应工作机对转向的需要。

微视频

轮系应用实例

图9-11　采用惰轮改变从动轴转向

知识卡片　三星轮换向机构

　　图9-12所示为三星轮换向机构,向上扳动手柄A,使齿轮3移到图9-12a所示的位置时,从动轮4与主动轮1的转向相同;若向下扳动手柄A,使齿轮2移到图9-12b所示的位置时,则从动轮4与主动轮1的转向相反。

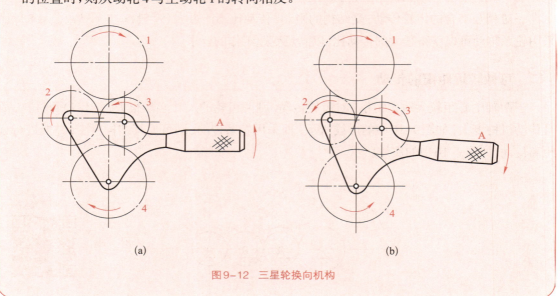

图9-12　三星轮换向机构

四、可实现变速传动

　　在主动轴转速不变的条件下,采用滑移齿轮等变速机构,改变传动比,可使从动轴得到若干种工作转速,以适应不同的需要,这种传动称为变速传动。图9-13所示为滑移齿轮变速机构,若改变双联滑移齿轮3-4在轴上的位置,使其分别与齿轮1、2啮合,可使轴Ⅱ获得两种不同的转速。可见,主动轴转速不变时,利用轮系可使从动轴获得多种工作转速。汽车、机床、起重设备等都需要这种变速传动。

微视频

实现分路传动

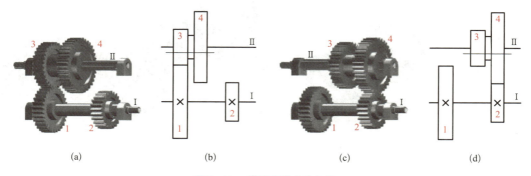

图9-13　滑移齿轮变速机构

五、可实现运动的合成与分解

采用行星轮系可以将两个独立的回转运动合成为一个回转运动,也可以将一个回转运动分解为两个独立的回转运动。

汽车在转弯时,外侧车轮应比内侧车轮转得快,这样才能使两轮均不在地面上滑动,以免轮胎剧烈磨损。工程中用汽车差速器来实现运动的分解,如图9-14所示。汽车后桥做成两根半轴,发动机的转动通过变速箱,万向联轴器,圆锥齿轮5、4及差速轮系传到两根半轴上,两半轴分别与两个后轮相连,其转速之和 $n_1+n_3 = 2n_H$。

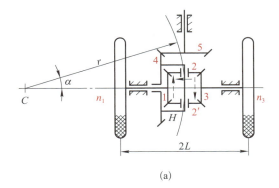

(a)　　　　　　　　　　　　　　(b)

图9-14　汽车差速器

通过分析,利用差速器可以把一个运动分解成两个运动。反之,当已知差速器中两个构件的转速,也可把两个运动合成一个运动。

> 微视频
>
> 汽车差速器装置

六、可实现多路传动

如图9-15所示定轴轮系,能够将主动轴 I 的运动和动力按照6路输出。

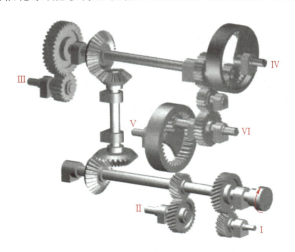

图9-15　定轴轮系实现运动的多路输出

练 习 题

1. 什么是轮系？什么是定轴轮系？什么是行星轮系？如何区分定轴轮系和行星轮系？

2. 轮系有哪些应用特点？

3. 什么是惰轮？它对轮系传动比的计算有什么影响？

4. 在图9-16所示的机床传动中，若已知各轮齿数$z_1 = 26$，$z_2 = 51$，$z_3 = 42$，$z_4 = 29$，$z_5 = 49$，$z_6 = 36$，$z_7 = 56$，$z_8 = 43$，$z_9 = 30$，$z_{10} = 90$，电动机转速$n = 1\,450$ r/min，小带轮直径$d_1 = 100$ mm，大带轮直径$d_2 = 200$ mm。试求当轴Ⅲ上的三联齿轮分别与轴Ⅱ上的三个齿轮啮合时，轴Ⅳ的三种转速。

5. 图9-17所示齿轮系中，已知$z_1 = z'_2 = 15$，$z_2 = 45$，$z'_3 = 17$，$z_4 = 45$。试求传动比i_{14}。

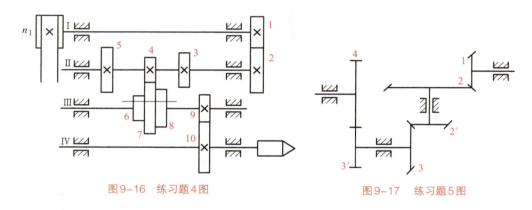

图9-16 练习题4图　　　　　　图9-17 练习题5图

6. 图9-18所示的轮系中，已知$z_1=24$，$z_2=28$，$z_3=20$，$z_4=60$，$z_5=20$，$z_6=20$，$z_7=28$。设齿轮1为主动件，齿轮7为从动件。试求轮系的传动比i，并根据齿轮1的回转方向判定齿轮7的回转方向。

7. 如图9-19所示，已知$z_1=16$，$z_2=32$，$z_3=20$，$z_4=40$，蜗杆齿数$z_5=2$，蜗轮齿数$z_6=40$，$n_1=800$ r/min。试求蜗轮的转速n_6，并确定各轮的回转方向。

8. 钢绳卷筒传动机构如图9-20所示，已知电动机转速$n_1=735$ r/min，$z_1=z_3=18$，$z_2=z_4$，轮系传动比$i=12.25$，卷筒直径$D=400$ mm。试求传动比i_{12}、i_{34}，齿数z_2、z_4、钢绳速度v。

9. 某发动机行星减速器如图9-21所示，内齿轮3与曲轴连接，行星架H与螺旋桨连接。已知$z_1=20$，$z_2=15$，$z_3=50$，轮3固定不动。试求轮系传动比i_{1H}的大小，并确定当$n_1=1\,400$ r/min时螺旋桨的转速n_H。

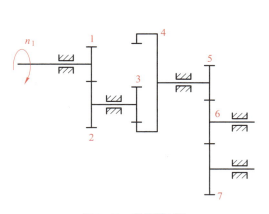

图9-18　练习题6图

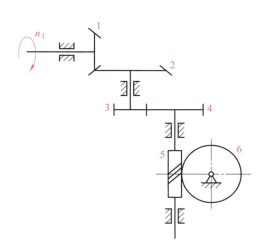

图9-19　练习题7图

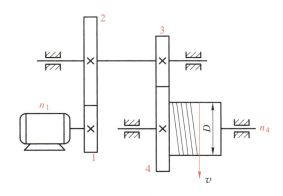

图9-20　练习题8图

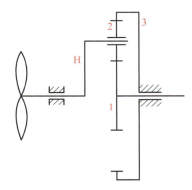

图9-21　练习题9图

工业文明与文化

现场管理——6S 管理

一、"6S 管理"理念的由来

在企业的现场管理中,日本企业以现场管理卓越闻名。"6S 管理"起源于日本,发展于日本。"6S 管理"目前是世界企业界最广泛认同和采纳的一种科学管理思想和手段。它已经形成一整套较完善的管理模式、考评机制,具有很强的可操作性和实用性。

将整理(seiri)、整顿(seiton)、清扫(seiso)、清洁(seiketsu)、素养(shitsuke)、安全(safety)这六种管理要素简称为"6S 管理"。

二、"6S管理"理念内涵简析

1. 整理

含义：区分"要"和"不要"的物品，处理不要的物品，在岗位上只放置必需品。

目的：正确利用并改善空间、减少库存，用则留、无用弃之。

实施要领：对工作场所进行全面检查，制订"要"和"不要"的标准，按照标准清除不要的物品。

2. 整顿

含义：必需物品定点定位分类置放，排列整齐，明确数量，有效标示，工作岗位人员都能够取到。

目的：保证工作场所整齐有序，物品存放一目了然，减少寻找必需物品的时间。

实施要领：彻底进行整理，明确放置场所，规定摆放方法，进行有效标识。

3. 清扫

含义：将工作场所及工作用的设备清洗干净，保持工作场所干净明亮。

目的：清除工作场所内的脏物，避免污染的发生，保持良好的工作情绪。

实施要领：建立清扫责任区；在岗位范围内（包括相关物品、场地与设备）进行彻底清扫；查明污垢源头，彻底予以杜绝。

4. 清洁

含义：维持上面3S的成果，并定期制度化、规范化、标准化。

目的：维持整理、整顿、清扫的成果，并作为标准化的基础。

实施要领：维持整理、整顿、清扫工作；制定实施措施及考核标准；建立奖惩机制，加强执行整理、整顿、清扫。

5. 素养

含义：养成良好习惯，按照规则做事，培养主动、积极向上的精神。

目的：做遵守制度的好员工，养成好习惯，形成良好的团队精神。

实施要领：持续推行整理、整顿、清扫、清洁的工作内容要求，直至形成全员的自觉习惯和风格；制定准则，并严格遵循执行；培养责任感，营造良好的团队精神。

6. 安全

含义："无危则安""无缺则全"。安全是既没有灾害的危险，又没有人员伤亡的危险。

目的：保障人员安全，保障公共财产安全，保障各项作业活动的可靠运行与开展，杜绝或减少经济损失。

实施要领：建立系统的安全管理机制；重视安全教育与培训，增强安全意识，定期与不定基地组织安全隐患排查,防患于未然;制定紧急情况下的应急措施和预案。

三、6S应用成功企业

1.日本丰田汽车公司

请学生自行查阅有关资料。

2.海尔电器集团股份有限公司

"6S大脚印"方法是海尔在加强生产现场管理方面独创的一种方法。"6S大脚印"的位置在生产现场。"6S大脚印"的使用方法是站在"6S大脚印"上,对当天的工作进行小结。如果有突出成绩的可以站在"6S大脚印"上,把自己的体会与大家分享;如果有失误的地方,也与大家沟通,以期得到同伴的帮助,更快地提高。"6S大脚印"的最终目的是提升人的品质。在海尔,"6S大脚印"方法不仅是一种生产管理方法,更成了独特的海尔文化,因为"6S大脚印"方法已经深入到了海尔每一个员工的血液中,做到了6S,就给别人做好了榜样,他们感到非常骄傲;做不到6S,他们会感到羞愧,进而修正自己的行为,直到完成6S的要求。

图片

6S管理

微视频

5S现场管理法
的应用

第四部分　机 械 支 承

　　支承零部件主要包含轴和轴承,用以实现传动零件(齿轮、链轮、带轮等)可靠地支承在机架上,具有准确的工作位置和较小的功率损失。

　　轴的主要作用是支承旋转零件,并传递运动和动力。

　　轴承的主要作用是支承轴,使其回转并保持一定的旋转精度,减少相对回转零件之间的摩擦和磨损。

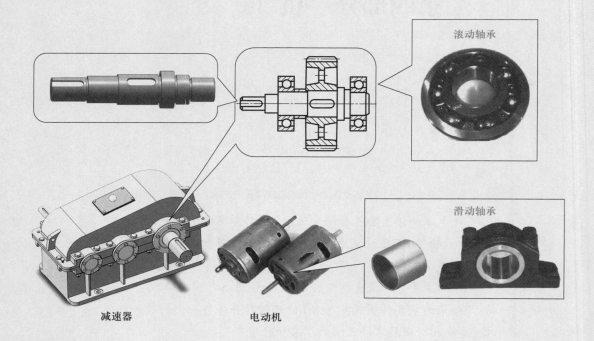

滚动轴承

滑动轴承

减速器   电动机

第十章

轴承

微视频

轴承制作过程

　　轴承的功用是支承轴及轴上零件,减少轴与支承之间的摩擦和磨损,保证轴的旋转精度。根据工作面摩擦性质的不同,轴承可分为滑动轴承(图10-1a)和滚动轴承(图10-1b)。滑动轴承的轴瓦内表面和轴直接接触,滑动轴承具有工作平稳、无噪声、径向尺寸小、耐冲击和承载能力大等优点。而滚动轴承工作时,滚动体与套圈是点线接触,为滚动摩擦,其摩擦和磨损较小。滚动轴承是标准零件,可批量生产,成本低,安装方便,广泛应用于各种机械上。

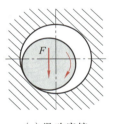
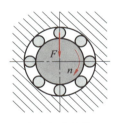

　　　　　　(a) 滑动摩擦　　　　　　　　　(b) 滚动摩擦

图 10-1　轴承类型

微视频

滑动轴承的安装

第一节　滑动轴承

一、滑动轴承的类型、结构和特点

　　滑动轴承的分类方法很多,按其承受载荷的方向分为径向滑动轴承和止推滑动轴承。

1. 径向滑动轴承

　　主要承受径向载荷或只能承受径向载荷的轴承称为径向滑动轴承。按其结构可**分为整体式滑动轴承、剖分式滑动轴承和自动调心轴承**三种形式。

（1）整体式滑动轴承

整体式滑动轴承的结构如图10-2所示，由轴承座和轴承衬套组成，轴承座上部有油孔，轴承衬套内有油沟，分别用以加油和引油，从而进行润滑。这种轴承结构简单、价格低廉，但**轴的装拆不方便，磨损后轴承的径向间隙无法调整。适用于轻载、低速或间歇工作的场合。**

（2）剖分式滑动轴承

剖分式滑动轴承的结构如图10-3所示，由轴承座、轴承盖、轴瓦、双头螺柱和垫片组组成。轴承座和轴承盖接合面做成阶梯形，以便定位和防止工作时错动，而且此处放有垫片组，以便磨损后调整轴承的径向间隙，故装拆方便，应用较广泛。

（3）自动调心轴承

自动调心轴承的结构如图10-4所示，其轴瓦外表面做成球面形状，与轴承支座孔的球状内表面相接触，能自动适应轴在弯曲时产生的偏斜，可以减少局部磨损。适用于轴承支座间跨距较大或轴颈较长的场合。

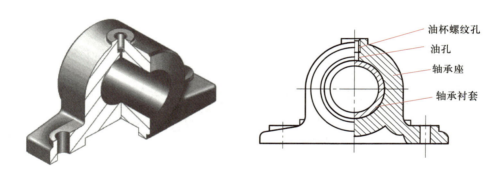

图 10-2　整体式滑动轴承

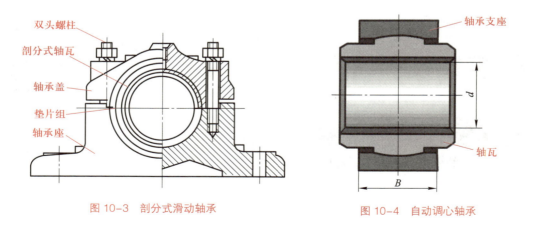

图 10-3　剖分式滑动轴承

图 10-4　自动调心轴承

想一想　比较整体式滑动轴承、剖分式滑动轴承和自动调心轴承的优缺点。

2. 止推滑动轴承

止推滑动轴承主要承受轴向载荷,如图 10-5 所示,按其结构可分为实心式、空心式和多环式三种形式。

（1）实心式止推滑动轴承

图 10-5a 所示为实心式止推滑动轴承,轴颈端面的中部压强比边缘的大,润滑油不易进入,润滑条件差。

（2）空心式止推滑动轴承

图 10-5b 所示为空心式止推滑动轴承,轴颈端面的中空部分能存油,压强也比较均匀,但承载能力不大。

（3）多环式止推滑动轴承

图 10-5c 所示为多环式止推滑动轴承,压强较均匀,能承受较大载荷。但各环承载不均,环数不能太多。

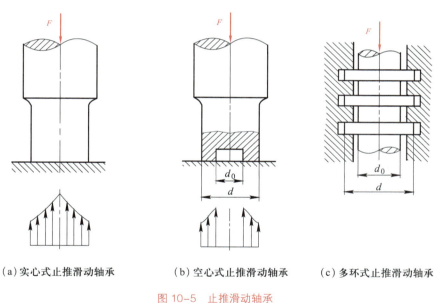

（a）实心式止推滑动轴承　　　　（b）空心式止推滑动轴承　　　　（c）多环式止推滑动轴承

图 10-5　止推滑动轴承

想一想　在日常生活或生产实际中,使用径向滑动轴承和止推滑动轴承?

二、轴瓦

1. 轴瓦材料

滑动轴承工作时会产生摩擦、磨损和发热。**轴瓦的主要失效形式是磨损和胶合**,在变载荷作用下还会出现疲劳点蚀。因此,轴瓦材料要求具有足够的强度、良好的塑性、耐磨性、减摩性、磨合性、抗胶合性、导热性、耐蚀性和工艺性等。常用的轴瓦材料主要是锡锑轴承合金、铅锑轴承合金（又称巴氏合金或白合金）,也经常使用铸造铜合金、黄铜、铸铁及非金属材料。

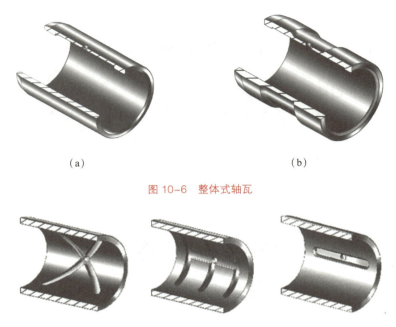

(a)　　　　　　　　　　　　　　(b)

图 10-6　整体式轴瓦

图 10-7　剖分式轴瓦

2. 轴瓦结构

轴瓦是滑动轴承的重要组成部分，它直接与轴颈接触，其结构对于轴承的性能影响很大。通常轴瓦分为**整体式**和**剖分式**两种。

（1）整体式轴瓦（轴套）

整体式轴瓦（图 10-6）一般在轴套上开有油孔和油沟以便润滑，如图 10-6b 所示。粉末冶金做成的轴套一般不带油沟，如图 10-6a 所示。

（2）剖分式轴瓦

剖分式轴瓦（图 10-7）由上、下两个半瓦组成，上瓦为非承载区，下瓦为承载区。润滑油应由非承载区进入，故上瓦顶部开有进油孔。轴瓦上的油孔用来供应润滑油，**油沟的作用是使润滑油均匀分布**。常见的油沟形状如图 10-7 所示。

三、滑动轴承的润滑

滑动轴承的润滑能够有效地降低功率的损耗，减小轴承的磨损，同时还起到冷却、防蚀和吸振的作用。润滑状况的好坏直接影响着轴承的正常工作和使用寿命。

1. 润滑剂

滑动轴承常用的润滑剂有润滑油（机械油）和润滑脂（俗称黄油）两种，有时也采用固体润滑剂（如石墨、二硫化钼、聚四氟乙烯等）。

（1）润滑油。润滑油是滑动轴承中使用最多的润滑剂。**润滑油的主要指标有黏度、油性、极压性、化学稳定性等**，选用润滑油时，要考虑速度、载荷和工作情况等。**机械油的标号越高，**

油越稠、承载能力越大、运动阻力越大。对于载荷大、温度高的轴承宜选用黏度大的润滑油;对于载荷小、速度高的轴承宜选用黏度较小的润滑油。常用的润滑油有N10、N15、N22、N32。

（2）润滑脂。润滑脂是由润滑油与各种稠化剂(如钙、钠、锂等金属皂)混合稠化而成。根据加入稠化剂的不同,可将润滑脂分成**钙基脂、钠基脂和锂基脂**。使用润滑脂可以形成一层薄膜将滑动表面隔离开。钙基脂具有良好的抗水性,工作温度不宜超过60 ℃,否则润滑脂会变软不能保证润滑;钠基脂可以在80 ℃或更高的温度下较长时间工作,遇水易分解;锂基脂具有优良的抗水性和较高的工作温度,可使用于潮湿或与水接触的机械上,能长期在120 ℃左右的环境下使用。

润滑脂润滑简单,不需要经常添加,不易流失。但润滑脂易变质、摩擦损耗大、无冷却效果,故常用于那些要求不高且难以经常供油,或低速重载以及不常使用的场合。

2. 常见的润滑方法

（1）油润滑

① 间歇注油润滑　**向摩擦表面施加润滑油的方法可分间歇式和连续式两种**。手工用油壶或油枪向注油杯内注油,只能做到间歇润滑。图10-8所示为压配式注油杯,图10-9为旋套式注油杯。这些只可用于小型、低速或间歇运动的轴承。对于重要的轴承,必须采用连续供油的方法。

图10-8　压配式注油杯　　　　　　　　　图10-9　旋套式注油杯

② 滴油润滑　图10-10及图10-11所示的针阀式注油杯和油芯式油杯都可做到连续滴油润滑。针阀式注油杯可调节滴油速度来改变供油量,并且停车时可扳动油杯上端的手柄以关闭针阀而停止供油。油芯式油杯在停车时仍继续滴油,造成无用的消耗。

③ 油环润滑　图10-12所示为油环润滑的结构示意图。油环套在轴颈上,下部浸在油中。轴颈转动带动油环转动,将油带到轴颈表面进行润滑。轴颈速度过高或者过低,油环带的油量都会不足,通常用于转速不低于50 ～ 60 r/min的场合。油环润滑的轴承,其轴线应水平布置。

④ 飞溅润滑　利用转动件(如齿轮)或曲轴的曲柄等将润滑油溅成油星以润滑轴承。

⑤ 压力循环润滑　用油泵进行压力供油润滑,可保证供油充分,能带走摩擦热以冷却轴承。这种润滑方法多用于高速、重载轴承或齿轮传动上。

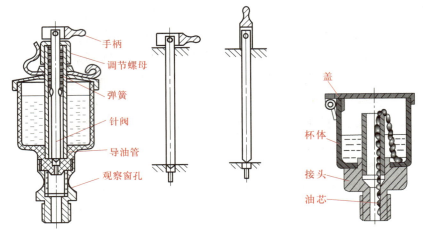

图 10-10　针阀式注油杯　　　　图 10-11　油芯式油杯

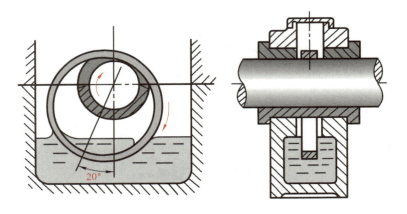

图 10-12　油环润滑

（2）脂润滑

脂润滑只能间歇地供应润滑脂。图 10-13 所示的旋盖式油脂杯，是应用最广的脂润滑装置。杯中装满润滑脂后，旋动上盖即可将润滑脂挤入轴承中，也可使用油枪向轴承补充润滑脂。

四、滑动轴承的安装与维护

（1）安装滑动轴承要保证轴颈在轴承孔内转动灵活、准确、平稳。

（2）轴瓦与轴承座孔要贴实，轴瓦剖分面要高出 0.05 ～ 0.1 mm，以便压紧。整体式轴瓦压入时要防止偏斜，并用紧定螺钉固定。

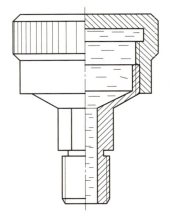

图 10-13　旋盖式油脂杯

（3）注意油路畅通，油路与油槽接通。刮研时油槽两边点子要软，以便形成油膜；两端点子均匀,以防止漏油。

（4）使用轴承的过程中要经常检查润滑、发热、振动等问题。遇有发热(一般在60 ℃以下为正常)、冒烟、异常振动、声响等要及时检查,采取措施。

想一想 是否安装或拆卸过滑动轴承？在装拆时遇见过什么问题？

第二节 滚动轴承

一、滚动轴承的构造

如图10-14所示,滚动轴承一般由**内圈**、**外圈**、**滚动体**和**保持架**组成。内圈装在轴径上,与轴一起转动;外圈装在机座的轴承孔内,一般不转动。内、外圈上设置有滚道,当内、外圈之间相对旋转时,滚动体沿着滚道滚动。保持架使滚动体均匀地分布在滚道上,减少滚动体之间的碰撞和磨损。其中,滚动体是核心部件,**只要是滚动轴承必须有滚动体**。

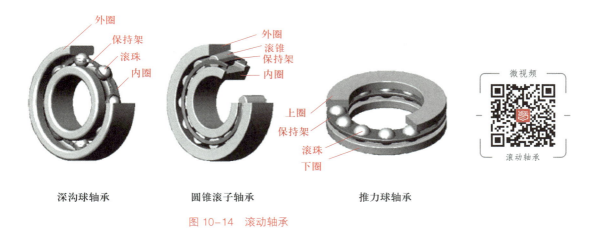

外圈
保持架
滚珠
内圈

外圈
滚锥
保持架
内圈

上圈
保持架
滚珠
下圈

微视频

滚动轴承

深沟球轴承　　　　　　　圆锥滚子轴承　　　　　　　推力球轴承

图 10-14 滚动轴承

想一想 自行车中有几处使用滚动轴承,滚动体是什么形状？由几部分构成？

二、滚动轴承的分类

滚动轴承的分类方法很多,按照滚动轴承所能承受载荷的方向不同,可以分为三类。

（1）向心轴承　主要承受径向载荷或只承受径向载荷的轴承。

（2）推力轴承　主要承受轴向载荷或只承受轴向载荷的轴承。

（3）向心推力轴承　同时承受径向载荷和轴向载荷的滚动轴承,如圆锥滚子轴承、角接触球轴承。

10-15 滚动体的形状

如图 10-15 所示,按滚动体的形状可将滚动轴承分为球轴承与滚子(包括短圆柱滚子、长圆柱滚子、螺旋滚子、圆锥滚子、球面滚子和滚针)轴承。

(1) 球轴承　因滚动体的形状是球形,所以与轴承套圈之间是点接触,摩擦小,承载能力和承受冲击的能力也较小;由于球的质量小,转动灵活,因而这类轴承的极限转速较高。

(2) 滚子轴承　因滚动体的形状是圆柱、圆锥、鼓形或滚针等,所以,与轴承套圈之间是线接触,摩擦力大,但承载能力和承受冲击的能力也较大;由于滚子的质量大,转动不灵活,因而这类轴承的极限转速较低。

三、滚动轴承的代号

按照 GB/T 272—2017 规定,滚动轴承代号由前置代号、基本代号和后置代号组成。代号一般刻印在外圈端面上,排列顺序是前置代号—基本代号—后置代号,见表 10-1。

1. 基本代号

基本代号表示轴承的基本类型、结构和尺寸,是轴承代号的基础,它由类型代号、尺寸系列代号和内径代号三部分组成。

(1) 类型代号　用数字或大写拉丁字母表示,见表 10-2。

(2) 尺寸系列代号　表示轴承的宽(高)度系列和直径系列代号,用两位数字表示。宽(高)度系列表示轴承的内径、外径相同,宽(高)度不同的系列。直径系列表示同一内径,不同的外径系列,如图 10-16 所示。

表 10-1　滚动轴承代号的构成

前置代号	基本代号					后置代号							
	一	二	三	四	五								
		尺寸系列代号											
轴承分部件代号	类型代号	宽度系列代号	直径系列代号	内径代号		内部结构代号	密封于防尘结构代号	保持架及其材料代号	特殊轴承材料代号	公差等级代号	游隙代号	多轴承配置代号	其他代号

表10-2　一般滚动轴承类型代号

代号	轴承类型	代号	轴承类型
0	双列角接触球轴承	6	深沟球轴承
1	调心球轴承	7	角接触球轴承
2	调心滚子轴承和推力调心滚子轴承	8	推力圆柱滚子轴承
3	圆锥滚子轴承	N	圆柱滚子轴承
4	双列深沟球轴承	NA	滚针轴承
5	推力球轴承	U	四点接触球轴承

（3）内径代号　表示轴承的内径尺寸，用两位数字表示，见表10-3。

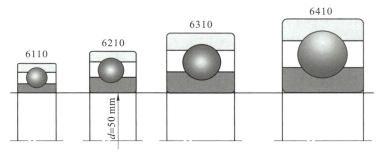

图10-16　直径系列

表10-3　轴承内径代号

轴承内径		内　径　代　号	示　例
0.6～10（非整数）		用内径毫米数直接表示，在其与尺寸系列代号之间用"/"分开。	深沟球轴承 618/2.5 $d=2.5$
1～9（整数）		用内径毫米数直接表示，对于深沟球轴承及角接触球轴承7、8、9直径系列，内径与尺寸系列代号之间"/"用分开。	深沟球轴承 618/5 $d=5$
10～17	10	00	深沟球轴承 6200 $d=10$
	12	01	
	15	02	
	17	03	
20～480（22、28、32 除外）		内径除以5的商数，商数为个位数需在商数前面加"0"如：08	调心滚子轴承 23208 $d=40$
≥500及22、28、32		用内径毫米数直接表示，在其与尺寸系列代号之间用"/"分开。	调心滚子轴承 230/500　$d=500$ 深沟球轴承 62/22　$d=22$

基本代号中的类型代号和尺寸系列代号在组合后，其组合代号有特殊要求可省略不标出的情况，个别情况在组合代号中省略不标。

2. 前置、后置代号

前置、后置代号是轴承在结构形状、尺寸、公差、技术要求等方面有改变时，在其基本代号前后增加的补充代号。

（1）前置代号　在基本代号的前面用字母表示，具体内容可查阅《机械设计手册》。

（2）后置代号　在基本代号的后面用字母或字母加数字表示，为补充说明代号。常用的后置代号如下：

① 轴承内部结构代号，如C、AC和B分别表示内部接触角 $\alpha=15°$、$25°$和$40°$。

② 轴承公差等级代号，其精度顺序为 /P0、/P6、/P6X、/P5、/P4、/P2，其中 /P2级为高精度，/P0级为普通级，不标出。

③ 轴承游隙：/C1、/C2、/C0、/C3、/C4、/C5，依次递增，/C0为常用的基本组，不标出。

滚动轴承代号表示方法举例如下。

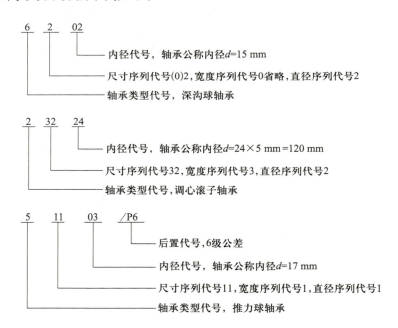

常用滚动轴承的部分类型、代号及特性见表10-4。

表10-4 常用滚动轴承的部分类型、代号及特性

轴承类型及标准号	结构简图	轴 承 代 号			主要特性和应用
		类型代号	尺寸系列代号	轴承基本代号	
调心球轴承 GB/T 281		1 (1) 1 (1)	(0)2 22 (0)3 23	1200 2200 1300 2300	主要承受径向载荷，能承受较小的轴向载荷，外圈滚道是以轴承中心为中心的球面，可自动调心
调心滚子轴承 GB/T 288		2 2 2 2 2 2 2 2	13 22 23 30 31 32 40 41	21300 22200 22300 23000 23100 23200 24000 24100	承载能力比调心球轴承大，具有自动调心的功能
圆锥滚子轴承 GB/T 297		3 3 3 3	02 20 29 31	30200 32000 32900 33100	能同时承受径向载荷和轴向载荷，内、外圈可分离，装拆方便，成对使用
推力球轴承 GB/T 301		5 5 5 5	11 12 13 14	51100 51200 51300 51400	只承受单向轴向载荷，高速时离心力大，故用于低速
双向推力球轴承 GB/T 301		5 5 5	22 23 24	52200 52300 52400	承受双向轴向载荷。高速时离心力大，故用于低速
深沟球轴承 GB/T 276		6 6 6 6 6	(0)0 (1)0 (0)2 (0)3 (0)4	16000 6000 6200 6300 6400	应用广泛，主要承受径向载荷，同时也可承受一定的轴向载荷
角接触球轴承 GB/T 292		7 7 7 7	(1)0 (0)2 (0)3 (0)4	7000 7200 7300 7400	可同时承受径向载荷和轴向载荷，公称接触角越大，承受轴向载荷越大，应成对使用

续　表

轴承类型及标准号	结构简图	轴　承　代　号			主要特性和应用
		类型代号	尺寸系列代号	轴承基本代号	
圆柱滚子轴承 GB/T 283	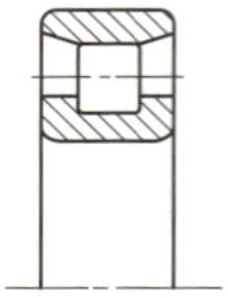	N N N N N N	10 (0)2 22 (0)3 23 (0)4	N1000 N200 N2200 N300 N2300 N400	只承受径向载荷,用于径向载荷较大的场合
滚针轴承 GB/T 5801	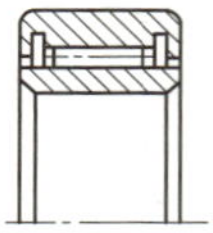	NA NA NA NA NA NA	用尺寸系列代号、内径代号表示		只承受径向载荷,承载能力大,径向尺寸小,使用时无保持架
			尺寸系列48	内径代号	
			基本代号		
			NA4800		

想一想　标有"6208"或者"72212C"的滚动轴承分别是什么含义?

四、滚动轴承的公差与配合

滚动轴承公差共分六个精度等级,其精度顺序为/P0、/P6、/P6X、/P5、/P4、/P2,其中P0为普通级,其余各级精度依次提高。划分滚动轴承精度等级的主要依据是基本尺寸精度和旋转精度。轴承基本尺寸精度包括轴承内径、轴承外径、轴承宽度的制造精度、圆锥滚子轴承装配高度的精度等。轴承的旋转精度包括轴承内外圈的径向跳动和滚道侧摆、轴承内圈的端面跳动、轴承外圈外圆柱面对基准的垂直度等。

滚动轴承是标准件,其内圈与轴颈的配合采用基孔制,外圈与轴承座孔的配合采用基轴制。轴承内径和外径的公差带位置均在零线的下侧,即统一采用上偏差为零,下偏差为负值的分布。同一个轴的公差带与轴承内圈形成的配合,要比它与一般基准孔形成的配合紧得多。这主要是考虑轴承配合的特殊需要,在多数情况下使用轴承时,内圈和轴一起旋转,要求它们之间有较紧的配合。

轴承配合种类的选择,应根据轴承的类型和尺寸,载荷的性质和大小,转速的高低,套圈是否回转等情况来决定。转速高、载荷大、振动大、温度高或套圈回转时,应选用较紧的有过盈的配合,如n6,m6,k6,js6等;反之可选用较松的配合,如与固定外圈相配合的轴承孔,选用G7、H7、J7和M7等。标注轴承配合时,不需标注轴承内径及外径的公差符号,只标注轴颈直径及轴承孔直径的公差符号,如图10-17所示。

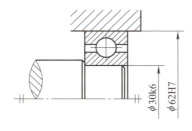

安装向心轴承和
角接触轴承的轴
公差带和外壳孔
公差带

图 10-17　滚动轴承配合的标注

五、滚动轴承类型的选择

合理选择轴承是设计机械的一个重要环节,一般先选择轴承的类型,后选择轴承的型号。选择轴承的类型通常按以下原则进行:

1. 按载荷的大小、方向和性质

轴承所受载荷的大小、方向和性质,是选择轴承类型的主要依据。

（1）载荷大小　载荷较大时选用滚子轴承,载荷中等以下选用球轴承。例如:深沟球轴承即可承受径向载荷又可承受一定轴向载荷,极限转速较高。圆柱滚子轴承可承受较大的冲击载荷,极限转速不高,不能承受轴向载荷。

（2）载荷方向　主要承受径向载荷选用深沟球轴承、圆柱滚子轴承和滚针轴承,受纯轴向载荷作用时选用推力轴承,同时承受径向和轴向载荷时,选用角接触轴承或圆锥滚子轴承。当轴向载荷比径向载荷大很多,选用推力轴承和深沟球轴承的组合结构。

（3）载荷性质　承受冲击载荷选用滚子轴承。因为滚子轴承是线接触,承载能力大,抗冲击和振动能力更强。

2. 轴承的转速

轴承转速对其寿命有着显著影响。因此,在滚动轴承标准中规定了轴承的极限转速,轴承工作时不得超过其极限转速。球轴承与滚子轴承相比较,前者具有较高的极限转速,故在高速时应优先选用球轴承,反之选用滚子轴承。

3. 对调心性能的要求

当轴在工作时跨距较大,或难以保证两轴承孔的同轴度,或长轴有多支点,或轴承由于制造和安装误差时会引起内、外圈中心线发生相对偏斜,出现角偏差,因此要求轴承内、外圈能有一定的相对角位移,使实际角偏差不超过所选轴承的极限角偏差时,应选用调心轴承。但调心轴承必须成对使用,否则将失去调心作用。

4. 装调性能

在选择轴承类型时,还应考虑轴承的装拆、调整、游隙等使用要求。一般圆锥滚子轴承和圆柱滚子轴承的内外圈可分离,便于装拆。

5. 经济性

在满足使用要求的情况下，应优先选用价格低廉的轴承，以降低成本。一般球轴承的价格低于滚子轴承，在相同精度的轴承中深沟球轴承的价格最低。

想一想 一般的直齿圆柱齿轮减速器用的是哪种类型的滚动轴承，为什么？

六、滚动轴承的失效形式及设计准则

1. 滚动轴承的失效形式

当轴承旋转工作并受纯径向载荷作用时，上半圈为非承载区，滚动体不受载荷；下半圈为承载区，但各滚动体承受的载荷不同，滚动体过轴心线时受到的载荷为最大，两侧滚动体所受载荷逐渐减小。轴承内、外圈与滚动体的接触点不断发生变化，其表面接触应力随着滚道位置的不同作脉动循环变化，所以轴承元件受到脉动循环的接触应力（图10-18）。

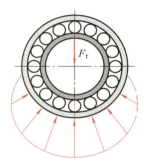

图 10-18 滚动轴承的受力

（1）疲劳点蚀 轴承元件在脉动循环接触应力重复作用下，当应力和变化次数达到一定数值时，就会在内、外圈和滚动体表面产生微小裂纹并逐渐发展，导致金属成片状剥落，形成疲劳点蚀，使轴承失去正常的工作能力（图10-19a）。点蚀是轴承正常工作条件下的主要失效形式，对于以疲劳点蚀为主要失效形式的轴承，应进行疲劳寿命计算。

（2）塑性变形 当轴承承受很大静载荷或冲击载荷时，会使轴承的套圈、滚道或滚动体接触表面的局部应力超过材料屈服极限，产生塑性变形（图10-19b），致使轴承在运转中产生剧烈的振动和噪音，无法正常工作而失效。

（3）磨损 由于使用维护和保养不当、润滑不良、密封效果不佳或装配不当等原因，会造成轴承过度磨损失效（图10-19c），在高速时甚至还会出现胶合失效等。

总之，除上述失效形式外，还可能出现轴承内、外圈破裂、滚动体破碎、保持架损坏等失效形式，这些是由于安装和使用不当所造成的。

(a) 疲劳点蚀　　　　(b) 塑性变形　　　　(c) 磨损

图 10-19 滚动轴承的主要失效形式

2. 滚动轴承设计准则

对于润滑密封良好、工作转速较高且长期使用的轴承,其主要失效形式是疲劳点蚀,应按额定动载荷进行寿命计算。对于转速极低或不转动的轴承,其主要失效形式是塑性变形,应按静载荷进行计算。

第三节 滚动轴承的组合设计

为了保证轴与轴上旋转零件正常运行,除了合理选择轴承的类型和正确的尺寸外,还应解决轴承组合的结构问题,其中包括:轴承组合的轴向固定、支承结构、轴承与相关零件的配合、间隙调整、装拆、润滑等一系列问题。

一、滚动支承结构的基本形式

1. 轴承内、外圈的轴向固定

(1)单个轴承内圈常用的轴向固定。轴承内圈常用的四种轴向固定如图10-20所示:图10-20a为利用轴肩作单向固定,它能承受较大的轴向力;图10-20b为利用轴肩和轴用弹性挡圈作双向固定,挡圈能承受的轴向力不大;图10-20c为利用轴肩和轴端挡板作双向固定,挡板能承受中等的轴向力;图10-20d为利用轴肩和圆螺母,能受较大的轴向力。

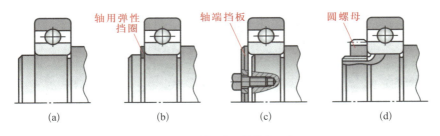

图 10-20　轴承内圈的轴向固定

(2)单个轴承外圈常用的轴向固定。轴承外圈常用的三种轴向固定如图10-21所示:图10-21a为利用轴承盖作单向固定,能受大的轴向力;图10-21b为利用孔内凸肩和孔用弹性挡圈作双向固定,挡圈能承受的轴向力较小;图10-21c为利用孔内凸肩和轴承盖作双向固定,能受大的轴向力。

2. 滚动支承结构的基本形式

(1)两端单向固定。轴的两个轴承分别限制一个方向的轴向移动,这种固定方式称为两端单向固定(图10-22)。考虑到轴受热伸长,对于深沟球轴承可在轴承盖与外圈端面之间,留

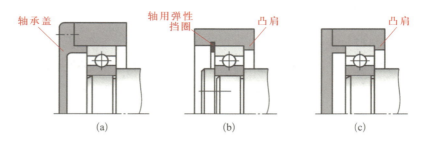

图 10-21　轴承外圈的轴向固定

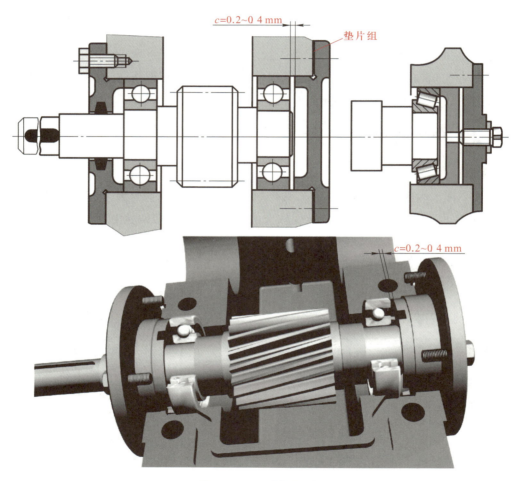

图 10-22　两端单项固定

出热补偿间隙 c，间隙量的大小可用一组垫片来调整。这种支承结构简单，安装调整方便，它适用于工作温度变化不大的短轴。图示采用两个深沟球轴承，如果齿轮轴受向左的轴向力作用，该力通过左端轴承的轴肩内圈、滚动体、外圈、轴承盖、螺钉传给机座至地面。右端也是如此，故称为两端单向固定支承。

（2）一端双向固定，一端游动。一端支承的轴承，内、外圈双向固定，另一端支承的轴承可以轴向移动（图10-23）。双向固定端的轴承可承受双向轴向载荷，游动端的轴承端面与轴承盖之间留有较大的间隙c，以适应轴的伸缩量，这种支承结构适用于轴的温度变化大和跨距较大的场合。图示采用两个深沟球轴承，左端轴承的外圈双向固定，故称为双向固定，右端可以作轴向游动，游动的间隙必须固定，以免移动影响游隙量，致使旋转不灵。可作轴向游动的轴承，使用N类轴承，不留伸缩间隙。图示齿轮轴受热膨胀时，只能向右移动，作热膨胀补偿。

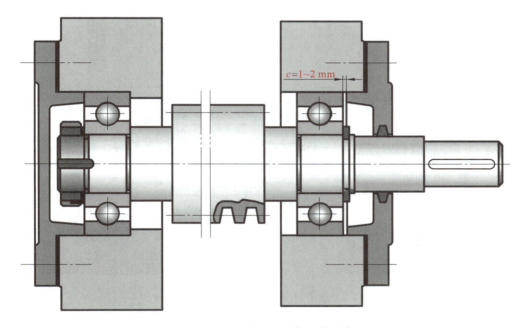

图 10-23　一端双向固定，一端游动

（3）两端游动。两端游动支承结构的轴承，分别不对轴作精确的轴向定位（图10-24）。两轴承的内、外圈双向固定，以保证轴能作双向游动；两端采用圆柱滚子轴承支承，适用于人字齿轮主动轴。轴承采用内圈或外圈无挡边的圆柱滚子轴承N类作两端游动支承，因这类轴承内部允许相对移动，故不需要留间隙。对这类轴承的内、外圈要作双向固定，以免内、外圈同时移动，造成过大的错位。

3. 轴的轴向位置调整

为了保证机器正常工作，轴上某些零件可以通过调整位置以达到工作所要求的准确位置。例如蜗杆传动中要求能调整蜗轮轴的轴向位置，来保证正确啮合。在圆锥齿轮传动中要求两齿轮的节锥顶重合于一点，需要进行轴向调整（图10-25）。其调整方式是利用轴承盖与套杯之间的垫片组2，调整轴承的轴向游隙；利用套杯与箱孔端面之间的垫片组1调整轴的轴向位置。

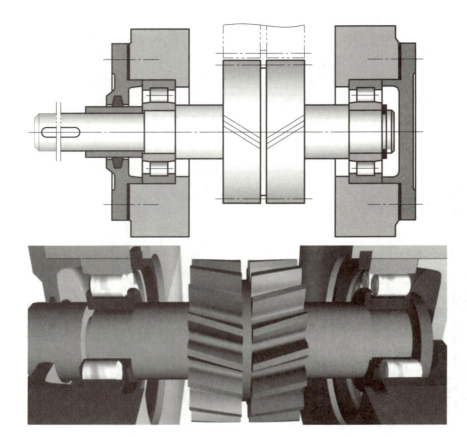

图 10-24 两端游动

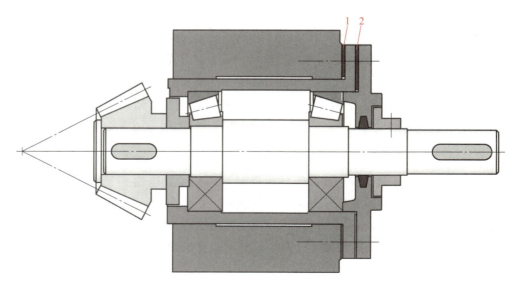

图 10-25 轴向位置的调整

二、滚动轴承的拆装

轴承的内圈与轴颈配合较紧，对于小尺寸的轴承，一般可用压力直接将轴承的内圈压入轴颈（图10-26）。对于尺寸较大的轴颈，可先将轴承放在温度为80～100℃的热油中加热，使内孔胀大，然后用压力机装在轴颈上；也可采用干冰对轴进行冷却，然后将轴承压入。拆卸轴承时应使用专用工具（图10-26c）。为便于拆卸，设计时轴肩高度不能大于内圈高度。

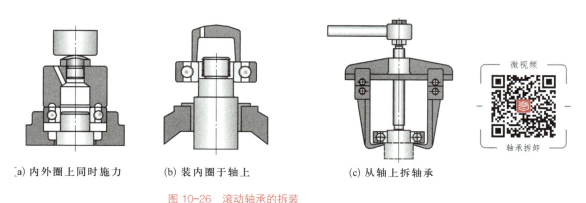

(a) 内外圈上同时施力　　　(b) 装内圈于轴上　　　(c) 从轴上拆轴承

微视频

轴承拆卸

图 10-26　滚动轴承的拆装

三、滚动轴承的润滑和密封

1. 滚动轴承的润滑

滚动轴承润滑的目的在于降低摩擦阻力、减少磨损，同时也有防锈、散热、吸振和降低接触应力等作用。当轴承转速较低时，可采用润滑脂润滑，其优点是便于维护和密封，不易流失，能承受较大载荷；缺点是摩擦较大，散热效果差。润滑脂的填充量一般不超过轴承内空隙的1/2～1/3，以免润滑脂太多导致摩擦发热，影响轴承正常工作。脂润滑常用于转速不高或不便加油的场合。当轴承的转速较高时，采用润滑油润滑，载荷较大、温度较高、转速较低时，使用黏度较大的润滑油；相反使用黏度较小的润滑油。润滑方式有油浴润滑或飞溅润滑，采用油浴润滑时，油面高度不应超过最下方滚动体的中心。

2. 滚动轴承密封

滚动轴承密封的目的在于防止灰尘、水分和杂质等进入轴承，同时也能阻止润滑剂的流失。良好的密封可保证机器正常工作，降低噪声，延长有关零件的寿命。密封方式分接触式密封和非接触式密封。常用的轴承密封方式见表10-5。

表 10-5　轴承的密封方式

简图	名称	特点及应用
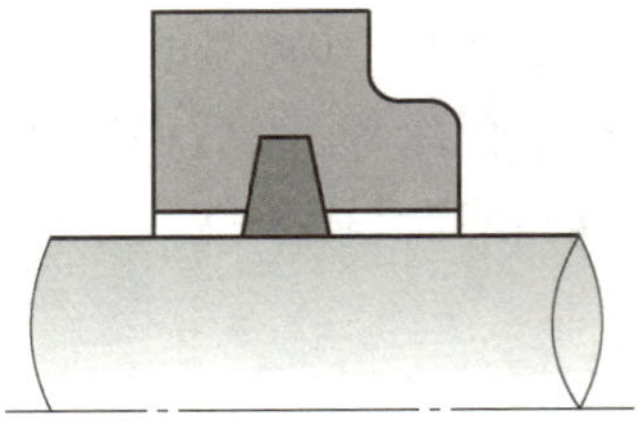	毛毡圈式密封	矩形毡圈压在梯形槽内与轴接触,适用于脂润滑,环境清洁,轴颈圆周速度 $v < 4 \sim 5$ m/s,工作温度 $<90℃$ 的场合。结构简单,制作成本低
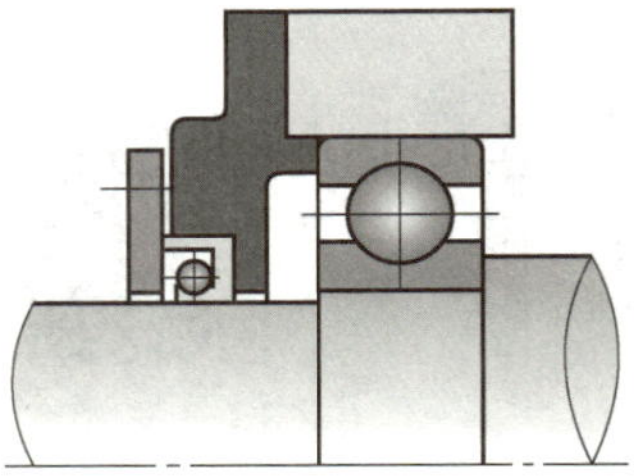	皮碗式密封	利用环形螺旋弹簧,将皮碗的唇部压在轴上,图中唇部向外,可防止灰尘入内;唇部向内,可防止润滑油泄漏。其适用于油润滑或脂润滑,轴颈圆周速度 $v < 7$ m/s,工作温度在 $-40 \sim 100℃$ 的场合。要求成对使用
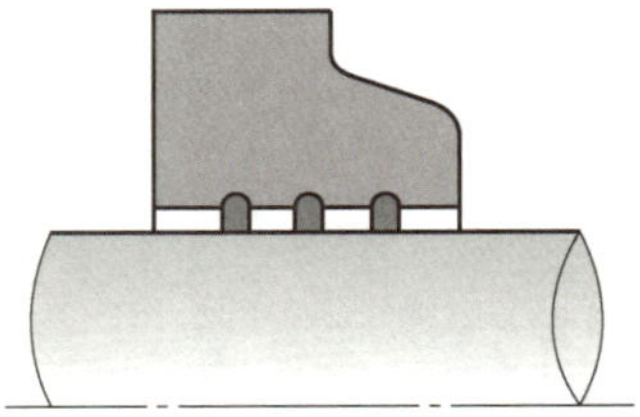	油沟式密封	在轴与轴承盖之间,留有细小的环形间隙,半径间隙为 $0.1 \sim 0.3$ mm,中间填以润滑脂。适用于工作环境清洁、干燥的场合。密封效果较差
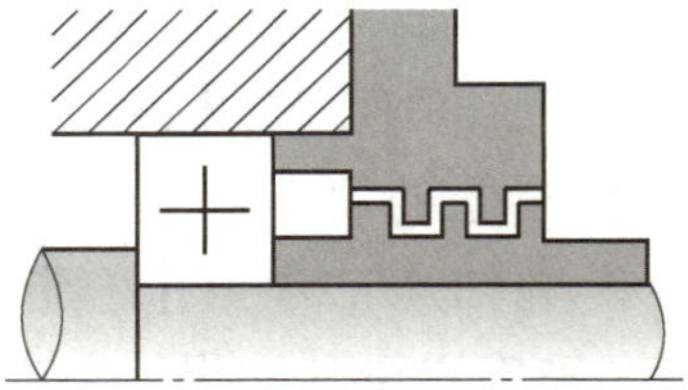	迷宫式密封	在轴与轴承盖之间有曲折的间隙,纵向间隙要求 $1.5 \sim 2$ mm,以防止轴受热膨胀。适用于脂润滑或油润滑,工作环境要求不高,密封可靠的场合。结构复杂,制作成本高

练　习　题

一、填空题

1. 滑动轴承轴瓦上油沟的作用是＿＿＿＿＿＿＿＿ 。

2. 剖分式滑动轴承的轴瓦磨损后,可通过＿＿＿＿＿ 来调整轴颈与轴承之间的间隙。

3. 剖分式滑动轴承的轴承盖与轴承座的剖分面常做成阶梯形,其作用是＿＿＿＿＿＿＿。

4. 为了改善滑动轴承的轴瓦表面的摩擦性质,可在其内表面浇铸一层减摩材料,称为_____。

5. 常见的滚动轴承一般由____、____、____和____组成。

6. 滚动轴承内、外圈的周向固定是靠____、____间的配合来保证的。

7. 6312 滚动轴承内圈的内径是____mm。

二、选择题

1. 滑动轴承适用于____的场合。

A. 载荷变动　　　　　　　　　　　B. 承受极大的冲击和振动载荷

C. 要求结构简单　　　　　　　　　D. 工作性质要求不高、转速较低

2. 滚动轴承与滑动轴承相比,其优点是____。

A. 承受冲击载荷能力好　　　　　　B. 高速运转时噪声小

C. 起动及运转时摩擦力矩小　　　　D. 径向尺寸小

3. 下列轴承中,可同时承受径向载荷(为主)与轴向载荷的是____。

A. 深沟球轴承　　　　　　　　　　B. 角接触球轴承

C. 圆锥滚子轴承　　　　　　　　　D. 调心球轴承

4. 深沟球轴承宽度系列为 0、直径系列为 2、内径为 40 mm,其代号是____。

A. 61208　　　　　　　　　　　　B. 6208

C. 6008　　　　　　　　　　　　　D. 6308

5. 剖分式滑动轴承的性能特点是____。

A. 能自动调心　　　　　　　　　　B. 装拆方便,轴瓦与轴的间隙可以调整

C. 结构简单,制造方便　　　　　　D. 装拆不方便,装拆时必须做轴向移动

6. 为了保证润滑油的引入并均匀地分配到轴颈上,油槽应开设在____。

A. 承载区　　　　　　　　　　　　B. 非承载区

C. 端部　　　　　　　　　　　　　D. 轴颈与轴瓦的最小间隙处

三、问答题

1. 选择滚动轴承的类型时,主要考虑哪些因素?

2. 滚动轴承内、外圈的轴向固定有哪些?

3. 滚动轴承润滑的目的是什么?

德技铸匠工坊

实践与训练
看视频 学技术
学榜样 做工匠

轴

机器上的传动零件,如带轮、齿轮、联轴器等都必须用轴来支承才能正常工作,因此,轴是机械中不可缺少的重要零件。自行车的前轮、后轮都要用轴支承,如图11-1所示。

自行车轴

图11-1 轴在自行车中的应用

本章将讨论轴的类型、结构、材料和轴的设计。

第一节 | 轴的分类和材料

轴是机器中的重要零件之一,主要功能是传递运动和转矩,支承回转零件。轴要有足够的强度、合理的结构和良好的工艺性,保证装在轴上的零件具有确定的工作位置和一定的回转精度。

一、轴的类型

按轴线形状的不同,轴分为直轴、曲轴和软轴。工程中多采用实心轴,当机器结构要求在轴内安装其他零件或减轻轴的质量时,可制成空心轴,如车床的主轴等。

1.直轴

直轴按外形不同可分为光轴和阶梯轴,如图11-2所示。阶梯轴各截面直径不等,从而实

(a) 光轴　　　　　　　　　　　　　　　(b) 阶梯轴

图 11-2　光轴和阶梯轴

现轴上零件的安装和固定,应用广泛。

直轴按所承受载荷的不同可分为心轴、传动轴和转轴三类。

(1) 心轴　只承受弯矩作用的轴称为心轴,如图 11-3 所示。心轴可以转动,如火车轮轴(图 11-3a);也可以固定不动,如图滑轮轴(11-3b)。

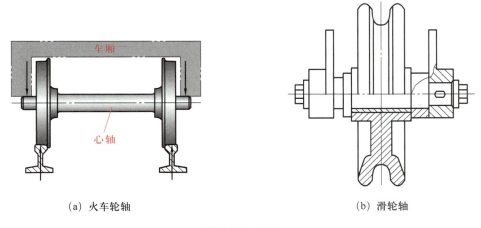

(a) 火车轮轴　　　　　　　　　　　　　(b) 滑轮轴

图 11-3　心轴

(2) 传动轴　用来传递动力,只受转矩作用而不受弯矩作用或弯矩作用很小的轴称为传动轴。汽车的传动轴如图 11-4 所示。

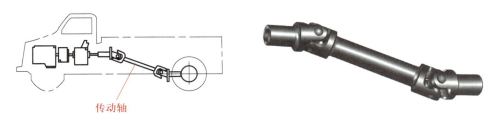

传动轴

图 11-4　汽车的传动轴

（3）转轴　同时承受弯矩和转矩作用的轴称为转轴,如齿轮减速器中的齿轮轴（图11-5）。转轴在机器中较为常见。

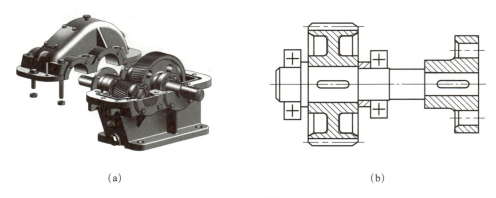

（a）　　　　　　　　　　　　　（b）

图11-5　转轴

想一想　自行车的前轴、后轴、中轴和脚蹬轴分别是什么轴? 生活中还有哪些机械中应用了心轴?

2. 曲轴

曲轴的作用是将回转运动转变为往复直线运动,或将往复直线运动转变成回转运动。主要用于内燃机及曲柄压力机器中,如图11-6所示。

3. 软轴

软轴具有良好的挠性,它可以把回转运动灵活地传到任何空间位置,如图11-7所示,如牙科医生用于修补牙齿的钢丝软轴、建筑工地振捣器传动轴等。

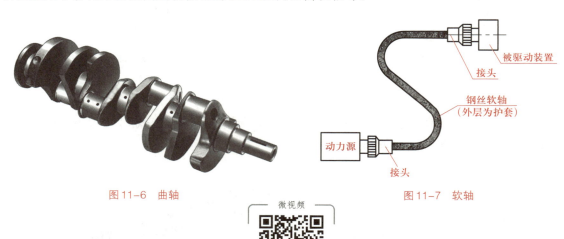

图11-6　曲轴

图11-7　软轴

被驱动装置
接头
钢丝软轴
（外层为护套）
动力源
接头

微视频

曲轴设计加工

二、轴常用的材料

微视频

轴的结构与安装

从受载荷的角度看,轴的功用主要是承受弯矩和扭矩,故轴的失效形式主要是疲劳断裂。作为轴的材料应具有足够的强度、韧性、耐磨性和良好的工艺性能。轴的材料通常选用碳素钢、合金钢和球墨铸铁等。

1. 碳素钢

优质碳素钢具有较好的力学性能,对应力集中敏感性较低,价格便宜,应用广泛。例如:35、45、50等优质碳素钢。一般轴采用45钢,经过调质或正火处理;有耐磨性要求的轴段,应进行表面淬火及低温回火处理。轻载或不重要的轴,使用普通碳素钢Q235、Q275等。

2. 合金钢

合金钢具有较高的力学性能,对应力集中比较敏感,淬火性较好,热处理变形小,价格较贵。多用于要求高、重量轻和轴颈耐磨的轴。例如:汽轮发电机轴要求在高速、高温重载工况下工作,采用耐热合金钢27Cr2Mo1V、38CrMoAlA等;滑动轴承的高速轴,采用20Cr、20CrMnTi等,需进行渗碳淬火,提高耐磨性。

3. 球墨铸铁

球墨铸铁工艺性好,吸振性和耐磨性好,对应力集中敏感低,价格低廉,用于铸造外形复杂的轴,如内燃机中的曲轴。

第二节　轴的结构设计

轴的结构设计就是确定轴的形状和尺寸,这与轴上零件的安装、拆卸、零件定位及加工工艺有着密切的关系。进行轴的结构设计首先要分析轴上零件的定位、固定以及轴的结构工艺性等。

对轴的结构设计的基本要求是:

1. 轴和轴上的零件定位准确、固定可靠。

2. 轴上零件便于调整和装拆。

3. 良好的制造工艺性。

4. 形状、尺寸应尽量减小应力集中。

5. 为了便于轴上零件的装拆,将轴制成阶梯轴。

一、轴的各部分名称

按各轴所起的作用不同,可将轴分成三部分:轴头、轴颈、轴身,轴的结构形状如图11-8所示。支承齿轮、带轮、联轴器等传动零件,并与这些零件保持一定配合的轴段称为轴头;与轴

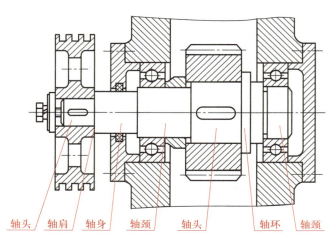

| 轴头 | 轴肩 | 轴身 | 轴颈 | 轴头 | 轴环 | 轴颈 |

图 11-8　轴的结构形状

承配合的轴段称为轴颈；连接轴头与轴颈的轴段称为轴身。

轴因直径变化所形成的台阶称为轴肩，轴肩分为定位轴肩和非定位轴肩。两轴肩之间的距离很小，且呈环状的轴段称为轴环。

二、轴上零件的定位与固定

1. 轴上零件的轴向固定

轴向固定的目的是保证轴上零件具有确定的轴向位置，承受轴向力，防止轴上零件轴向窜动。轴上零件的轴向固定方法见表11-1。

表 11-1　轴上零件的轴向固定方法

固定方法	简　图	特　点
轴肩 轴环 固定	（a）轴肩固定　（b）轴环固定 （c）轴肩或轴环的圆角	结构简单，定位可靠，能承受较大的轴向力，常用于齿轮、带轮、轴承等零件的轴向定位。 　　为了保证轴上零件靠紧定位面，轴上内圆 r 应小于零件孔口倒角 C 或外圆角半径 R，且使轴肩、轴环的高度 $h > C$ 或 $h > R$，轴环的宽度 $b \approx 1.4h$；与滚动轴承配合时，轴肩、轴环的高度要小于滚动轴承内圈厚度，以便于滚动轴承的拆卸

续　表

固定方法	简　图	特　点
圆螺母固定	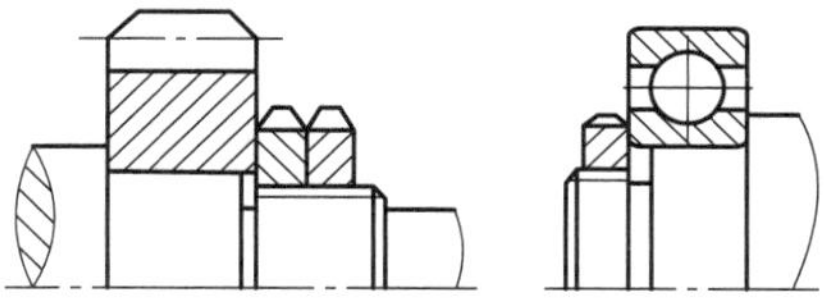	装拆方便、固定可靠；能承受较大的轴向力；但轴上需切制螺纹，使轴的强度降低。常用于轴的中部或端部无法使用轴套固定的场合
轴端挡板固定	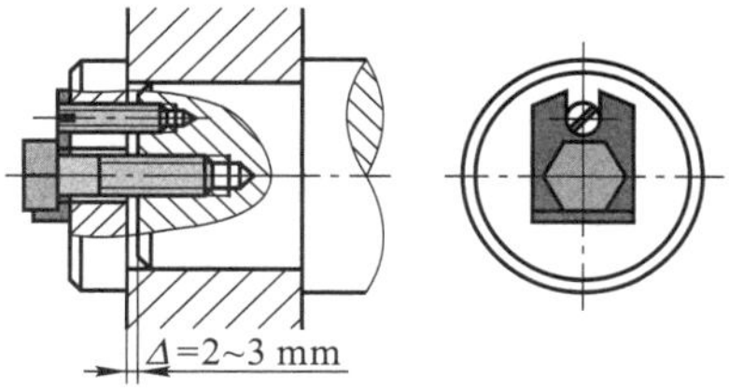 $\Delta = 2 \sim 3$ mm	适用于固定轴端零件，可承受剧烈振动和冲击载荷；为了防止轴端挡圈和螺钉松动，需采用防松装置（如图中的弹性垫圈）
圆锥面固定	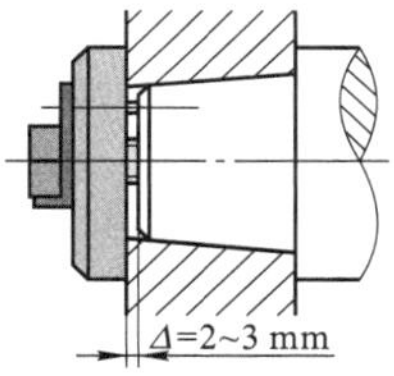 $\Delta = 2 \sim 3$ mm	具有较高的定心精度，能承受较大的冲击载荷；主要用于无轴肩、轴环的轴端零件的轴向固定
轴套固定	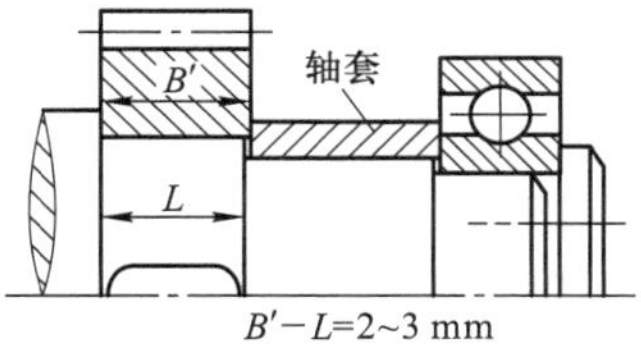 轴套 B' L $B' - L = 2 \sim 3$ mm	结构简单，装拆方便，无须在轴上开槽、钻孔、切制螺纹。一般用于零件间距较小的场合
弹性挡圈固定		结构简单，拆装方便，只能承受较小的轴向载荷
轴端挡板固定	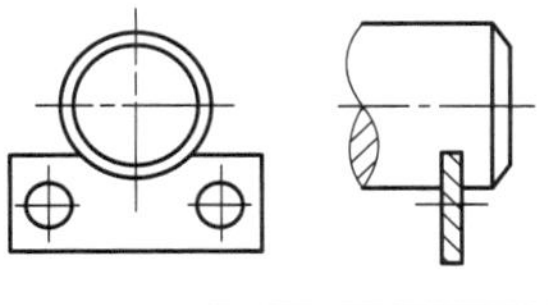	承受的轴向力小。主要用于心轴及轴端零件的固定
紧定螺钉固定	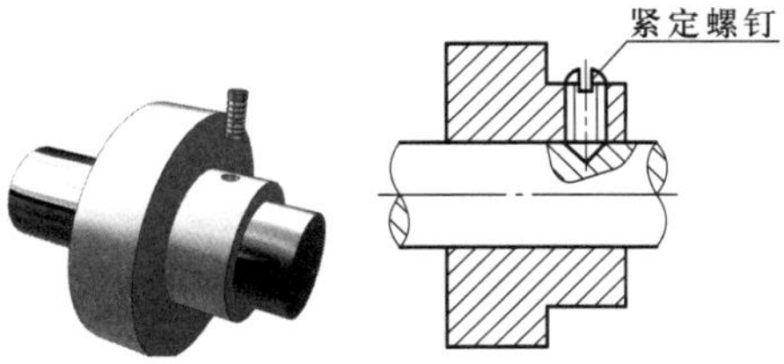 紧定螺钉	对轴上零件可同时实现轴向和周向固定，但承受的载荷小

续 表

固定方法	简 图	特 点
螺钉锁紧挡圈固定		结构简单,承载能力小。常用于光轴上零件的固定

文档

轴用弹性挡圈与孔
用弹性挡圈的区别

2. 轴上零件的周向固定

（1）键连接、销连接　如图11-9所示,键连接是轴上零件周向固定最常用的方法；销连接不能承受较大载荷,并且轴、毂上要开通孔,对轴的强度有削弱。

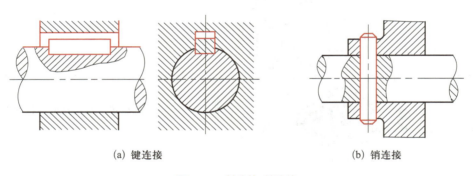

(a) 键连接   (b) 销连接

图11-9　键连接、销连接

（2）过盈配合连接　过盈配合连接可同时有轴向和周向固定的作用,对中精度高,但拆装不方便（图11-10）。

（3）紧定螺钉连接　如图11-11所示,紧定螺钉连接可同时有轴向和周向固定的作用。其结构简单,承受载荷小,多用于辅助性连接。

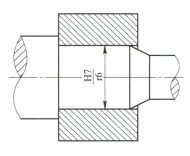

图 11-10 过盈配合连接

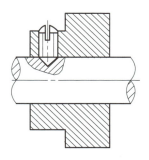

图 11-11 紧定螺钉连接

三、轴的结构工艺性

1. 加工工艺性

轴的结构应满足加工工艺性要求。

（1）当轴上需切制螺纹时，切制螺纹的轴段应设有退刀槽，便于车刀退出；当轴上需磨削时，磨削轴段的阶梯处要设置越程槽，便于磨削砂轮越过工作面，如图 11-12a、b 所示。

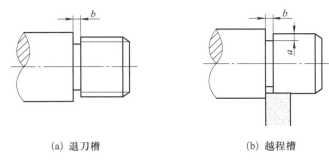

(a) 退刀槽 (b) 越程槽

图 11-12 退刀槽与越程槽

（2）当轴的长径比（L/D）大于 4 时，为了便于轴的加工和保证轴的加工精度，轴的两端应开有中心孔，如图 11-13 所示。

（3）为了方便加工，同一轴上各轴段的过渡圆角半径、倒角及环形槽宽度尺寸应统一大小，以减少换刀次数和刀具规格；各轴段要开设的键槽应分布在轴的同一母线上（图 11-14）。

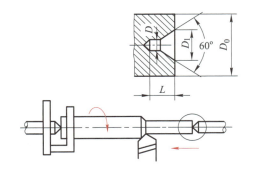

图 11-13 中心孔

图 11-14 键槽分布在轴的同一母线上

2. 装配工艺性

轴的结构应满足装配工艺性要求，以方便轴上零件的装配。

（1）阶梯轴的轴径要求中间直径大、两端直径小。

（2）轴端、各轴段应设有倒角或过渡圆角，倒角或过渡圆角的尺寸应满足零件在各部位装配时，接合面紧密贴合，不互相干涉的要求。

（3）当轴上装有质量大或轴颈过盈配合的零件时，其装入端应加工出半锥角为 $\alpha = 10°$ 的导向锥面，如图 11-10 所示。

讨论会　分析减速器中大齿轮轴上各零件的轴向固定、周向固定方法。

四、轴上零件的装拆

1. 轴与毂连接的拆卸

对较大件及配合较紧的拆卸，宜先查阅图纸或上一次装配的实测记录资料，计算出设计最大过盈量或实际过盈量，以便选择拆卸方法和拆卸工具。拆卸一般用击卸、压卸或拉卸法，通常可在常温下进行，但配合过紧时还需采用温差法。

（1）击卸法

击卸是一种最简单的方法。它借锤击力量使轴、毂互相脱离，达到拆卸的目的。击卸法在中小件和过盈量不大的拆卸中应用较多。

（2）压卸和拉卸法

压卸可采用压力机，拉卸可采用拉卸器（常称拉马、扒子等）。有时还可以自制螺旋压力器或以梁、拉杆组成的压（拉）卸架，再借千斤顶的力量压（拉）卸轮毂件。压（拉）卸在拆卸较大零件或过盈量较大的配合时，应用较多。

（3）加热拆卸法

轴与毂配合很紧，不易拆卸时可用加热轮毂件的方法使孔的直径扩大，然后迅速进行击卸或压（拉）卸操作。

加热温度一般控制在 200℃ 以下，若温度过高会降低零件力学性能和使用寿命，或者损坏零件。

微视频
加热装配法

微视频
冷却装配法

（4）冷却拆卸法

冷却装配法是对具有过盈量配合的两个零件，装配时先将被包容件用冷却剂冷却，使其尺寸收缩，再装入包容件，待温度回升后实现过盈配合的一种装配方法。冷却装配法不但操作简便，能保证装配质量，而且还可大大提高工作效率。

2. 轴与毂连接的装配

轴与毂装配的方法、要点和拆卸基本相同，区别在于二者施力方向相反，拆卸为压出力，装配为压入力。除采用击装法、压装法外，过盈量大时，采用加热装配法和冷却装配法。

装配前，需对轴、孔及键槽的表面质量检查，清除锈迹、毛刺、切屑、擦伤等。

五、提高轴的疲劳强度

轴大多在变应力下工作,结构设计时应减少应力集中,以提高轴的疲劳强度。轴截面尺寸突变处会造成应力集中,所以对阶梯轴,相邻两段轴径变化不宜过大,在轴径变化处的过渡圆角半径不宜过小。尽量不在轴面上切制螺纹和凹槽以免引起应力集中。此外,提高轴的表面质量,降低表面粗糙度,采用表面碾压、喷丸和渗碳淬火等表面强化方法,均可提高轴的疲劳强度。

练 习 题

一、填空题

1. 轴的作用有_____;_____。
2. 轴按形状分为_____、_____和_____,直轴按承载的不同分为_____、_____、_____。
3. 既承受弯矩又承受转矩作用的轴称为_____(心轴、传动轴、转轴)。
4. 轴主要由_____、_____和_____组成。
5. 轴的常用材料有_____、_____、_____。
6. 轴肩的过渡圆角半径应_____(小于、等于、大于)轴上零件内孔的倒角高度。

二、选择题

1. 轴肩与轴环的作用是_____。
   A.对零件进行周向固定   B.对零件进行轴向固定
   C.使轴外形美观   D.有利于轴的加工
2. 轴上零件的轴向定位方法有:(1)轴肩与轴环;(2)圆螺母;(3)套筒;(4)键等。其中,_____方法是正确的。
   A.(1)、(4)   B.(1)、(2)
   C.(1)、(2)、(3)   D.(1)、(2)、(3)、(4)
3. 轴的常用材料是优质碳素钢和合金钢,如下列中的_____。
   A. Q235   B. 45
   C. 65Mn   D. ZG45

三、问答题

1. 轴的结构应满足的要求有哪些?
2. 轴上零件的轴向固定方法有哪些?
3. 轴上零件常用的周向固定方法有哪些?

德技铸匠工坊

实践与训练
看视频 学技术
学榜样 做工匠

第十一章 轴

工业文明与文化

绿色制造

一、绿色制造的概念

绿色制造是一个综合考虑环境影响和资源利用效率的现代制造模式,其目标是使得产品在从设计、制造、包装、运输、使用到报废处理的整个产品生命周期中,对环境的负面影响最小,资源利用效率最高,并使企业经济效益和社会效益协调优化。推动机械行业低碳、绿色、高质量发展,是践行绿色发展理念、实现科学发展的战略举措。

二、绿色制造的关键技术

从"大制造"的概念来讲,制造的全过程一般包括:产品设计、工艺规划、材料选择、生产制造、包装运输、使用和报废处理等阶段。如果在每个阶段都考虑到有关绿色发展的因素,就会产生相应的绿色制造技术。

1. 绿色设计

传统的产品设计,通常主要考虑的是产品的基本属性,如功能、质量、寿命、成本等,很少考虑环境属性。按这种方式生产出来的产品,在其使用寿命结束后,回收利用率低,资源浪费严重,毒性物质严重污染生态环境。

绿色设计是从可持续发展的角度审视产品的整个生命周期,强调在产品开发阶段按照全生命周期的观点进行系统性的分析与评价,消除对环境潜在的负面影响,力求形成"从摇篮到再现"的过程。绿色设计主要可以通过生命周期设计、并行设计、模块化设计等几种方法来实现。

2. 绿色材料选择

绿色产品首先要求构成产品的材料具有绿色特性,即在产品的整个生命周期内,这类材料应有利于降低能耗,使环境负荷最小。具体地说,在绿色设计时,材料选择应从以下几方面来考虑。

① 减少所用材料种类和数量。

② 选用可回收或再生材料。

③ 选用能自然降解的材料。

④ 选用无毒材料。

3. 清洁生产

相对于真正的清洁生产技术而言,这里所提到的清洁生产仅仅指生产加工过程中的清洁。在这一环节,要想为绿色制造作出贡献,需从绿色制造工艺技术、绿色制造工艺设备与装备等入手。

实际的机械加工中,在铸造、锻造冲压、焊接、热处理、表面保护等过程中都可以采用绿色制造工艺。具体可以从以下几方面入手:改进工艺,提高产品合格率;采用合理工艺,简化产品加工流程,减少加工工序,谋求生产过程的废料最少化,避免不安全因素;减少产品生产过程中的污染物排放,如减少切削液的使用(目前多通过干式切削技术),润滑油的合理使用与回收等。

4. 绿色包装

现代商品的营销有五大要素,即产品、价格、渠道、促销和包装。而在重视环境保护的氛围里,绿色包装在销售中的作用也越来越重要。消费者更是对商品包装提出了 4R1D 的原则,即 Reduce(减少包装材料消耗)、Reuse(包装容器的再充填使用)、Recycle(包装材料的循环利用)、Recover(能源的再生)以及 De-gradable(包装材料的可降解性)。

绿色包装是指采用对环境和人体无污染,可回收重用或可再生的包装材料及其制品的包装。首先必须尽可能简化产品包装,避免过度包装;其次使包装可以多次重复使用或便于回收,且不会产生二次污染。

5. 绿色处理技术

在传统的观念中,产品寿命结束后,就再也没有使用价值了。事实上,如果将废弃的产品中有用的部分再合理地利用起来,既能节约资源,又可有效的保护环境,这也正是有些文献中所提到的绿色产品的可回收性及可拆卸性设计问题。如此一来,整个制造过程也会形成一个闭环的系统。能有效减轻对环境的危害,这也正是与传统制造过程开环特性最为不同的一点。

 知识链接:

绿色制造公共服务平台-中国绿色制造联盟官网 http://www.gmpsp.org.cn/
中国机械工业联合会官网 http://cmif.mei.net.cn/

第五部分 典型机构

　　机器主要由动力部分、传动部分、执行部分控制系统和辅助系统五大部分组成。动力部分一般由电动机、内燃机等构成，执行部分因机器的功能不同其运动形式千差万别（如等速转动、匀速直线运动、变速直线运动、往复直线移动、往复摆动、等加速度移动和间歇运动等），传动部分承担着将原动机的单一运动转变为执行部分的多样运动的任务。传动部分的典型机构主要有连杆机构、凸轮机构和间歇运动机构等。

　　本部分主要介绍一些典型机构的组成、特性和运动规律。

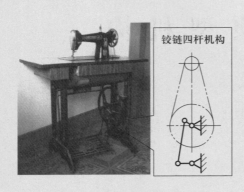

铰链四杆机构

连杆机构在缝纫机中的应用

连杆机构在鹤式起重机中的应用

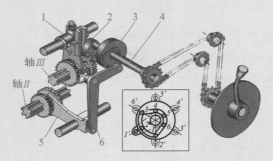

凸轮机构在机床变速系统中的应用

冰激凌灌装机的转位机构

Chapter 12
第十二章 | **平面连杆机构**

第一节　平面四杆机构的基本类型与应用

　　由若干个构件通过铰链、滑道等方式连接,且所有构件在同一平面或相互平行平面内运动的机构称为**平面连杆机构**。最简单的平面连杆机构是由四个构件组成的,简称**平面四杆机构**。它是平面连杆机构中最常见的形式,也是组成多杆机构的基础。

一、铰链四杆机构的基本类型及应用

　　当四杆机构各构件之间都是以销轴连接时,称该机构为铰链四杆机构,如图12-1所示,其中,固定不动的杆为机架,与机架相连的杆1与杆3,称为连架杆,连接两连架杆的杆2称为连杆。连架杆1与3通常绕自身的回转中心A和D回转,杆2做平面运动;能做整周回转的连架杆称为曲柄,不能做整周回转的连架杆称为摇杆。

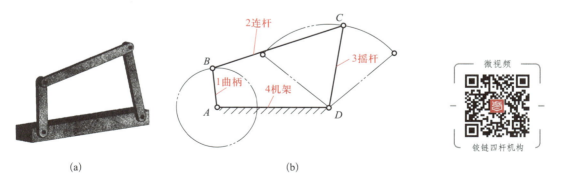

(a)　　　　　　　　(b)

图12-1　铰链四杆机构

　　铰链四杆机构按有无曲柄或摇杆,分为以下三种基本类型。

1. 曲柄摇杆机构

在铰链四杆机构中，若一连架杆为曲柄，另一连架杆为摇杆，称为曲柄摇杆机构。其运动特点是曲柄做整周旋转运动，摇杆做往复摆动，如图12-1所示。

当曲柄1为主动件时，可将曲柄的连续转动经连杆2转换为摇杆3的往复摆动。图12-2所示的雷达天线机构，图12-3所示的搅拌器中的搅拌机构都是以曲柄为主动件、摇杆为从动件组成的机构。

当摇杆为主动件时，可将摇杆的往复摆动经连杆转换为曲柄的连续旋转运动。图12-4所示为缝纫机踏板机构，当脚踏动踏板1（相当于摇杆）使其作往复摆动时，通过连杆2带动曲轴3（相当于曲柄）做连续旋转运动，再经过带传动驱动使机头主轴转动。

2. 双曲柄机构

铰链四杆机构中，若两连架杆均为曲柄，称为双曲柄机构，如图12-5所示。

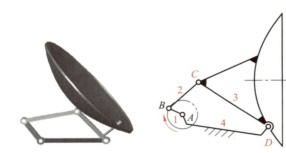

图12-2 雷达天线机构

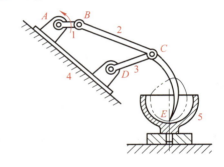

图12-3 搅拌器中的搅拌机构

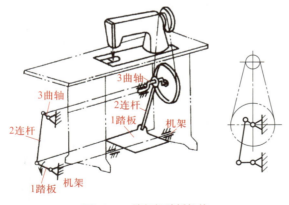

图12-4 缝纫机踏板机构

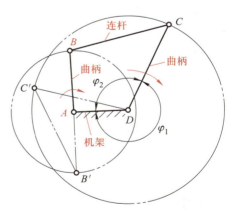

图12-5 双曲柄机构

微视频

雷达天线俯仰角调整机构

微视频

搅拌器中的搅拌机构

微视频

缝纫机四杆机构

微视频

双曲柄机构

（1）两曲柄不等的双曲柄机构

在双曲柄机构中，两曲柄可分别为主动件。其运动特点为：主动曲柄匀速转动，从动曲柄变速转动。图12-6所示的惯性筛机构就是利用曲柄3的变速转动，使筛子具有适当的加速度，筛面上的物料由于惯性来回抖动，达到筛分物料的目的。

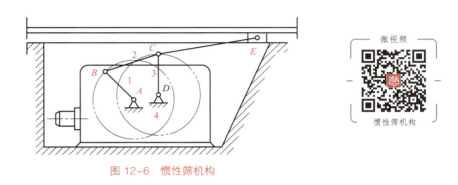

图 12-6 惯性筛机构

（2）两曲柄相等且转向相同的双曲柄机构

当两曲柄的长度相等而且平行时（即其他两杆的长度也相等），称为平行双曲柄机构。其运动特点为：两曲柄的转向相同，角速度也时时相等，如图12-7所示。平行双曲柄机构在机器中应用广泛，图12-8所示的摄影机升降机构即为平行双曲柄机构。

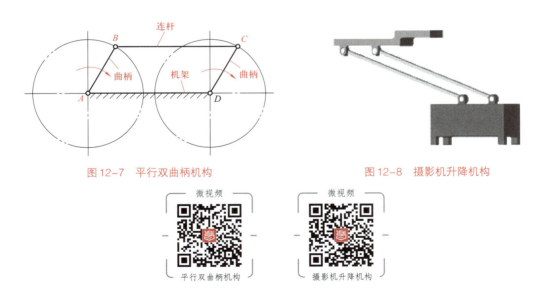

图 12-7 平行双曲柄机构   图 12-8 摄影机升降机构

（3）两曲柄相等且转向相反的双曲柄机构

当两曲柄的长度相等但互不平行时，称为反向双曲柄机构。其运动特点为：两曲柄的旋转方向相反，且角速度不相等，如图12-9所示。图12-10所示的车门启闭机构采用了反向双曲柄机构，以保证与曲柄1和3固定连接的车门能同时开和关。

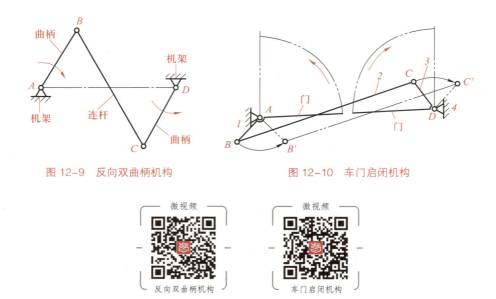

图 12-9　反向双曲柄机构　　　　图 12-10　车门启闭机构

微视频　　　　微视频

反向双曲柄机构　　　车门启闭机构

3. 双摇杆机构

铰链四杆机构中，若两连架杆均为摇杆，称为双摇杆机构（图12-11）。其运动特点为：将一种摆动转换为另一种摆动，如图12-11a所示。

在双摇杆机构中，两摇杆均可作为主动件。鹤式起重机为双摇杆机构，如图12-11b所示。当主动摇杆1摆动时，从动摇杆3随之摆动，使连杆延长部分上的E点（吊重物处）在近似水平的直线上移动，避免因不必要的升降而消耗能量。

微视频

起重机四杆机构

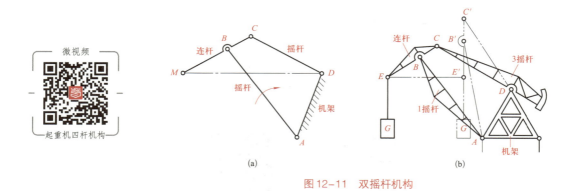

(a)　　　　　　　　(b)

图 12-11　双摇杆机构

想一想　曲柄摇杆机构的运动特点是否体现在一"转"一"摆"上？双曲柄机构的运动特点是否体现在两"转"上？而双摇杆机构的运动特点又体现在什么上呢？

二、铰链四杆机构类型的判定

1. 曲柄存在的条件

由前可知，铰链四杆机构三种基本类型的主要区别，就在于是否存在曲柄及曲柄的数量。铰链四杆机构是否有曲柄，取决于机构中各杆的相对长度以及机架所处的位置。曲柄存在的条件如下：

（1）最短杆与最长杆长度之和应小于或等于其余两杆长度之和（称杆长条件）。

（2）连架杆与机架中至少有一个是最短杆（称最短杆条件）。

2. 铰链四杆机构类型的判定

（1）若铰链四杆机构中，最短杆与最长杆长度之和小于或等于其余两杆长度之和，当以最短杆作连架杆时，则为曲柄摇杆机构，如图12-12a所示；当以最短杆作机架时，则为双曲柄机构，如图12-12b所示；当以最短杆作连杆时，则为双摇杆机构，如图12-12c所示。

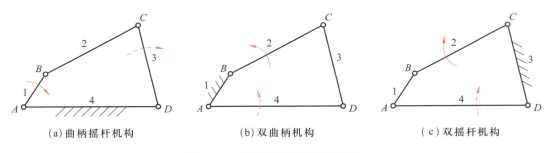

（a）曲柄摇杆机构　　　　　　（b）双曲柄机构　　　　　　（c）双摇杆机构

图12-12　铰链四杆机构类型的判定

（2）若铰链四杆机构中，最短杆与最长杆长度之和大于其余两杆长度之和，则无论以任何杆为机架，都只能得到双摇杆机构。

例12-1　已知各构件的尺寸如图12-13所示，若分别以构件AB、BC、CD、DA为机架，相应得到何种机构？

解：

（1）求解杆长条件

AB为最短杆，BC为最长杆，因

$l_{AB}+l_{BC}=700$ mm$+1\ 300$ mm$=2\ 000$ mm$<l_{CD}+l_{AD}=$
$1\ 100$ mm$+1\ 200$ mm$=2\ 300$ mm，

满足杆长条件。

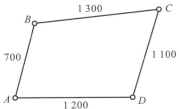

图12-13　判定铰链四杆机构类型（一）

（2）按最短杆条件判断机构类型

① 若以AB为机架，最短杆为机架，两连架杆均为曲柄，得到双曲柄机构。

② 若以BC或AD为机架，最短杆为连架杆，且为曲柄，得到曲柄摇杆机构。

③ 若以 CD 为机架,最短杆为连杆,不满足最短杆条件,无曲柄,得到双摇杆机构。

例12-2　如12-14所示的铰链四杆机构中,已知 $l_{BC}=50$ mm, $l_{CD}=35$ mm, $l_{AD}=30$ mm。设 AD 为机架,试讨论:

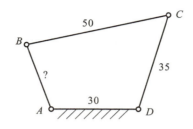

图12-14　判定铰链四杆机构类型(二)

(1) l_{AB} 值在哪些范围内该铰链四杆机构为曲柄摇杆机构?

(2) l_{AB} 值在哪些范围内该铰链四杆机构为双曲柄机构?

解:

(1) 若该机构为曲柄摇杆机构,应满足杆长条件且以最短杆作连架杆。因 CD 不可能是最短杆,所以只能是 AB 为最短杆、BC 为最长杆,则有

$$l_{AB}+l_{BC} \leqslant l_{CD}+l_{AD}$$
即 $l_{AB} \leqslant l_{CD}+l_{AD}-l_{BC}=35$ mm$+30$ mm-50 mm$=15$ mm

因此,$0<l_{AB} \leqslant 15$ mm 时,该机构为曲柄摇杆机构。

(2) 若该机构为双曲柄机构,应满足杆长条件且以最短杆作机架。按以下两种假设情况计算:

① AD 为最短杆、BC 为最长杆,则有

$$l_{AD}+l_{BC} \leqslant l_{AB}+l_{CD}$$
即 $l_{AB} \geqslant l_{AD}+l_{BC}-l_{CD} = 30$ mm$+50$ mm-35 mm$=45$ mm

该条件下 l_{AB} 的取值范围为 45 mm $\leqslant l_{AB}$。

② AD 为最短杆、AB 为最长杆,则有

$$l_{AD}+l_{AB} \leqslant l_{BC}+l_{CD}$$
即 $l_{AB} \leqslant l_{BC}+l_{CD}-l_{AD} = 50$ mm$+35$ mm-30 mm$=55$ mm

该条件下 l_{AB} 的取值范围为 $l_{AB} \leqslant 55$ mm。

因此,45 mm $\leqslant l_{AB} \leqslant 55$ mm 时,该机构为双曲柄机构。

讨论会　根据曲柄存在的条件,判断图12-15所示的铰链四杆机构的类型。准备12个小螺栓和12块硬纸板,按照图形中的长度做成实物,从而检验之前的判断是否正确。

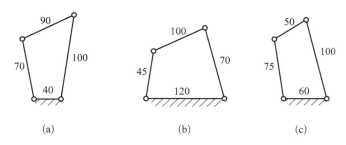

图12-15　判定铰链四杆机构类型（三）

第二节 **铰链四杆机构的演化**

在实际机器中,还广泛地应用着其他多种型式的四杆机构。这些型式的四杆机构,可认为是由铰链四杆机构的基本类型演化而成的。

一、曲柄滑块机构

1. 曲柄滑块机构

在如图12-16a所示的曲柄摇杆机构中,当曲柄1绕轴 A 回转时,铰链 C 将沿圆弧 $\overset{\frown}{mm}$ 往复运动。如图12-16b所示,设将摇杆3做成滑块的形式,并使其沿圆弧导轨 $\overset{\frown}{mm}$ 往复运动,显然 C 点运动轨迹并未发生改变。但此时铰链四杆机构已演化为含有曲线导轨的滑块机构。

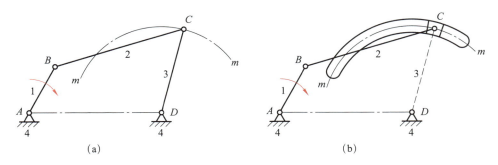

图12-16　含有曲线导轨的滑块机构

微视频

铰链四杆机构的
演化

如图12-17所示，如将圆弧导轨的半径增至无穷大，则滑块3运动的轨迹$m'm'$将变为直线，而曲线导轨将变为直线导轨，于是铰链四杆机构将演化成为曲柄滑块机构。

图12-17a所示的为具有一偏距δ的**偏置曲柄滑块机构**；图12-17b所示的为没有偏距的**对心曲柄滑块机构**。

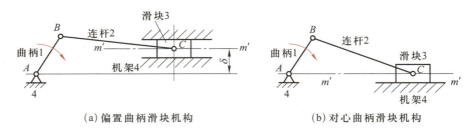

（a）偏置曲柄滑块机构　　　　　　（b）对心曲柄滑块机构

图12-17　曲柄滑块机构

曲柄滑块机构中，若曲柄为主动件，则将曲柄的回转运动转变为滑块的往复直线运动（工程中的活塞式压缩机、柱塞泵、冲床等）；若滑块为主动件，则将滑块的往复直线运动转变为曲柄的回转运动（工程中的内燃机等）。

2. 偏心轮机构

在曲柄滑块机构中，当曲柄较短时，往往用一个旋转中心与几何中心不相重合的偏心轮代替曲柄，这样不但增大了轴颈的尺寸，提高了偏心轴的强度和刚度，而且当轴颈位于轴的中部时，还便于安装整体式连杆，从而使连杆结构简化。图12-18b所示机构称为偏心轮机构。偏心距e（轮的几何中心B点至旋转中心A点的距离）相当于曲柄长度。偏心轮机构用于受力较大且滑块行程较短的剪床、冲床、颚式破碎机等机械中。

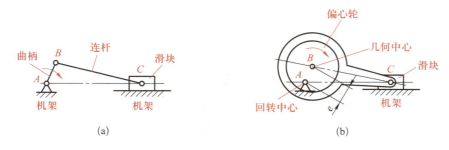

（a）　　　　　　　　　　　　（b）

图12-18　偏心轮机构

想一想 你周围哪些用品是用曲柄滑块机构、偏心轮机构工作的?

二、导杆机构

图12-19a所示的曲柄滑块机构,若改用构件AB为机架,则构件4将绕轴A转动,而构件3则将以构件4为导轨沿该构件相对移动。将构件4称为导杆,由此演化成的四杆机构称为导杆机构,如图12-19b所示。

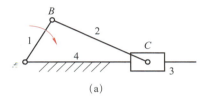

(a)

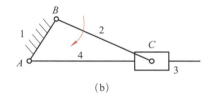

(b)

微视频

转动导杆机构

图12-19 导杆机构的演化

在导杆机构中,如果其导杆能做整周转动,则称其为回转导杆机构。如图12-20所示为回转导杆机构在某种小型牛头刨床中的应用实例,其中的ABC部分即为回转导杆机构。

在导杆机构中,如果导杆仅能在某一角度范围内往复摆动,则称为摆动导杆机构。如图12-21所示为另一种牛头刨床的导杆机构,其中的ABC部分即为摆动导杆机构。

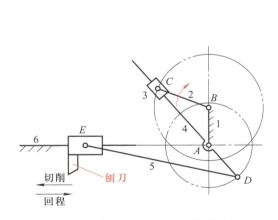

图12-20 小型牛头刨床的回转导杆机构

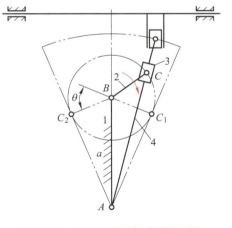

图12-21 牛头刨床的摆动导杆机构

微视频

摆动导杆机构

微视频

牛头刨床的摆动
导杆机构

三、摇块机构

图12-22a所示的曲柄滑块机构，若改用构件 BC 为机架，则构件1将绕轴 B 整周转动，而滑块3仅能绕点 C 摇摆，称为摇块，由此演化成的四杆机构称为**曲柄摇块机构**，如图12-22b所示。自卸卡车的举升机构是该机构的一个应用实例，如图12-23所示。

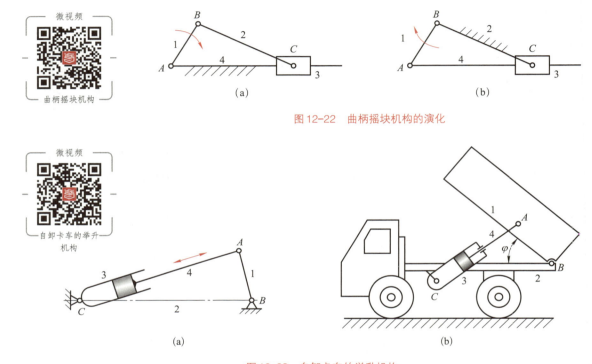

图 12-22　曲柄摇块机构的演化

图 12-23　自卸卡车的举升机构

四、定块机构

在图12-24a所示的曲柄滑块机构中，若设定滑块 C 为机架，则将演化成为定块机构（图12-24b）。其中直杆4沿定块3的滑道往复移动，构件 BC 绕定点 C 往复摆动，而构件 AB 可以绕动点 A 做整周转动。如图12-25所示的手动抽水机便是定块机构的应用实例。

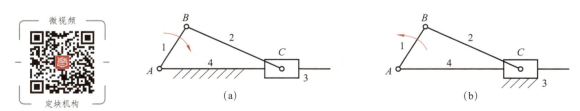

图 12-24　定块机构的演化

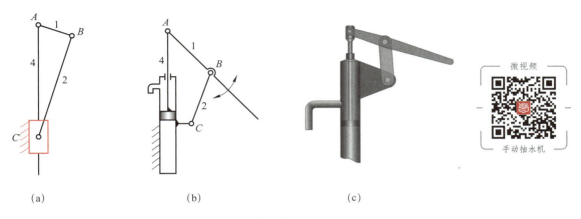

图12-25　手动抽水机

　　由以上分析可知,平面四杆机构的形式多种多样,整体来说可以归纳为两大类:具有四个转动副的铰链四杆机构与具有三个转动副、一个移动副的滑块四杆机构。以上介绍的各类平面四杆机构的比较见表12-1。

表12-1　各类平面四杆机构的比较

固定构件	不含移动副的平面四杆机构		含一个移动副的平面四杆机构		
4	曲柄摇杆机构	（图）	曲柄滑块机构		（图）
1	双曲柄机构	（图）	导杆机构	转动导杆机构	（图 $L_1<L_2$）
				摆动导杆机构	（图 $L_1>L_2$）
2	曲柄摇杆机构	（图）	摇块机构		（图）

续　表

固定构件	不含移动副的平面四杆机构		含一个移动副的平面四杆机构	
3	双摇杆机构		定块机构	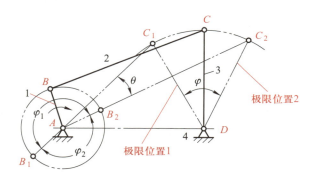

第三节　平面四杆机构的基本特性

一、急回特性

如图12-26所示的曲柄摇杆机构中,设曲柄AB为原动件,做等角速度转动,在其转动一周的过程中有两次与连杆BC共线。这时,摇杆CD分别位于两极限位置C_1D和 C_2D。此时曲柄摇杆机构所处的位置称为极限位置。摇杆在两极限位置之间的夹角称为摇杆的摆角,用φ表示。曲柄与连杆两次共线位置之间所夹的锐角θ称为极位夹角。当摇杆CD由C_1D摆动到C_2D时,所需时间为t_1,平均速度为$v_1 = \dfrac{\overset{\frown}{C_1C_2}}{t_1}$;此时,曲柄$AB$以等角速度顺时针从$AB_1$转到$AB_2$,转过角度为$\varphi_1 = 180° + \theta$。当摇杆$CD$由$C_2D$摆回到$C_1D$位置时,所需时间为$t_2$,平均速度为$v_2 = \dfrac{\overset{\frown}{C_1C_2}}{t_2}$;曲柄$AB$以等角速度顺时针从$AB_2$转到$AB_1$,转过的角度为$\varphi_2 = 180° - \theta$。可见$\varphi_1 > \varphi_2$,由于曲柄$AB$等角速度转动,所以,$t_1 > t_2$,因此,$v_2 > v_1$。

图 12-26　四杆机构的急回特性

由此可见，主动件曲柄 AB 以等角速度转动时，从动件摇杆 CD 往复摆动的平均速度不相等。通常把工作行程平均速度定为 v_1，空回行程速度定为 v_2。显而易见，**从动件空回行程速度比工作行程速度快。这个性质称为机构的急回特性。**

为了表明急回运动的相对程度，通常用行程速比系数 K 来衡量，即

$$K = \frac{v_2}{v_1} = \frac{\overparen{C_1 C_2}/t_2}{\overparen{C_1 C_2}/t_1} = \frac{t_1}{t_2} = \frac{\varphi_1}{\varphi_2} = \frac{180° + \theta}{180° - \theta}$$

$$\theta = 180° \frac{K - 1}{K + 1}$$

上述分析表明：当曲柄摇杆机构在运动过程中出现极位夹角 θ 时，则机构便具有急回运动特性。而且 θ 角愈大，K 值愈大，机构的急回运动也愈显著；如 $\theta=0$，则 $K=1$，机构便无急回运动特性。

除曲柄摇杆机构外，偏置曲柄滑块机构（图 12-27）、摆动导杆机构（图 12-28）等机构也具有急回特性。

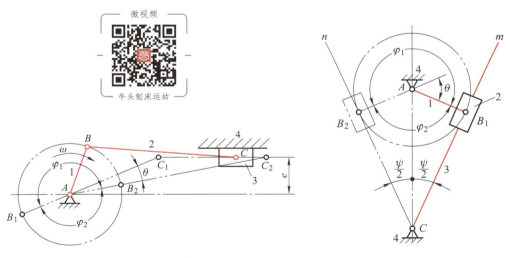

图 12-27　偏置曲柄滑块机构急回特性　　　　图 12-28　摆动导杆机构急回特性

四杆机构的这种急回特性，在各种机器中可以用来缩短空回行程的时间，以提高劳动生产率，在往复机械（如插床、插齿机、牛头刨床、搓丝机等）中都有应用。

二、压力角与传动角

如图 12-29 所示的曲柄摇杆机构中，主动件 AB 通过连杆 BC 传递给从动件 C 点的力 F 总是沿着 BC 杆的方向。作用于 C 点的力 F 与该点速度 v_C 方向之间所夹的锐角 α，称为**压力角**。而连杆 BC 与从动件 CD 之间所夹的锐角 γ，称为**传动角**。可见，γ 与 α 互为余角。

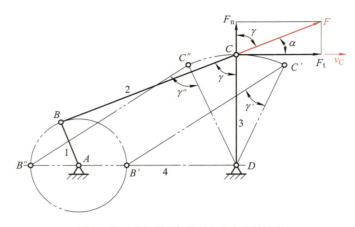

图 12-29 曲柄摇杆机构的压力角和传动角

将力 F 进行分解,得沿 C 点速度 v_C 方向的分力 F_t 和垂直于速度 v_C 方向的分力 F_n,则

$$F_t=F\cos\alpha=F\sin\gamma$$

$$F_n=F\sin\alpha=F\cos\gamma$$

F_t 是推动从动件 CD 运动的分力,是有效分力,越大越好;F_n 与从动件运动方向相垂直,不仅对从动件无推动作用,反而会增大铰链间的摩擦力,是有害分力,越小越好。显然,α 越小,γ 越大,F_t 越大,F_n 越小,机构的传力性能越好;反之机构的传力性能越差,所以常用传动角 γ 的大小来衡量机构的传力性能的好坏。

在机构的运动过程中,其传动角 γ 的大小是变化的。为了保证机构传动良好,设计时通常应使 $\gamma_{min}\geqslant40°$;在传递力矩较大时,则应使 $\gamma_{min}\geqslant50°$。

对于一些具有短暂高峰载荷的机器,可以让机构在其传动角比较大的位置进行工作以节省动力。例如在如图 12-30 所示的冲床机构中,使冲头(即滑块)在接近于下极限点位置时开始冲压较为有利,因为此时传动角 γ_1 比较大,故可省力(图 12-30a);使冲头(即滑块)在远离下极限点位置时开始冲压,传动角 γ_2 小,不合理(图 12-30b)。

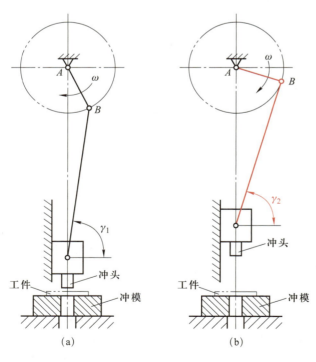

图 12-30 冲床机构

三、死点

如图12-31所示的曲柄摇杆机构中,设摇杆CD为主动件、曲柄AB为从动件时,当连杆BC与曲柄AB处于共线位置时,主动件CD通过连杆BC传给从动件曲柄AB的力恰好通过曲柄转动中心A,转动力矩为零,**从动件不转,机构停顿**,机构所处的这种位置称为死点位置,有时把死点位置简称**死点**。

例如,在缝纫机的踏板机构中就存在死点位置。机构存在死点位置是不利的,对于连续运转的机器,常采取以下措施使机构顺利地通过死点位置:

（1）**利用从动件的惯性顺利地通过死点位置**。例如,缝纫机的踏板机构中大带轮就利用其惯性通过死点。

（2）**采用错位排列的方式顺利地通过死点位置**。如图12-32所示的V型发动机就采取的这种措施。由于两机构死点位置互相错开,当一个机构处于死点位置时,另一机构不是死点位置,使曲轴始终获得有效力矩。

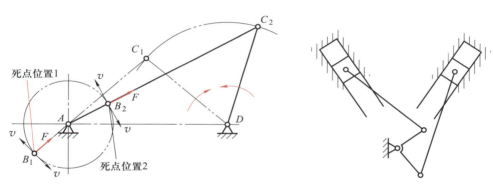

图12-31　曲柄摇杆机构的死点　　　　　图12-32　V型发动机

死点位置是有害的,但在某些机器中却利用"死点"来实现工作要求。

如图12-33所示的夹紧机构中,当工件被夹紧后,四杆机构的铰链中心B、C、D处于同一条直线上,工件经杆1传给杆2、杆3的力通过回转中心D,转动力矩为零,杆3不会转动,因此当力去掉后仍能夹紧工件。如图12-34所示的飞机起落架机构中,若飞机起飞和降落时,飞机起落架处于放下机轮的位置,此时,连杆BC与从动件AB处于一条直线上,机构处于死点位置,故机轮着地时产生的巨大冲击力不会使从动件反转,从而保持着支承状态。

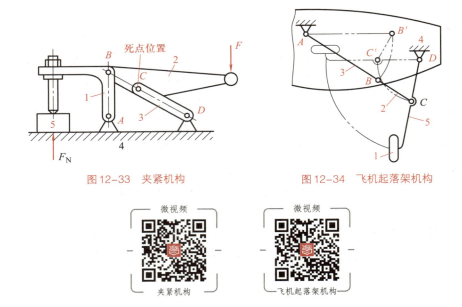

图12-33　夹紧机构　　　　　　　图12-34　飞机起落架机构

微视频　　　　　　　　微视频

夹紧机构　　　　　　　飞机起落架机构

想一想　举例说明在实际生产中,哪些机器利用机构的"死点"位置进行工作?

讨论会　准备一些折叠桌椅,如图12-35所示。分析这些桌椅是否有平面四杆机构,如有,则其属于哪种类型并利用了哪些特性。

(a)　　　　　　(b)　　　　　　(c)　　　　　　(d)　　　　　　(e)

图12-35　折叠桌椅

第四节　平面四杆机构的设计

一、按连杆的位置设计四杆机构

【例12-3】　如图12-36a所示,设已知连杆BC的长度l_{BC}及其运动过程中的三个位置

B_1C_1、B_2C_2、B_3C_3,试设计此四杆机构。

设计分析:该机构设计的关键也是确定两固定铰链 A 和 D 的位置。

如图 12-36a 所示,由于连杆上的 B 点无论在 B_1、B_2 还是 B_3 处,都在以 A 点为圆心的同一圆弧上;同理,C_1、C_2 和 C_3 都在以 D 为圆心的同一圆弧上,因此只要找到圆弧 $\overparen{B_1B_2B_3}$、$\overparen{C_1C_2C_3}$ 的圆心,即可确定 A、D 的位置。

设计步骤(图 12-36b):

① 连接 B_1B_2 和 B_2B_3,然后分别作其垂直平分线 b_{12}、b_{23},其交点即为 A 点。

② 连接 C_1C_2 和 C_2C_3,然后分别作其垂直平分线 c_{12}、c_{23},其交点即为 D 点。

③ 连接 AB_1、C_1D,即为所设计的四杆机构。

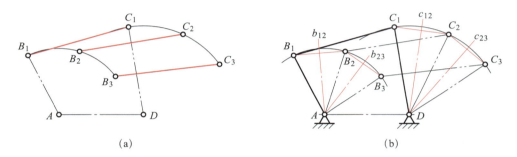

图 12-36　按给定连杆的三个位置设计四杆机构

说明:上例中已知连杆长度及其三个位置,则设计结果是唯一的。若给定连杆的两个位置,则只能作一条垂直平分线 b_{12},A 只要在 b_{12} 上就满足条件,所以会有无穷多解,但若给定其他辅助条件,可有确定解。若给定连杆平面四个位置,则能作三条垂直平分线,且很可能不相交于一点,导致无解。

二、按给定的行程速比系数 K 设计平面四杆机构

知道了行程速比系数 K,就知道了四杆机构急回运动的条件,从而可以计算出极位夹角 θ;再根据其他一些限制条件,可用作图法设计出该四杆机构。

【例 12-4】　已知曲柄摇杆机构中摇杆 CD 杆的长度为 l_{CD}、摆角为 φ,机构的行程速比系数为 K,试设计该四杆机构。

设计分析:由摇杆 CD 杆的长度 l_{CD}、摆角 φ,可画出 CD 的两个极限位置 CD_1、CD_2,如图 12-37a 所示,所以只要能够确定 A 的位置,就可测量出长度 l_{AC1} 和、l_{AC2},并由下面的公式计算出 AB 和 BC 杆的长度 l_{AB} 和 l_{BC},从而设计出该机构。

$$l_{AB} = \frac{l_{AC2} - l_{AC1}}{2}, \quad l_{BC} = \frac{l_{AC1} + l_{AC2}}{2} \qquad (12-1)$$

由于 A 点是极位夹角的顶点,即 $\angle C_1AC_2=\theta$,如过 A、C_1、C_2 三点作一辅助圆,由几何知识可知,在该圆上任意取一点 Q 作为顶点,其圆周角都等于 θ、对应的圆心角等于 2θ,如图 12-37b 所示。显然,由 K 可计算出 $\theta = 180°\dfrac{K-1}{K+1}$,根据 θ 很容易作出该辅助圆,从而确定出 A 点。

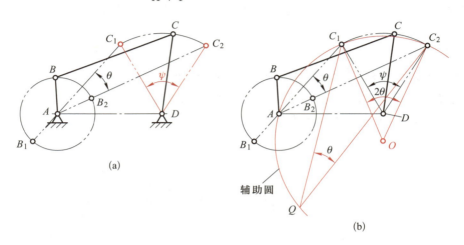

图 12-37　按给定行程速比系数设计曲柄摇杆机构

设计步骤(图 12-38):

① 按给定的行程速比系数 K 求出极位夹角:$\theta = 180°\dfrac{K-1}{K+1}$。

② 作摇杆的两个极限位置:任取一点 D,根据已知的 l_{CD} 和摆角 φ 画出摇杆的两个极限位置 DC_1、DC_2,如图 12-38a 所示。

③ 作辅助圆:连接 C_1C_2,并作其垂线 C_1M;以 C_1C_2 为一边作 $\angle C_1C_2N=90°-\theta$,则 C_1M 和 C_2N 相交于 P 点。以 C_2P 的中点 O 为圆心,以 OC_2(或 OP)为半径作辅助圆,如图 12-38a 所示。

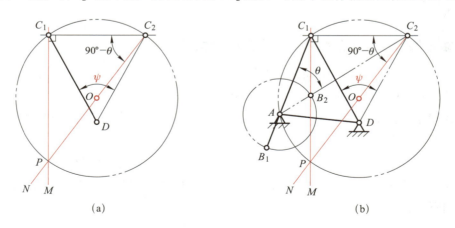

图 12-38　按给定行程速比系数设计曲柄摇杆机构

④ 在辅助圆上任取一点 A,并连接 AC_1、AC_2 和 AD,则满足 $\angle C_1AC_2=\theta$,说明 A 为曲柄转动中心,如图 12-38b 所示。

⑤ 量取长度 l_{AC1}、l_{AC2} 和 l_{AD}，按照公式（12-1）计算出长度 l_{AB}、l_{BC}，从而设计出该机构。

说明：由于 A 点是在辅助圆上任选的一点，所以实际可有无穷多解。若能给定其他辅助条件，如机架长 l_{AD}、曲柄长度 l_{AB} 或最小传动角 γ_{min} 等，则可得到唯一的设计方案。

练 习 题

一、填空题

1. 由若干个构件通过_____、_____等方式连接，且所有构件在同一平面或相互平行平面内运动的机构称为_____。最简单的平面连杆机构是由四个构件组成的，简称_____。

2. 铰链四杆机构按曲柄存在的情况，分为_____、_____和 _____三种基本形式。

3. 在曲柄摇杆机构中，如果将_____杆作为机架，则与机架连接的两杆都可以做_____运动，即得到双曲柄机构。

4. 曲柄摇杆机构能将曲柄的_____运动转换为摇杆的_____运动。

5. 在实际生产中，常常利用急回特性来缩短_____时间，从而提高_____。

6. 由_____、_____、_____和机架组成的机构称为曲柄滑块机构。

7. 在曲柄滑块机构中，当曲柄较短时，可做成_____机构。

二、判断题

1. 在实际生产中，机构的"死点"位置对工作都是不利的，处处都要考虑克服。　（　）

2. 在铰链四杆机构中，曲柄和连杆都是连架杆。　（　）

3. 对于铰链四杆机构，当最短杆与最长杆长度之和不大于其余两杆长度之和时，若取最短杆为机架，则该机构为双摇杆机构。　（　）

4. 在铰链四杆机构中，若连架杆能围绕其回转中心做整周运动，则称为曲柄。　（　）

5. 反向双曲柄机构可应用于车门启闭机构。　（　）

三、选择题

1. 曲柄摇杆机构中，以曲柄为主动件时，死点位置为_____。

　　A.曲柄与连杆共线时　　　B.摇杆与连杆共线时　　　　　　　　C.不存在

2. 为了使机构能够顺利地通过死点位置继续正常运转，可以采用的办法有_____。

　　A.机构错位排列　　　　　B.加大惯性

　　C.增大极位夹角

3. 能产生急回运动的平面连杆机构有_____。

　　A.偏置曲柄滑块机构　　　B.双摇杆机构

　　C.曲柄摇杆机构

第十三章

凸轮机构

凸轮机构广泛应用于各种自动机械、仪器和操纵控制机构中。在图13-1所示的送料机构、内燃机配气机构中均使用了凸轮机构。

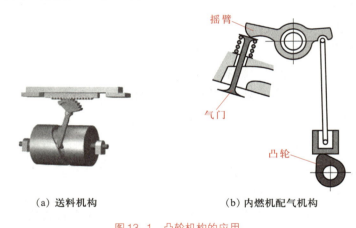

（a）送料机构　　　　（b）内燃机配气机构

图13-1　凸轮机构的应用

微视频　　微视频　　微视频

凸轮机构的应用　　送料机构　　内燃机配气机构

第一节　凸轮机构的组成、应用及分类

一、凸轮机构的组成及应用

凸轮机构是由凸轮、从动件、机架组成的高副机构，如图13-2a所示。在内燃机配气机构

中,凸轮以等角速回转,驱动从动件(阀杆)作上下运动,从而有规律地开启或关闭气阀,如图13-2b所示。在送料机构中,凸轮匀速转动,驱动从动件左右摆动,并通过齿轮带动齿条左右摆动,实现物料的输送,如图13-1a所示。

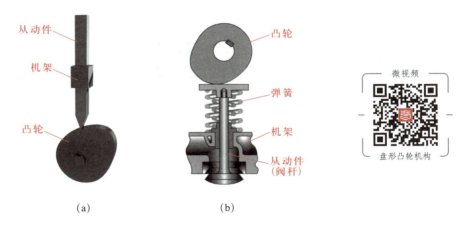

图 13-2 凸轮机构

凸轮机构的运动特点是将凸轮的连续转动转换为从动件连续或不连续的移动或摆动,凸轮一般为主动件。从动件的运动规律取决于凸轮的轮廓曲线,因此,凸轮机构容易实现较复杂的运动规律。与平面连杆机构相比,凸轮机构可以实现各种复杂的运动要求,而且结构简单、紧凑。

想一想 请列举在日常生活或生产中的凸轮机构。

二、凸轮机构的分类

凸轮机构的类型很多,通常按凸轮和从动件的形状、运动形式分类。

1.按凸轮的形状分类

（1）盘形凸轮 如图13-2a所示,盘形凸轮又称圆盘凸轮,是凸轮的基本形式。这种凸轮是绕着固定轴转动并且具有变化半径的盘形构件,其轮廓曲线位于盘形的外缘处。当凸轮绕固定轴转动时,可推动从动件在垂直于凸轮轴的平面内运动。图13-2b是盘形凸轮在内燃机配气机构中的应用。

盘形凸轮的结构简单,应用广泛,但从动件的行程不能太大,所以盘形凸轮多用于行程较短的场合。

（2）移动凸轮 如图13-3a所示,移动凸轮是带有曲线轮廓的平板状构件,工作时相对于机架做往复直线移动,从而推动从动件获得预定要求的运动。图13-3b是移动凸轮机构在靠模车削加工中的应用。

微视频
移动凸轮机构

微视频
靠模车削加工

（a）移动凸轮机构　（b）靠模车削加工

图13-3　移动凸轮机构及其应用

（3）圆柱凸轮　圆柱凸轮是一个具有曲线凹槽的圆柱形构件，或是在圆柱端面上作出曲线轮廓的构件，如图13-4a所示。从动件一端夹在凹槽或靠在圆柱端面上，当凸轮转动时，从动件沿沟槽做直线往复运动或摆动。这种凸轮与从动件的运动不在同一平面内，因此是一种空间凸轮，并且可使从动件得到较大的行程。圆柱凸轮主要适用于行程较大的机械。它可以视为将移动凸轮卷制成圆柱体演化而成。图13-4b是圆柱凸轮机构在自动送料机构中的应用。

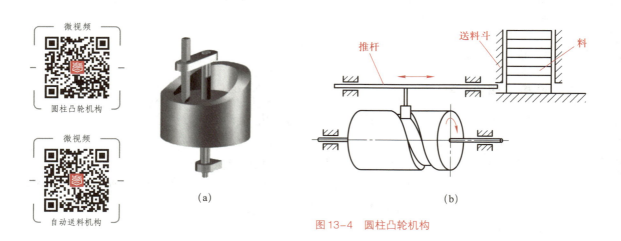

微视频
圆柱凸轮机构

微视频
自动送料机构

（a）　　　　　　（b）

图13-4　圆柱凸轮机构

2. 按从动件端部的形状分类

（1）**尖顶从动件**　如图13-5a、e所示，尖顶能与复杂的凸轮轮廓始终保持接触，故可以实现任意预期的运动规律。但尖顶极易磨损，故只**适用于受力不大的低速场合**。

（2）**滚子从动件**　如图13-5b、f所示，在从动件的端部安装一个滚子。由于滚子与凸轮之间为滚动摩擦，磨损较小，**可用来传递较大的动力**，因而应用最为广泛。

尖顶从动件凸轮机构

滚子从动件凸轮机构

平底从动件凸轮机构

（3）**平底从动件** 如图13-5c、g所示，这种从动件与凸轮轮廓表面接触处的端面做成平底，结构简单，与凸轮轮廓接触面间易形成油膜，润滑状态好，磨损小。当不考虑摩擦时，凸轮与从动件的作用力始终垂直于平底，故**受力平稳，传动效率高，常用于高速场合**。其缺点是易发生运动失真，仅能与全部外凸的凸轮相互作用构成凸轮机构。

（4）**球面底从动件** 如图13-5d、h所示，从动件的端部具有凸出的球形表面，可避免因安装位置偏斜或不对中而造成的表面应力和磨损增大的缺点，并具有尖顶与平底的优点，因此，这种结构形式的从动件在生产中应用也较多。

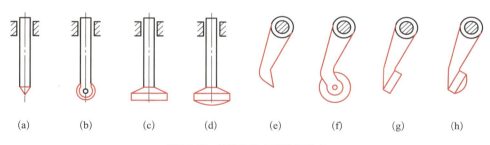

(a)　　　(b)　　　(c)　　　(d)　　　(e)　　　(f)　　　(g)　　　(h)

图13-5 从动件的末端结构形式

3. 按从动件的运动形式分类

（1）**移动（直动）从动件**（图13-5a、b、c、d） 从动件做往复直线运动。在直动从动件中，若运动行程线通过凸轮的回转中心，则称其为对心直动从动件凸轮机构，若运动行程线不通过凸轮回转中心，则称之为偏置直动从动件凸轮机构。

（2）**摆动从动件**（图13-5e、f、g、h） 从动件作往复摆动。

想一想 在缝纫机的机头中找到凸轮机构，并观察它们属于哪种类型。

4. 按从动件与凸轮轮廓保持接触的封闭方式分类

（1）**力锁合凸轮** 利用从动件的重力、弹簧力或其他外力使其始终与凸轮保持接触，如图13-6a所示。

（2）**形锁合凸轮** 利用凸轮与从动件构成的高副元素的特殊几何结构使凸轮与其始终保持接触，如图13-6b所示。

微视频

形锁合凸轮

(a) 力锁合凸轮　　　　　(b) 形锁合凸轮

图13-6　凸轮与从动件的不同接触形式

第二节　凸轮机构的工作过程与从动件运动规律

一、凸轮机构的工作过程和有关参数

下面以图13-7a所示的尖顶直动从动件盘形凸轮机构为例,说明凸轮机构的工作过程及有关参数。图示位置中凸轮转角为零,从动件尖顶位于离凸轮回转中心O的最近位置,并作为起始位置,如图13-7a所示的A点。

（1）**基圆**　以凸轮的最小向径为半径所做的圆称为基圆,基圆半径用r_b表示。

（2）**推程运动角**　凸轮以等角速度ω逆时针方向转动,当凸轮轮廓B点转动到导路下方时,从动件被凸轮推动,以一定的运动规律由A点到达最高点位置B',从动件在这个过程中经过的距离h称为推程(升程),对应的凸轮转角δ_0称为推程运动角。

（3）**远休止角**　当凸轮继续转过角度δ_{01}时,以O点为圆心的圆弧BC与尖顶接触,从动件在最高位置静止不动,δ_{01}称为远休止角。

（4）**回程运动角**　凸轮再继续回转δ'_0,从动件以一定的运动规律下降到最低位置D点,这段行程称为回程,对应的凸轮转角δ'_0称为回程运动角。

（5）**近休止角**　凸轮继续回转δ_{02},圆弧DA与尖顶接触,从动件停留不动,对应的转角δ_{02}为近休止角。

凸轮转过一周,从动件经历推程、远休止、回程、近休止四个运动阶段,是典型的升—停—回—停的双停歇循环;从动件运动也可以是一次停歇或没有停歇循环。如果将从动件的位移s、速度v、加速度a与凸轮转角δ的关系用曲线表示(图13-7b、c、d),则此曲线称为从动件的位移线图、速度线图和加速度线图。

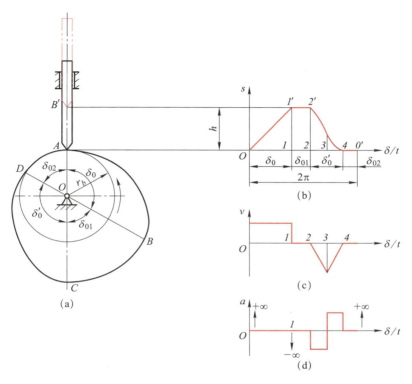

图13-7　凸轮机构与从动件位移曲线

二、从动件的常用运动规律

从动件的运动规律指在推程和回程当中其位移s、速度v、加速度a随凸轮转角变化的规律。以下介绍两种简单的运动规律。

1. 等速运动规律

在推程或回程中,凸轮匀速转动时,从动件的速度v不变,称为等速运动规律。如图13-7c所示的$O1$段,速度v是水平线。

知识卡片　刚性冲击

图13-7d所示为从动件的加速度线图,$O1$段是从动件等速运动的加速度线图。由图可知,等速运动时在行程起点和终点瞬时的加速度a为无穷大,由此产生的惯性力在理论上也是无穷大,致使机构产生强烈的刚性冲击。因此,等速运动规律适用于中、小功率和低速场合。为了避免由此产生的刚性冲击,实际应用时常用圆弧或其他曲线修正位移线图的始、末两端,修正后的加速度a为有限值,此时引起的有限冲击称为柔性冲击。

图片

从动件的常见运动规律

2. 等加速、等减速运动规律

等加速、等减速运动规律的特点是：从动件在前半个行程做等加速运动，后半个行程做等减速运动，两段行程的加速度绝对值相等。如图13-7c所示的23段和34段，速度v是两条斜线，表示从动件在回程的前半段是做等加速（绝对值）下降，在后半段是做等减速（绝对值）下降。

> **知识卡片　柔性冲击**
>
> 　　如图13-7d所示，等加速、等减速运动规律在运动起点C、终点D以及中点处的加速度突变为有限值，从动件会产生柔性冲击，适用于中速场合。

第三节　盘形凸轮廓线的设计

确定了从动件的运动规律、凸轮的转向和基圆半径r_b后，即可设计凸轮的轮廓。设计方法有图解法和解析法两种。图解法直观、简便，经常应用于精度要求不高的场合；解析法精确但计算繁杂，随着计算机辅助设计及制造技术的进步和普及，应用也日益广泛。本节只介绍图解法。

一、反转法的原理

如图13-8所示，凸轮工作时以角速度ω作逆时针转动，从动件则对应做往复直线运动。所谓反转法是假设给整个凸轮机构叠加一个"$-\omega$"的转速，这样各构件间的相对运动并不改变，但凸轮却静止不动，推杆则一方面以"$-\omega$"转动；另一方面又在其导轨内作预期的往复运动，如图13-8中虚线所示，从动件尖端的运动轨迹就是凸轮的轮廓曲线。

微视频

反转法的原理

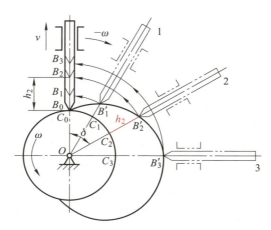

图13-8　反转法的原理

二、对心直动尖端从动件盘形凸轮轮廓设计

例 13-1　已知从动件的位移线图如图 13-9a 所示,凸轮以等角速度 ω 逆时针旋转,基圆半径为 r_b,试设计对心直动尖端从动件盘形凸轮的轮廓。

设计步骤:

（1）将位移线图的推程和回程分成若干等分,并标注相应的数字 $11'$,$22'$,$33'$,…,如图 13-9a 所示。

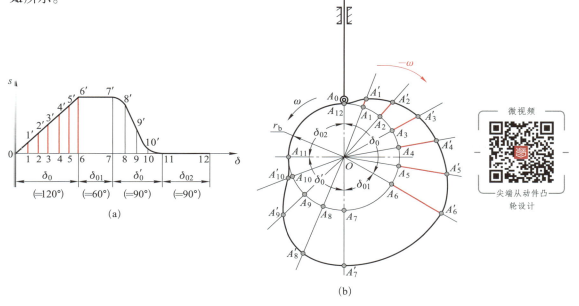

(a)

(b)

图 13-9　对心直动尖端从动件盘形凸轮轮廓设计

（2）任取一点 O 为圆心,以 r_b 为半径作基圆,并通过 O 作竖直中心线,取中心线与凸轮基圆的交点 A_0 为从动件尖端的初始位置,如图 13-9b 所示。

（3）在基圆上,自 OA_0 开始,沿与 ω 相反的方向依次量取凸轮各运动角 δ_0,δ_{01},δ'_0,δ_{02},并将其分成与位移线图相对应的若干等份,作射线 OA_1,OA_2,OA_3,…,则这些射线就是从动件在反转过程中各位置的移动导路中心线。

（4）在各射线 OA_1,OA_2,OA_3,…上自基圆向外依次量取从动件各位置对应的位移量 $A'_1A_1=11'$,$A_2A'_2=22'$,$A_3A'_3=33'$,…,可见 A'_1,A'_2,A'_3,…就是从动件反转过程中其尖端所处的各个位置。

（5）将 A'_1,A'_2,A'_3,…各点用光滑曲线连接,即得到所求对心直动尖端从动件盘形凸轮的轮廓。

说明:本例中 $A'_6A'_7$,$A_{11}A_0$ 段轮廓为圆弧。

第四节　凸轮机构的常用材料与结构

一、材料及热处理

由于凸轮机构是高副机构，并且受冲击载荷，其主要失效形式为磨损和疲劳点蚀，因此要求凸轮和从动件接触端的材料要有足够的接触强度和耐磨性能。

凸轮在一般情况下，可用45Cr、40Cr淬火，表面硬度为52～58 HRC；在高速时，可用15Cr、20Cr渗碳淬火，表面硬度为56～62 HRC，渗碳深0.8～1.5 mm；渗氮淬火后表面硬度为60～67 HRC。在低速、轻载时选优质球墨铸铁；中载时选用45钢调质，表面硬度为220～250 HBW。

滚子材料通常用20Cr，18CrMoTi渗碳淬火到56～62 HRC，也可用滚动轴承作为滚子。

二、凸轮机构的结构

1. 凸轮的结构

当凸轮的轮廓尺寸与轴的直径相近时，凸轮与轴可做成一体，称为凸轮轴，如图13-10a所示。当尺寸相差较大时，应将凸轮与轴分别制造，采用键或销将两者连接起来，如图13-10b、c所示。图13-10d所示为采用弹簧锥套与螺母将凸轮和轴连接起来的结构，这种结构可用于凸轮与轴的相对角度需要自由调节的场合。

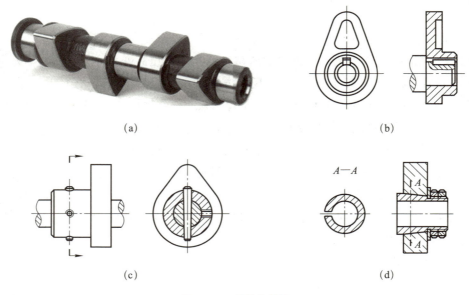

(a)　　　　　　　　　　　　(b)

(c)　　　　　　　　　　　　(d)

图13-10　凸轮的结构

2. 从动件的结构

如图 13-11a 所示，对于盘形凸轮，当从动件的末端采用滚子时，可用专门制作的销轴作支承，右端用螺母拧紧；也可如图 13-11b、c 所示，直接采用滚动轴承作为滚子，以及近些年出现的凸轮从动轴承。不论哪种形式都必须保证滚子能自由转动。

图片

凸轮从动轴承

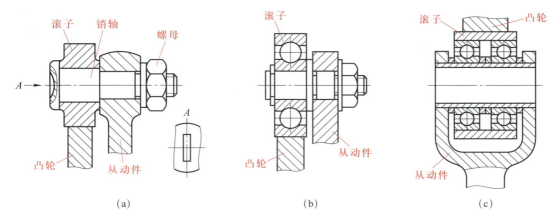

（a）   （b）   （c）

图 13-11　滚子从动件的结构

第五节　凸轮机构的应用实例

凸轮机构应用广泛，尤其在机器的控制机构中应用更广。

图 13-12 所示为绕线机中用于排线的凸轮机构，当绕线轴快速转动时，经蜗杆带动凸轮（蜗轮与凸轮联轴，一起做同步转动）缓慢地转动，通过凸轮轮廓与尖顶 A 之间的作用，驱使从动件（摆杆）往复摆动，因而使线均匀地缠绕在轴上。

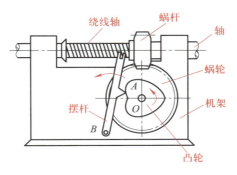

微视频

绕线机排线机构

图 13-12　绕线机排线机构

如图13-13a所示为某型号补鞋机,其运动部分主要由凸轮机构和连杆机构组成,在手柄所在的转盘上有两套凸轮机构,如图13-13b所示,且与转盘同轴又固定有两套凸轮机构,如图13-13c所示,转动手柄时几套凸轮机构同时工作,带动各种机构完成补鞋的全套动作。

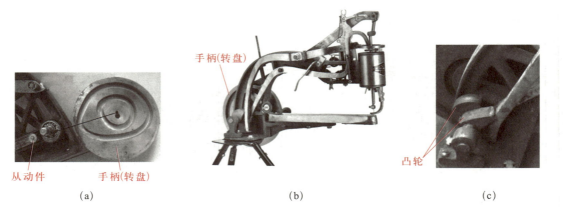

（a）　　　　　　　　　　　（b）　　　　　　　　　　　（c）

图13-13 补鞋机上的凸轮机构

想一想 这几套凸轮机构各属于什么类型？从凸轮形状、从动件端部、从动件运动类型、保持接触的封闭方式等方面回答。

如图13-14所示,为某车床床头箱中用以改变主轴转速的变速操纵机构。转动操纵手柄,通过链条驱动凸轮旋转,带动从动件(摆杆)在一定范围内摆动,从而由拨叉推动双联齿轮在花键轴上滑移,使不同的齿轮进入啮合,从而达到改变车床主轴转速的目的。

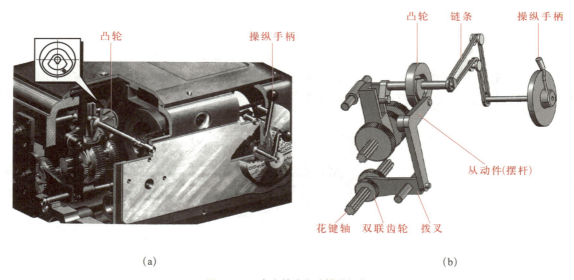

（a）　　　　　　　　　　　（b）

图13-14 车床转速变速操纵机构

练 习 题

一、填空题

1. 凸轮机构主要是由 _____ 、_____ 和固定机架三个基本构件组成的。

2. 按凸轮的外形,凸轮机构主要分为 _____ 凸轮、_____ 凸轮和 _____ 凸轮三种基本类型。

3. 从动杆与凸轮轮廓的接触形式有 _____ 、_____ 、平底、 _____ 四种。

4. 以凸轮的理论轮廓曲线的最小半径所做的圆称为凸轮的 _____ 。

5. 凸轮转过一周,从动件经历 _____ 、_____ 、_____ 、_____ 四个运动阶段。

6. 等速运动凸轮在速度换接处从动杆将产生 _____ 冲击,引起机构强烈的振动。

7. 凸轮机构主要失效形式为 _____ 和 _____ 。

二、判断题

1. 与平面连杆机构相比,凸轮机构的突出优点是能严格地实现给定的从动件的运动规律 （ ）

2. 凸轮工作时,从动件的运动规律与凸轮的转向无关。 （ ）

3. 凸轮机构的压力角越大,机构的传力性能就越差。 （ ）

4. 凸轮机构出现自锁是因为驱动的转矩不够大造成的。 （ ）

5. 凸轮基圆半径越大,压力角越小,所以凸轮基圆半径越大越好。 （ ）

6. 凸轮机构的压力角是恒定不变的。 （ ）

7. 盘形凸轮机构制造方便,适合于大行程传动 （ ）

8. 凸轮机构从动件做等速运动时会产生柔性冲击 （ ）

三、简答题

1. 影响凸轮机构压力角大小的因素是什么?

2. 基圆半径过大、过小会出现什么问题?

3. 怎样选择凸轮的材料和热处理?

德技铸匠工坊

实践与训练
看视频 学技术
学榜样 做工匠

第十三章 凸轮机构

Chapter 14
第十四章 | 其他运动机构

在机器中,除广泛采用着前面各章所介绍的机构外,还经常用到其他类型的一些机构,如能实现间歇运动的棘轮机构、槽轮机构,能将转动转换为直线运动的螺旋机构等。

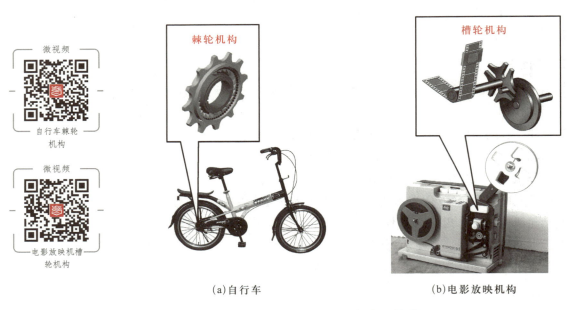

棘轮机构

槽轮机构

(a)自行车　　　　　　　　(b)电影放映机构

图14-1　间歇运动机构

棘轮机构在自行车后轴链轮上起着超越的作用,槽轮机构在电影放映机上发挥间歇运动的作用,如图14-1所示。

将原动件的等速连续转动转换为从动件的时停时动的周期性运动,称为间歇运动机构。 如自动机床中的刀架转位运动、成品输送及自动化生产线中的运输等都需要间歇运动机构来完成。

实现间歇运动的机构类型很多,如棘轮机构、槽轮机构、不完全齿轮机构和凸轮机构及恰当设计的连杆机构都可实现间歇运动。

图14-2所示是车床中的尾架,转动手轮可通过螺旋机构实现顶尖的直线移动。

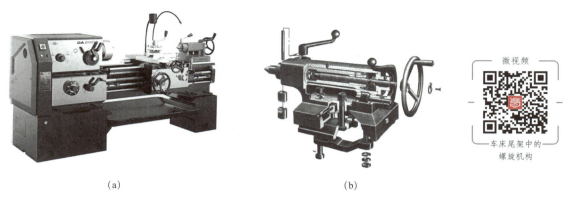

（a） （b）

微视频

车床尾架中的
螺旋机构

图14-2 车床尾架中的螺旋机构

第一节 棘轮机构

一、棘轮机构的组成、工作原理和特点

如图14-3a所示，**棘轮机构主要由棘轮、棘爪、摇杆、止回棘爪和机架组成**。弹簧用来使止回棘爪与棘轮保持接触。棘轮装在轴上，用键与轴连接在一起。棘爪铰接于摇杆上，摇杆可绕棘轮轴摆动。当摇杆顺时针方向摆动时，棘爪在棘轮齿顶滑过，棘轮静止不动（止回棘爪防止棘轮的反向转动）；当摇杆逆时针方向摆动时，棘爪插入棘轮齿间推动棘轮转过一定的角度。这样，摇杆连续往复摆动，棘轮即可实现单向的间歇运动。

棘轮机构按工作原理可分为齿啮式棘轮机构和摩擦式棘轮机构两大类。

齿啮式棘轮机构的齿既可制作在棘轮的外缘上（图14-3a），也可制作在轮孔的内腔中（图14-3b）。齿啮式棘轮机构结构简单、制造方便，棘轮的转角可在一定的范围内调节；但运转时易产生冲击或噪声，适用于低速和转速要求不高的场合。

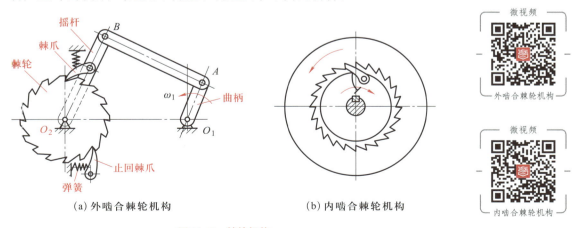

（a）外啮合棘轮机构 （b）内啮合棘轮机构

微视频

外啮合棘轮机构

微视频

内啮合棘轮机构

图14-3 棘轮机构

知识卡片 摩擦式棘轮机构

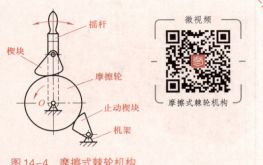

图14-4所示为摩擦式棘轮机构。该机构由摩擦轮、摇杆及与其铰接的驱动偏心楔块和机架组成。当摇杆逆时针方向摆动时,通过驱动偏心楔块与摩擦轮之间的摩擦力,使摩擦轮沿逆时针方向运动。当摇杆顺时针方向摆动时,驱动偏心楔块在摩擦轮上滑过,而止动楔块与摩擦轮之间的摩擦力促使此楔块与摩擦轮卡紧,从而使摩擦轮静止,以实现间歇运动。这种机构噪声小,但因靠摩擦力传动,其接触表面间容易发生滑动,即可起到过载保护的作用,又因传动精度不高,故适用于低速、轻载的场合。

图14-4 摩擦式棘轮机构

二、棘轮机构的特点及应用实例

1. 牛头刨床的横向进给机构

如图14-5a所示为牛头刨床的工作台横向进给机构。主动曲柄(齿轮B)通过连杆带动摇杆往复摆动,通过棘爪使棘轮做单向间歇转动。由于棘轮和进给丝杠固定连接,所以通过丝杠和工作台的螺旋传动,最终使工作台做横向进给运动。

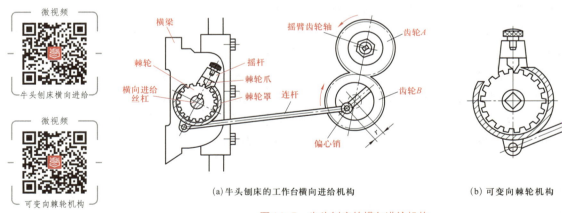

(a)牛头刨床的工作台横向进给机构　　(b)可变向棘轮机构

图14-5 牛头刨床的横向进给机构

图14-5b是可变向棘轮机构。当棘爪在图示位置时,棘轮沿逆时针方向作间歇运动。若将棘爪提起并绕本身轴线转180°再插入棘轮齿中,可实现沿顺时针方向的间歇运动。若将棘爪提起并绕本身轴线转90°放下,架在壳体顶部的平台上,使轮与爪脱开,则当棘爪往复摆动时,棘轮静止不动。

2. 自行车后轴的齿式棘轮超越机构

图14-6所示为自行车后轴上的"飞轮"机构,飞轮的外圈是链轮,内圈是棘轮,棘爪安装

在后轴上。当链条带动飞轮逆时针转动时，通过棘爪带动后轴转动，使自行车前进。当自行车下坡或滑行时，主动件链轮停止转动，从动件后轮在惯性作用下仍按原来的转向飞快转动，这时棘爪在棘齿背上滑过，使从动件与主动件脱开，从而实现了从动件相对于主动件的超越运动。内啮合棘轮机构是一种典型的超越机构。超越机构在机床和其他一些设备中有着广泛的应用。

3. 防逆转棘轮机构

图14-7所示为提升机棘轮停止器，当卷筒转动起吊重物时，棘爪就在棘轮上滑过；当卷筒转动带动重物上升到所需的高度位置时，卷筒就停止转动，此时，棘爪依靠弹簧嵌入棘轮的轮齿凹槽中，及时制动棘轮倒转，从而起到保证安全的作用。

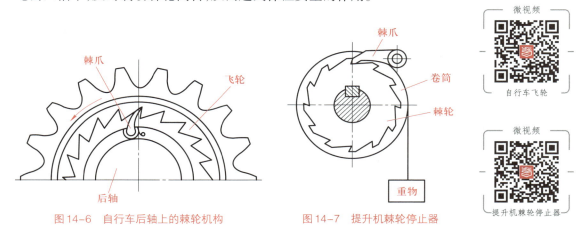

图14-6　自行车后轴上的棘轮机构　　　　图14-7　提升机棘轮停止器

想一想　在日常生活中还有其他棘轮机构吗？它们的作用是什么？

第二节　槽轮机构

一、槽轮机构的组成和工作原理

图14-8所示为槽轮机构，它是由具有径向槽的槽轮、带有圆销 A 的拨盘和机架组成的。拨盘做匀速转动时，驱使槽轮做时转时停的间歇运动。盘上的圆销尚未进入槽轮的径向槽时，由于槽轮的内凹锁止弧被拨盘上的外凸锁止弧锁住，故槽轮静止不动。当圆销开始进入槽轮的径向槽时，内外锁止弧脱开，槽轮受圆销的驱动沿逆时针转动。当圆销开始脱离槽轮的径向槽时，槽轮的另一个内凹锁止弧又被拨盘的外凸锁止弧锁住而静止，直到圆销再一次进入槽轮的另一个径向槽时，两者又重复上述运动循环，从而实现从动槽轮的单向间歇运动。

槽轮机构分为外啮合槽轮机构（图14-8a）和内啮合槽轮机构（图14-8b）两种基本类型。

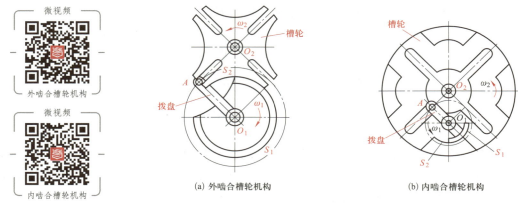

图 14-8　槽轮机构

依据机构中圆销的数目，外啮合槽轮机构中，拨盘上的圆销可以是一个，也可以是多个。槽轮的转向与拨盘转向的关系为：单圆销外啮合槽轮机构工作时，拨盘转一周，槽轮反向转动一次；双圆销外啮合槽轮机构工作时，拨盘转动一周，槽轮反向转动两次。内啮合槽轮机构的槽轮转动方向与拨盘转向相同。

想一想　内啮合槽轮机构的槽轮转动方向与拨盘转向的关系。

二、槽轮机构特点及应用实例

槽轮机构结构简单、制造方便、转位迅速、工作可靠，但制造与装配精度要求较高，且转角不能调节，当槽数 z 确定后，槽轮转角即被确定。因槽数 z 不宜过多，所以，槽轮机构不宜应用于转角较小的场合。由于槽轮机构的定位精度不高，转动时有冲击，故**一般适用于各种转速不太高的自动机械中做转位或分度机构**。

（1）冰激凌灌装机的转位机构　如图 14-9 所示，槽轮上有 4 个径向槽，当拨盘转过一周，圆销拨动槽轮转过 1/4 周，托盘带动空冰激凌盒到灌装工位，并停留一定的时间供灌装，灌满后，拨盘又转过一周，拨动槽轮（托盘）带动满冰激凌盒到输送工位。

（2）转塔车床的刀架转位机构　如图 14-10 所示，转塔刀架上有 6 个安装刀具的孔，相应

图 14-9　冰激凌灌装机的转位机构

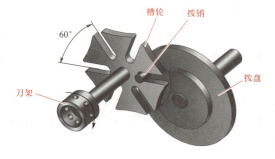

图 14-10　车床的刀架转位机构

的槽轮上也有6个径向槽,刀架和槽轮固定连接在一起,当拨盘转过一周,拨销将拨动槽轮转过1/6周,刀架转过60°,从而将下一道工序的刀具转换到工作位置上。

讨论会 针对平面连杆机构、凸轮机构和间歇运动机构,请举例说明它们的组成、运动特点以及使用等。

第三节 螺旋机构

螺旋副由螺杆和螺母组成,如图14-11a、b所示,利用螺杆和螺母组成的螺旋副来传递运动(将回转运动变成直线运动)和动力,称为螺旋机构。图14-11c所示为螺旋机构运动简图。

螺旋机构具有结构简单、承载能力强、传动平稳、精度高等优点,广泛应用于各种机械和仪器中。

螺旋机构按摩擦性质的不同,可分为滑动螺旋机构和滚动螺旋机构(滚珠螺旋机构)。

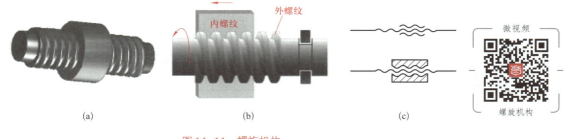

图 14-11 螺旋机构

一、滑动螺旋传动

1. 单滑动螺旋机构的应用形式

常用的单滑动螺旋机构有以下应用形式。

(1) **螺母固定不动,螺杆做回转运动**。图14-12所示为台虎钳简图,螺杆上装有活动钳身,螺母与固定钳身连接在工作台上,当转动螺杆时带动活动钳身左右移动,与固定钳身分离或合拢,从而夹紧或放松工件,是典型的传力螺旋机构。

(2) **螺杆固定不动,螺母做回转运动**。图14-13所示为千斤顶简图,螺杆被安置在底座上静止不动,转动手柄使螺母转动,螺母就会上升或下降,托盘上的重物就被举起或放下。

(3) **螺杆回转,螺母做直线运动**。图14-14所示为车床横刀架简图,螺杆与机架组成转动

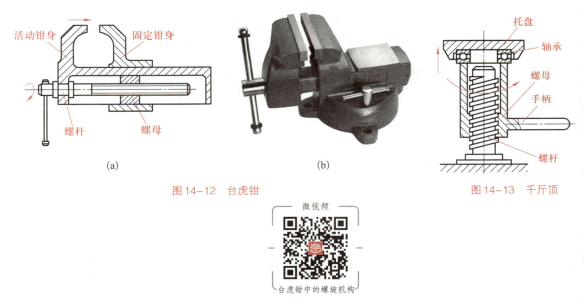

图 14-12　台虎钳

图 14-13　千斤顶

微视频

台虎钳中的螺旋机构

副, 车刀架下方的螺母与螺杆以左旋螺纹旋合。当转动手柄使螺杆按图示方向回转时, 螺母带动车刀架沿横刀架的导轨向右做直线运动。

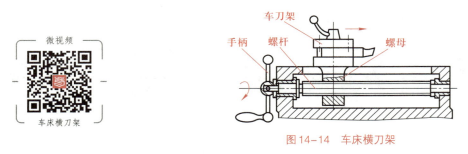

微视频

车床横刀架

图 14-14　车床横刀架

想一想　螺旋压力机(图 14-15a)、车床刀架(图 14-15b)和活动扳手(图 14-15c)分别属于什么应用形式的螺旋传动?

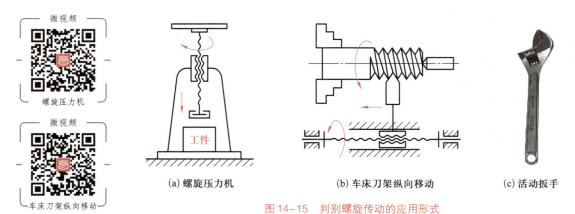

微视频

螺旋压力机

微视频

车床刀架纵向移动

(a) 螺旋压力机　　(b) 车床刀架纵向移动　　(c) 活动扳手

图 14-15　判别螺旋传动的应用形式

2. 直线移动方向的判定

螺旋机构从动件做直线运动的方向（移动方向）不仅与螺纹的回转方向有关，还与螺纹的旋向有关。判定方法如下：

（1）手的姿势　**右旋螺纹用右手，左旋螺纹用左手**。手握空拳，四指指向与螺杆（或螺母）回转方向相同，大拇指与四指垂直。

（2）结果　① **若螺杆或螺母中有一个完全固定，另一个回转并移动，则其移动方向与大拇指指向相同**（图14-16a）；② **若螺杆或螺母中一个回转，另一个移动**，则其移动方向与大拇指指向相反（图14-16b）。

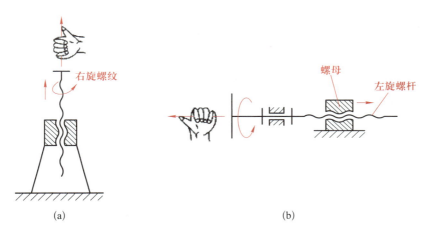

图14-16　螺杆或螺母移动方向的判定

3. 直线运动距离计算

在滑动螺旋机构中，螺杆（或螺母）的移动距离与螺纹的导程有关。螺杆相对螺母每回转一圈，螺杆（或螺母）移动一个导程的距离。因此，移动距离等于回转圈数与导程的乘积，即

$$L=NP_h$$

式中　L——螺杆（或螺母）的移动距离，mm；

N——回转圈数；

P_h——螺纹导程，mm。

4. 双螺旋机构

螺杆上有两段螺距不同的螺纹，分别与两个螺母组成两个螺旋副，这样的螺旋机构称为**双螺旋机构**。图14-17所示的机构中，固定螺母兼作机架，螺杆转动时，一方面相对机架（固定螺母）移动，同时又带动不能回转的活动螺母相对螺杆移动。按双螺旋机构中两螺旋副中螺纹旋向的不同，双螺旋机构可分为差动螺旋机构和复式螺旋机构。

（1）差动螺旋机构　螺杆上两段螺纹旋向相同。如图14-17所示，设固定螺母

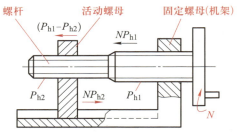

图14-17　双螺旋机构

和活动螺母的螺纹旋向同为右旋,当沿图示方向回转螺杆时,螺杆相对机架向左移动 $L_1 = NP_{h1}$,而活动螺母相对螺杆向右移动 $L_2 = NP_{h2}$,活动螺母实际移动距离为

$$L = L_1 - L_2 = N(P_{h1} - P_{h2})$$

如计算结果为正值,则活动螺母实际移动方向与螺杆移动方向相同;如计算结果为负值,则活动螺母实际移动方向与螺杆移动方向相反。可见,当 P_{h1}、P_{h2} 值接近时,移动量很小。这类差动螺旋多用在各种微调机构中,如微调镗刀(图14-18)、分度机构等。

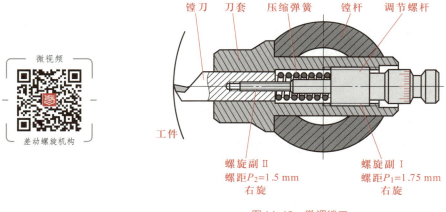

图14-18　微调镗刀

（2）复式螺旋机构　螺杆上两段螺纹旋向相反。如图14-17所示,设固定螺母的螺纹旋向仍为右旋,活动螺母的螺纹旋向为左旋,则沿图示方向回转螺杆时,螺杆相对机架左移 $L_1 = NP_{h1}$,活动螺母相对螺杆也左移 $L_2 = NP_{h2}$,活动螺母实际移动距离为

$$L = L_1 + L_2 = N(P_{h1} + P_{h2})$$

可见,活动螺母的移动距离增大(实际移动方向与螺杆移动方向相同),构成快速移动的复式螺旋机构,可以用于需快速移动的装置中,如汽车更换轮胎使用的千斤顶、电线杆钢索拉紧装置用的花篮螺栓(图14-19)。

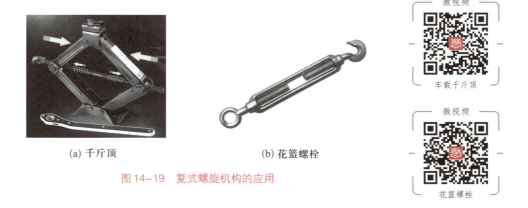

(a) 千斤顶　　　　　　　　　　(b) 花篮螺栓

图14-19　复式螺旋机构的应用

二、滚珠螺旋机构

　　滚珠螺旋机构是在具有螺旋槽的螺杆和螺母之间，连续填装滚动体（钢球）作为滚动体的螺旋机构（俗称滚珠丝杠）。滚珠螺旋机构按其滚珠的循环方式不同，分为外循环和内循环两类。

　　滚珠在运动过程中，通过离开螺旋滚道的方式实现的循环，称为外循环，如图14-20a所示。外循环是通过外接弯管（返回通道）实现滚珠的循环，一个滚珠螺旋可以只有一个循环回路，但为了缩短回路滚道的长度，也可在一个滚珠螺旋中设置多个回路。

　　若在运动过程中，滚珠始终没有离开螺旋滚道所实现的循环，称为内循环，如图14-20b所示。内循环是通过螺母中的反向器实现滚珠的循环。一个反向器可实现一圈滚珠的循环回路。一个滚珠螺旋螺母常装配2～4个反向器，所以内循环滚珠螺旋中常有2～4个封闭循环回路。

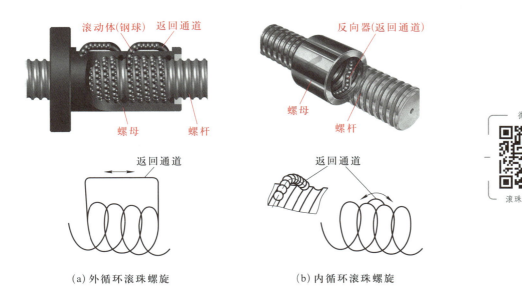

(a) 外循环滚珠螺旋　　　　　　(b) 内循环滚珠螺旋

图14-20　滚珠螺旋机构

滚珠螺旋机构具有摩擦阻力小、传动效率高、起动力矩小、传动灵活、平稳、工作寿命长等优点，目前主要**应用于精密传动的数控机床（滚珠丝杠传动），以及自动控制装置、升降机构和精密测量仪器等。**

滚珠螺旋机构结构较复杂，径向尺寸比一般螺旋传动大，制造成本高，**没有自锁作用。**

第四节 机构自由度的计算

运动机构在使用中一般都要求有确定的运动规律，欲使机构具有确定的运动，其原动件的数目应该等于该机构的自由度的数目，下面对机构的自由度计算问题进行分析。

一、平面机构自由度的计算

在平面机构中，各构件只作平面运动，所以每个自由构件具有三个自由度。而每个低副（移动副和回转副）各提供两个约束，每个高副（齿轮副和凸轮副）只提供一个约束。设平面机构中共有 n 个活动构件（因机架固定，不计算在内），如各构件没有用运动副连接，它们共有 $3n$ 个自由度。当各构件用运动副连接之后，设共有 p_l 个低副和 p_h 个高副，则它们将提供（$2p_l+p_h$）个约束，故机构的自由度为

$$F=3n-(2p_l+p_h) \tag{14-1}$$

下面结合具体的例子说明该公式的应用。

例14-1 试计算图14-21a所示汽车雨刮器机构的自由度。

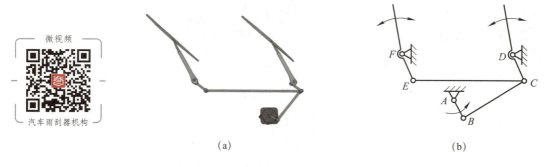

(a)　　　　　　　　　　(b)

图14-21 汽车雨刮器机构

分析 图14-21b为汽车雨刮器简化后的机构运动简图，不难看出，此机构共有5个活动构件（即曲柄 AB、连杆 BC、摇杆 CD 以及杆 CE、EF），7个低副（即回转副 A、B、D、E、F，C 为复合

铰链按2个计算），没有高副。

解：机构的活动构件数 $n=5$，低副数量 $p_1=7$，高副数量 $p_h=0$，则机构的自由度为

$$F=3n-(2p_1+p_h)=3 \times 5-2 \times 7=1$$

例14-2 试计算图1-4所示单缸四冲程内燃机的自由度。

分析 图1-4b为单缸四冲程内燃机的机构运动简图，此机构共有5个活动构件，即曲柄（与齿轮1为一体）、连杆、活塞、凸轮（与齿轮2为一体）和推杆；6个低副（即4个回转副、2个移动副）；2个高副（1个齿轮副、1个凸轮副）。

解：机构的活动构件数 $n=5$，低副数量 $p_1=6$，高副数量 $p_h=2$，则机构的自由度为

$$F=3n-(2p_1+p_h)=3 \times 5-2 \times 6-2=1$$

二、平面机构自由度计算的注意事项

1. 复合铰链

两个以上的构件同时在一处以回转副相连接，称为复合铰链。如图14-22a所示，就是3个构件在一起以回转副相连接而构成的复合铰链。由图14-22b可以看出，此3个构件共构成两个回转副，且两个回转副的转动中心重合，所以必须按两个低副计算。同理，若有 m 个构件以复合铰链相连接时，其构成的回转副数目应等于 $(m-1)$ 个。在计算机构的自由度时，应注意是否存在复合铰链。

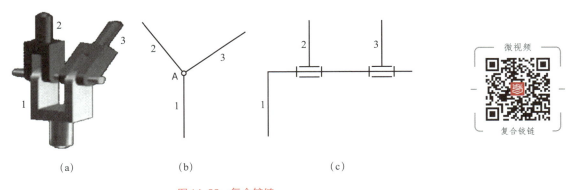

（a）　　　　　　（b）　　　　　　　（c）

微视频

复合铰链

图14-22 复合铰链

2. 局部自由度

图14-23a中，滚子2可绕 B 点独立转动，但是，滚子2的转动对整个机构的运动不产生任何影响，只是减少局部的摩擦磨损。这种**不影响整个机构运动的局部的独立运动，称为局部自由度。**计算机构自由度时，应假想将滚子2与杆3固结为一个构件，如图14-23b中的构件2，略去局部自由度不计。

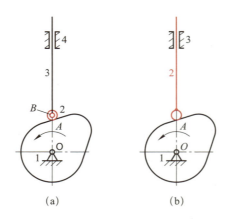

图14-23　局部自由度

3. 虚约束

在一些特殊的机构中,有些运动副所引入的约束与其他运动副所起的限制作用相重复,这种**不起独立限制作用的重复约束,称为虚约束**。在计算机构自由度时,应除去虚约束。

如图14-24所示的平行四边形机构中,连杆3作平移运动,BC线上各点的轨迹,均为圆心在AD线上而半径等于AB的圆周。构件5与构件2、4相互平行且长度相等,对机构的运动不产生任何影响。所以在计算自由度时要将构件5和两个回转副E、F全都去除不计。

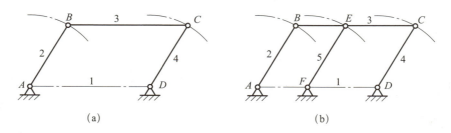

图14-24　平行四边形机构中的虚约束

例14-3　计算图14-25a所示大筛机构的自由度。

分析　机构中F处的滚子自转产生一个局部自由度;顶杆DF与机架在E和E'处组成两

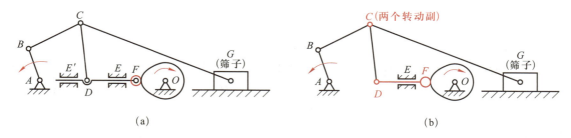

图14-25　大筛机构

个导路重合的移动副,其中之一为虚约束;C处为复合铰链。

解:将滚子F与顶杆DF视为一体,去掉移动副E',并在C处注明转动副个数,更新后的机构如图14-25b所示。

由图14-25b可知,机构的活动构件数$n=7$,低副数量$p_l=9$,高副数量$p_h=1$,则机构的自由度为

$$F=3n-(2p_l+p_h)=3 \times 7-2 \times 9-1=2$$

三、平面机构具有确定运动的条件

由于一般机构的原动件都是和机架相连的,对于这样的原动件,一般只能给定一个独立的运动,所以在此情况下,为了使机构具有确定的运动,则**机构的原动件数目应等于机构的自由度的数目,这就是机构具有确定运动的条件**。

如果机构的原动件数目小于机构的自由度数,机构的运动会出现不确定的现象,如图14-26所示;如果原动件数大于机构的自由度数,则将导致机构中最薄弱的构件或运动副可能被破坏,如图14-27所示;如果机构自由度等于零,则各构件组合在一起形成刚性结构,如图14-28所示,各构件之间没有相对运动,故不能构成机构。

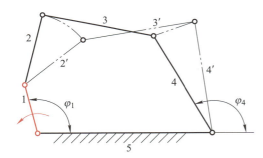
图14-26　原动件数目小于机构自由度

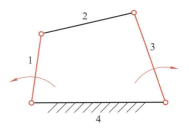
图14-27　原动件数目大于机构自由度

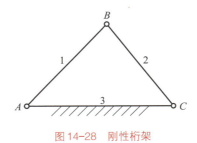
图14-28　刚性桁架

上面的3个举例中,汽车雨刮器机构、单缸四冲程内燃机的自由度均为1,说明该机构需要有1个原动件;而大筛机构的自由度为2,说明该机构需要有2个原动件,才可以得到确定的机构运动。

练　习　题

一、填空题

1. 将原动件的_____转动转换为_____的时停时动的周期性运动,称为间歇运动机构。

2. 棘轮机构主要由_____、_____和_____组成。

3. 槽轮机构的主动件是_____,它以等角速度做_____运动,具有_____槽的槽轮是从动件,由它来完成间歇运动。

4. 为保证棘轮在工作中的_____可靠和防止棘轮的_____,棘轮机构应当装有止回棘爪。

5. 能将连续回转运动转换为单向间歇转动的机构有_____、_____和_____。

6. 棘轮机构按工作原理可分为_____式棘轮机构和_____式棘轮机构两大类。

二、判断题

1. 槽轮机构的停歇和运动时间取决于槽轮的槽数和圆销数。　　　　　　　　（　　）

2. 槽轮机构中槽轮的转角大小是可以调节的。　　　　　　　　　　　　　　（　　）

3. 凸轮机构、棘轮机构和槽轮机构都不能实现间歇运动。　　　　　　　　　（　　）

4. 在棘轮机构中,为了使棘轮静止可靠和防止棘轮反转,要安装止回棘爪。　（　　）

三、分析计算题

1. 根据知识与经验,选择合适的机构,实现下列功能。

序号	主动件	从动件	实现功能的机构
1	转动	转动	
2	转动	摆动	
3	转动	移动	
4	摆动	转动	
5	移动	转动	
6	变换运动方向		
7	变换运动速度		
8	连续运动变为间歇运动		

2. 什么是螺旋机构? 常用的螺旋机构有哪几种?

3. 螺旋机构有何特点?

4. 如何判定滑动螺旋机构中螺杆或螺母的移动方向? 如何计算移动距离?

5. 在图14-12所示台虎钳的螺旋机构中,若螺杆为双线螺纹,螺距为5 mm,当螺杆回转3周时,活动钳身移动的距离是多少?

6. 什么是差动螺旋机构? 利用差动螺旋机构实现微量调节对两段螺纹的旋向有什么要求?

7. 图14-29所示为一差动螺旋传动机构,A处螺旋副为左旋,导程$P_{hA} = 4$ mm;B处螺旋副为右旋,导程$P_{hB} = 6$ mm;C处为移动副。分析该差动螺旋传动机构的工作,并完成以下任务。

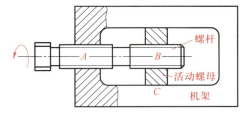

图14-29　练习题7图

    (1) 螺杆按图示方向回转,判定螺杆的移动方向。

    (2) 当螺杆旋转5转时,计算活动螺母的移动距离L。

    (3) 判定活动螺母的移动方向。

8. 滚珠螺旋机构有哪些优缺点? 主要应用在什么场合?

9. 如图14-30所示,计算下列机构的自由度并验证它们的运动是否确定。

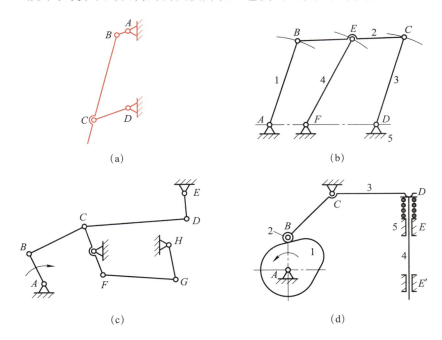

图14-30　练习题9图

工业文明与文化

创新改变世界

创新是人类才能的最高表现形式,是推动人类社会前进的车轮。纵观历史,每一位取得卓越成就的人,都是敢于创新的。敢于创新,是一种极可宝贵的精神品质。

一、创新改变世界

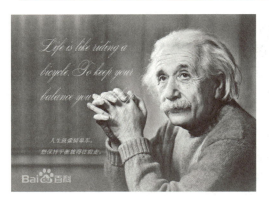

25岁的爱因斯坦敢于冲破权威圣圈,大胆突进,赞赏普朗克假设并向纵深引申,提出了光量子理论,奠定了量子力学的基础。随后又锐意破坏了牛顿的绝对时间和空间的理论,创立了震惊世界的相对论,一举成名。

当许多年轻人要他说出成功的秘诀时,他信笔写下了一个公式:$A=x+y+z$,并解释道:"A表示成功,x表示勤奋,y表示正确的方法,那么z呢,则表示务必少说空话。"许多年来,爱因斯坦的这个神奇的成功等式一直被人们传颂着。从爱因斯坦的奋斗历程中,我们不难看出,正是勤奋、正确的方法和少说空话使爱因斯坦变成科学巨人。

二、创新理论

(一)创新概念

经济学家熊彼特在1912年出版的《经济发展理论》中提出:创新是建立一种新的生产函数,是一种从来没有过的关于生产要素和生产条件的新组合,包括引进新产品,引进新技术,开辟新市场,控制原材料的新供应来源,实现企业的新组织。

创新就是在有意义的时空范围内,以非传统、非常规的方式先行性地、有成效地解决社会技术经济问题的过程。该定义包括以下含义:

1. 创新的目的是解决实践问题,是一项活动。
2. 创新的本质是突破传统、突破常规。
3. 创新是一个相对的概念,其价值与时间、空间有关。
4. 创新可以在解决技术问题、经济问题和社会问题的广泛范围内发挥作用,它是每个人都可以参与的事业。

5. 创新以取得的成效为评价尺度。有成效才能认为是创新,根据成效,创新可以分成划时代的创新、时尚创新。

创新的知识产权受到保护。

(二) 创新的地位

创新是一个民族进步的灵魂,是一个国家兴旺发达的不竭动力。习近平总书记深刻指出,一个国家和民族的创新能力从根本上影响甚至决定着国家和民族的前途命运,他反复强调中国国力的竞争说到底就是创新能力的竞争。我国实施创新驱动发展战略,颁布《中共中央 国务院关于深化体制机制改革加快实施创新驱动发展战略的若干意见》《国家创新驱动发展战略纲要》。

创新是实现中国特色的新型工业化、信息化、城镇化、农业现代化目标的必由道路。要加快科技创新,加强产品创新、品牌创新、企业结构创新和商业模式创新。

创新是企业生存的根本,是发展的动力,是成功的保障。在今天,创新能力已成了国家的核心竞争力,也是企业生存和发展的关键,是企业实现跨越式发展的第一步。

当今世界,科技发展日新月异,创新活力竞相迸发,科技创新与经济社会发展相互促进、深度融合,正深刻改变着人类社会的生产方式和人们的生活方式。创新成为最鲜明的时代特色,成为决定一个国家未来发展的关键因素。

(三) 创新的类型

1. 产品创新

产品创新就是研究开发和生产出更好的满足顾客需要的产品,使其性能更好,外观更美,使用更便捷、更安全,总费用更低,更符合环境保护的要求。

开发出具有新功能的产品、新结构产品、新外观产品。

2. 技术创新

技术创新是指采用新的生产方法或新的原料生产产品,以达到保证质量、降低成本、保护环境或使生产过程更加安全和省力。

3. 制度创新

制度创新是从社会经济角度来分析企业系统中各成员间正式关系的调整和变革。制度是组织运行方式的原则规定。企业制度主要包括产权制度、经营制度和管理制度等三个方面的内容。制度创新的方向是不断调整和优化企业所有者、经营者、劳动者三者之间的关系,使各个方面的权力和利益得到充分的体现,使组织的各成员的作用得到充分地发挥。

4. 职能创新

职能创新就是在计划、组织、控制、协调等管理职能方面采用新的更有效的方法和手段。

网站链接：

中华人民共和国科学技术部官网 http：//www.most.gov.cn
全国大学生机械创新设计大赛官网 http：//umic.ckcest.cn/
中国国际"互联网＋"大学生创新创业大赛官网 https：//cy.ncss.cn/
"挑战杯"全国大学生课外学术科技作品竞赛 http：//www.tiaozhanbei.net/

第六部分 减 速 装 置

　　减速器是原动机和工作机之间独立的闭式传动装置,用来降低转速和增大转矩以满足各种工作机械的需要。

　　减速器由齿轮、箱体、轴、轴承、法兰、输出轴等几个主要部件组成。

　　按照传动和结构特点形式不同可分为齿轮减速器(圆柱齿轮、锥齿轮、圆锥-圆柱齿轮减速器)、蜗杆减速器、行星齿轮减速器、摆线针轮减速器、谐波齿轮减速器等。

　　减速器是工业动力传动不可缺少的重要基础部件之一,广泛应用于环保、建筑、电力、化工、食品、塑料、橡胶、矿山、冶金、水泥、船舶、水利、纺织、印染、饲料、造纸、陶瓷等国民经济各大行业。

　　本部分主要讨论齿轮减速器、新型减速器的原理及应用。

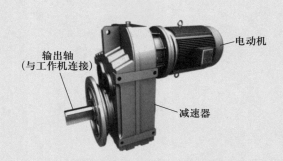

输出轴
（与工作机连接）

电动机

减速器

减速器与原动机和工作机的关系

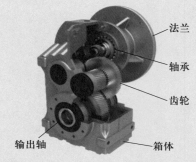

法兰

轴承

齿轮

输出轴

箱体

减速器的组成

| **减速器**

第一节　齿轮减速器

一、减速器的类型和结构

　　减速器是原动机和工作机之间独立的闭式传动装置,用来降低转速、增大转矩,以适应工作机的需要。它一般由封闭在箱体内的齿轮传动或蜗杆传动组成。由于减速器结构紧凑,传动准确可靠,使用维护方便,在现代机械中应用十分广泛。图15-1所示为带式输送机,高速的电动机经带传动和减速器,降低速度后驱动带式输送机。

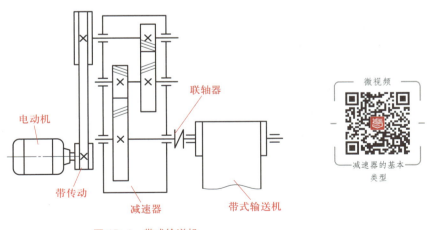

电动机　联轴器　带传动　减速器　带式输送机

微视频　减速器的基本类型

图 15-1　带式输送机

　　减速器已有了标准系列产品,可根据其标准参数和工作条件进行选择,故在工业生产中得到了广泛应用。

1. 齿轮减速器的类型和特点

　　减速器的类型很多,通常可分为**齿轮(圆柱齿轮和锥齿轮)减速器、蜗杆减速器及其组合**

等类型。

（1）圆柱齿轮减速器　圆柱齿轮减速器按齿轮传动级数可分为单级、两级和多级，按轴在空间的位置分为卧式和立式。

图15-2所示为单级圆柱齿轮减速器。一般直齿轮的传动比$i \leqslant 5$，斜齿轮和人字齿轮的传动比$i \leqslant 8$。

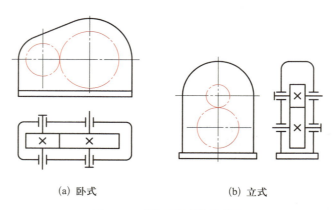

(a) 卧式　　　　　　(b) 立式

图 15-2　单级圆柱齿轮减速器

图15-3所示为两级圆柱齿轮减速器，布置形式有展开式、分流式和同轴式，常用的传动比$i = 8 \sim 50$。

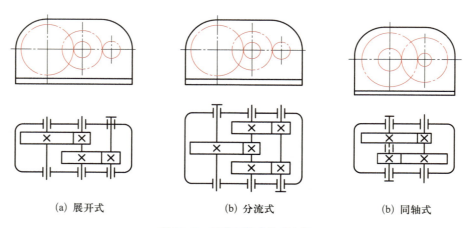

(a) 展开式　　　　　　(b) 分流式　　　　　　(b) 同轴式

图 15-3　两级圆柱齿轮减速器

圆柱齿轮减速器应用最广，传递的功率范围和圆周速度范围也很大。

（2）锥齿轮减速器　图15-4a、b为单级锥齿轮减速器，用于输入轴与输出轴垂直相交的传动，传动比$i \leqslant 5$。由于锥齿轮精加工比较困难，所以仅在传动布置需要时才采用。当需要传动比较大时，可采用两级锥齿轮–圆柱齿轮减速器（图15-4c）。

（3）蜗杆减速器　图15-5为单级蜗杆减速器。根据蜗杆布置的位置有**下置式、上置式和侧置式**。单级蜗杆减速器的传动比范围是$8 < i < 80$。

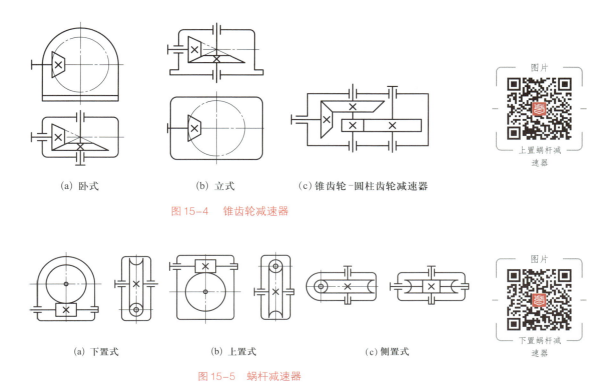

(a) 卧式　　　　　　　(b) 立式　　　　　(c) 锥齿轮-圆柱齿轮减速器

图15-4　锥齿轮减速器

图片

上置蜗杆减速器

(a) 下置式　　　　　　(b) 上置式　　　　　(c) 侧置式

图15-5　蜗杆减速器

图片

下置蜗杆减速器

　　蜗杆减速器的特点是：在外廓尺寸不大的情况下可以获得大的传动比，工作平衡，噪声较小；但效率低，只宜传递中等以下的功率，一般不超过50 kW。

　　想一想　分析下置式、上置式和侧置式蜗杆减速器的优点和缺点。

2. 圆柱齿轮减速器的主要结构和附件

　　减速器的结构随其类型和要求的不同而异，图15-6所示为单级圆柱齿轮减速器的结构，主要由齿轮、轴、轴承和箱体四大部分组成，此外还有一些附件。

　　箱体用来支承和固定轴及轴上的零件，箱体外侧设有加强肋。箱体通常用灰铸铁（HT150、HT200）铸成，对于重型减速器和轻型减速器，也可用高强度铸钢和铝合金来铸造。

　　为了便于装配，箱体一般剖分成箱座和箱盖两部分，其剖分面与齿轮轴线平面重合。箱座与箱盖用一定数量的螺栓和螺母连接成一体，并用两个以上定位销精确定位。

　　箱盖上设有视孔，以便检查啮合情况和往箱内注油，平时用视孔盖盖住。在箱盖（或视孔盖）上设有通气器，可在温度升高时使箱内空气自由逸出。为了便于揭开箱盖，常在箱盖凸缘上设有起盖螺钉。箱座、箱盖上铸有吊耳（或在箱盖上方安装吊环螺钉），用来起吊减速器。

　　在箱座上还装有油标尺（或油面指示器），以便随时检查油面高度。油使用一定时期后需要更换，可打开箱体底部的螺塞，将污油从放油孔排出。箱体上还应设置地脚螺栓孔（或连接螺栓孔），以便固定减速器。

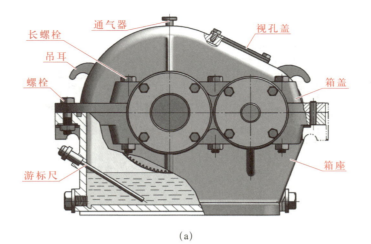

(a)

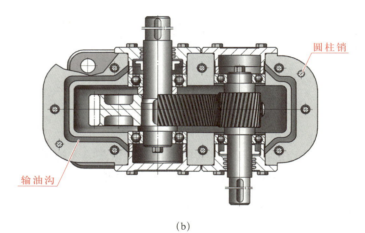

(b)

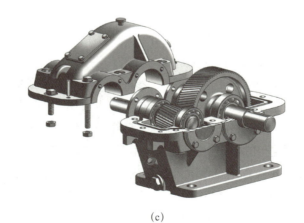

(c)

图15-6　单级圆柱齿轮减速器的结构

二、减速器的润滑与密封

在减速器的使用和维护中,齿轮等传动件和轴承若能得到良好的润滑,就能降低零件的磨损速度,提高传动效率,延长使用寿命,因此,润滑是一个重要的问题。

齿轮减速器通常采用油池润滑(图15-7a、b),即利用浸在油池中的齿轮将油带到啮合部位,对齿轮传动进行润滑,同时被溅出的润滑油直接溅入轴承内或汇集并流入箱体分箱面上的输油沟(图15-6),再流入轴承内进行润滑,同时也可防止油从剖分面处外渗。若齿轮圆周速度过大,可采用喷油润滑(图15-7c);若齿轮圆周速度过小,则采用润滑脂润滑。

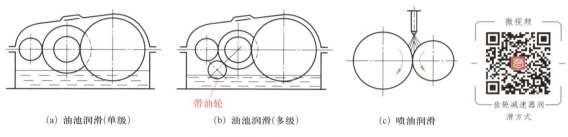

微视频

齿轮减速器润滑方式

带油轮

(a) 油池润滑(单级)　　　　(b) 油池润滑(多级)　　　　(c) 喷油润滑

图15-7　齿轮减速器的润滑

为了防止油从箱体中泄漏,以及保护传动件和轴承不受外界灰尘杂物的侵入,减速器要进行密封。**在箱体的剖分面处,在装配前要涂上醇基漆和水玻璃,以防润滑油渗出**。在放油孔的凸台处要加防油胶垫,并拧紧油塞,以防漏油。在有轴通过的轴承盖中,要设有密封装置,以保护传动件和轴承不受污染。在其他轴承盖处、视孔盖处都应加密封垫。

三、减速器的标准

目前我国已制定了多种齿轮及蜗杆减速器标准系列,并由专业的工厂生产。减速器的标准有圆锥圆柱齿轮减速器标准JB/T 8853—2015、圆柱蜗杆减速器标准JB/ZQ 4390—1979等,用户可根据产品目录选购。

通用圆锥圆柱齿轮减速器标准JB/T 8853—2015规定,减速器的代号包括减速器的型号、低速级中心距、公称传动比、装配形式和专业标准号。其中型号用字母组合表示,**ZDY、ZLY、ZSY分别表示单级、两级和三级**。

例如:代号ZLY560-11.2- Ⅰ JB/T 8853—2015的含义如下:

"ZLY"表示减速器型号为两级,"560"表示低速中心距为560 mm;"11.2"表示公称传动比为11.2,"Ⅰ"表示第一种装配形式,"JB/T 8853—2015"表示专业标准号。

减速器高速轴转速不大于1 500 r/min,减速器齿轮传动圆周速度不大于20 m/s;减速器工作环境温度为−40 ~ 45℃,低于0℃时,在启动前润滑油应预热。

第二节　新型减速器

一、渐开线少齿差行星齿轮传动

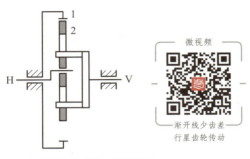

图15-8　渐开线少齿差行星齿轮传动

如图15-8所示，这种行星齿轮传动由固定的渐开线内齿轮1、行星齿轮2、行星架H和一根带输出机构的输出轴V组成。当行星架H作为输入轴转动时，由于内齿轮1与机架固定，迫使行星齿轮2绕内齿轮1做行星运动。但由于行星齿轮与内齿轮的齿数差很少（一般为1到4），所以，行星齿轮绕行星架回转中心所做的运动为反向低速运动，该运动经带输出机构的输出轴V输出，从而达到减速的目的。

这种齿轮传动的主要优点是传动比大（一级减速可达135，二级减速可达10 000以上），结构紧凑，体积小，重量轻，效率高（单级为0.80～0.94），便于装配，加工维修容易等；其主要缺点是同时啮合的齿数少、承载能力低。这种齿轮传动适用于中、小型动力传递，在起重运输机械、仪表、轻工机械、化工机械中获得了广泛的应用。

二、摆线针轮行星齿轮传动

摆线针轮行星齿轮传动如图15-9所示，其传动原理和输出机构与渐开线少齿差行星齿轮传动相同，属一齿差行星齿轮传动，但是，其齿轮的齿廓不是渐开线而是摆线。固定内齿轮的轮齿为带套筒的圆柱销，称为针轮，行星轮的齿廓曲线为变幅外摆线的等距曲线，称为摆线齿轮，针轮与摆线齿轮的齿数差为1。

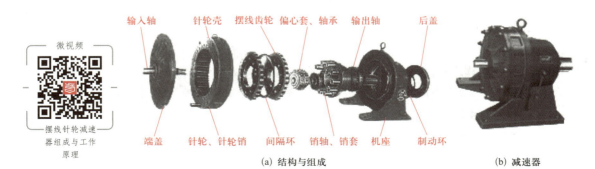

(a) 结构与组成　　(b) 减速器

图15-9　摆线针轮行星齿轮传动

该齿轮传动的主要优点为：传动比大（单级为 9 ～ 87，双级为 121 ～ 7 569），传动效率高（一般在 0.9 以上），传递的功率大（目前已达 100 kW），同时啮合的齿数多，因此承载能力大、传动平稳、轮齿磨损小、使用寿命长；其主要缺点是针轮和摆线齿轮均需要较好的材料（GCrl5钢）、制造精度要求高，摆线齿轮需要专用刀具和专用设备加工、转臂轴承受力较大、轴承寿命短等。

摆线针轮减速器主要应用在要求重量轻、传动比大的条件下，如军工、矿山、冶金、造船、仪表、轻工、化工、纺织等机械的传动机构中，用它来代替一般的多级减速器。

三、谐波齿轮传动

图 15-10 为谐波齿轮传动的示意图。由图可见，谐波齿轮传动主要是由波发生器 H、刚性齿轮 2 和柔性齿轮 1 三个基本构件组成。其中柔性齿轮为一薄壁构件，其外壁有齿，内壁孔径略小于波发生器的长度。在波发生器 H 的作用下，迫使柔性齿轮产生弹性变形而呈椭圆形状。其椭圆长轴两端的轮齿插进刚性齿轮的齿槽中，而短轴两端的轮齿则与刚性齿轮的轮齿脱开，其他各处的轮齿则处于啮合和脱开的过渡阶段。一般刚性齿轮固定不动，当波发生器回转时，柔性齿轮长轴和短轴的位置随之不断变化，从而轮齿的啮合和脱开的位置也随之不断变化。由于在传动过程中柔性齿轮产生的弹性波形近似于谐波，故称为谐波传动。

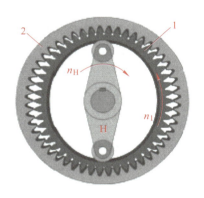

图 15-10　谐波齿轮传动的示意图

微视频
谐波齿轮

微视频
谐波减速器

德技铸匠工坊
实践与训练
看视频 学技术
学榜样 做工匠
第十五章　减速器

谐波齿轮传动的优点有：传动比大（一般单级传动可达50 ～ 500）；同时啮合的齿数多，啮入、脱开的速度低，故承载能力大、传动平稳、运动误差小、传动精度高，传动效率高，齿侧间隙小，适用于反向转动，零件少、体积小、重量轻，具有良好的封闭性。其缺点是起动力矩大，且传动速比越小越严重；柔性齿轮易发生疲劳破坏；装置发热较大等。谐波齿轮传动主要应用在各种机电一体化产品中，如工业机器人、数控机床、仪器仪表、通信设备等。

工业文明与文化

精益生产

一、精益生产的起源

1950年,日本的丰田英二考察了美国底特律福特公司的工厂。当时,这个厂每天能生产7 000辆轿车,比日本丰田公司一年的产量还要多。但丰田在考察报告中却写道:"那里的生产体制还有改进的可能。"丰田英二和他的伙伴大野耐一进行了一系列的探索和实验,根据日本的国情,提出了解决问题的方法,形成了完整的丰田生产方式,使日本的汽车工业超过了美国,产量达到了1 300万辆,占世界汽车总量的30%以上。麻省理工学院的教授们把这种生产方式称为"精益生产"。

精益生产方式起源于日本丰田汽车公司,又称丰田生产方式。它是继美国福特汽车公司提出大量生产方式后,对人类社会和企业生产产生重大影响的又一种生产方式,是现代工业化的一个新的代表。

按精益生产方式的要求,生产现场管理必须合理地组织现场的各种生产要素,做到人流、物流运转有序,信息流及时准确,使生产现场始终处于正常、有序、可控的状态。

二、精益生产的基本特征

(1)以市场需求为依据,最大限度地满足市场多元化的需要。

(2)产品开发采用并行工程方法,确保质量、成本和用户的要求,缩短产品的开发周期。

(3)按销售合同组织多品种小批量生产。

(4)生产过程由上道工序推动下道工序生产变为下道工序要求拉动上道工序生产。

(5)**以"人"为中心,充分调动人的积极性,一般推行多机操作、多工序管理,以提高劳动生产率。**

(6)追求无废品、零库存,以降低生产成本。

(7)消除一切影响工作的"松弛点",以最佳工作环境、条件和最佳工作态度,从事最佳工作,从而全面追求"尽善尽美"。

第七部分　综合实训

　　机械设计包括理论设计与经验设计（结构设计）。机械技术技能培养、机械设计的能力、机械工程素养的形成需要在实践中不断训练。

　　本部分将在学习机械零件设计方法的基础上，以圆柱齿轮减速器、Z4012A台式钻床为实践训练载体，帮助引导学习者系统训练减速器的安装与拆卸、减速器箱体的结构与分析、减速器的润滑与密封、减速器附件的认知与操作等。通过实践与训练实现结构设计、安装、拆卸、管理运行维护等综合职业能力的培养。

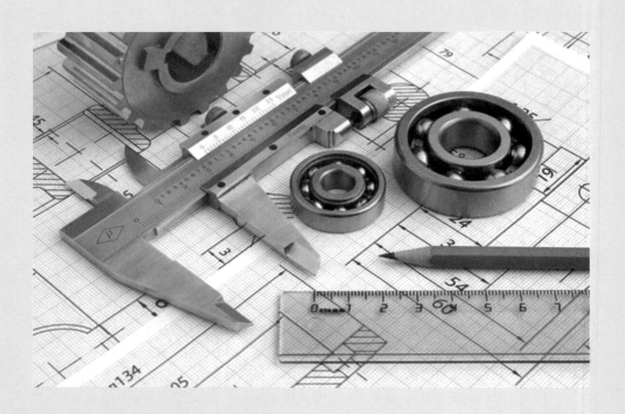

综合实践与训练

实践与训练1

减速器螺栓组的安装与拆卸

任务目标

1. 了解减速器螺纹连接安装与拆卸的基本知识。

2. 掌握减速器螺纹连接的装配方法。

任务描述

1. 试分析如图16-1、图16-2所示的齿轮减速器采用的连接方式。

2. 试拆装减速器的箱盖。

图示的减速器采用多种连接方式。地脚螺栓实现减速器与地基或机架的连接,箱座与箱盖之间有两个以上圆锥销(圆柱销)实现箱盖与箱座之间的准确定位,上、下箱体的连接螺栓实现箱盖与箱座之间的固定,齿轮与轴之间的键连接实现齿轮的周向固定,轴承端盖与箱体的螺钉连接实现轴系的固定。

物料准备

1. 工具材料:固定扳手1套、活动扳手1把、一字螺丝刀1套、锤子、软锤;N32号机械油少许、润滑脂。

2. 设备:单级或双级圆柱齿轮减速器。

技术要求

1. 正确拆卸减速器箱盖。

2. 正确安装减速器箱盖。

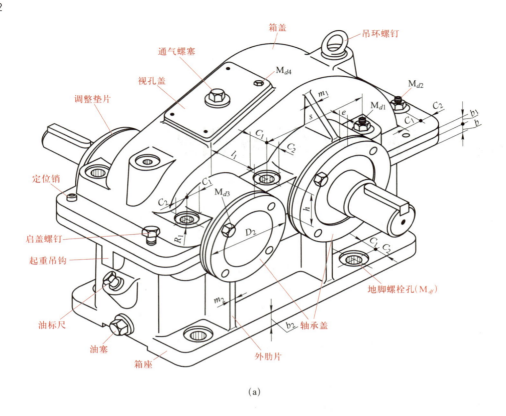

(a)

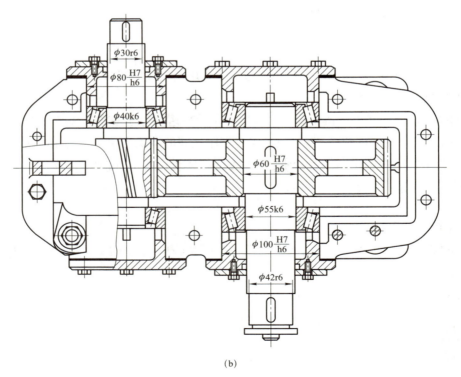

(b)

图 16-1 单级圆柱齿轮减速器

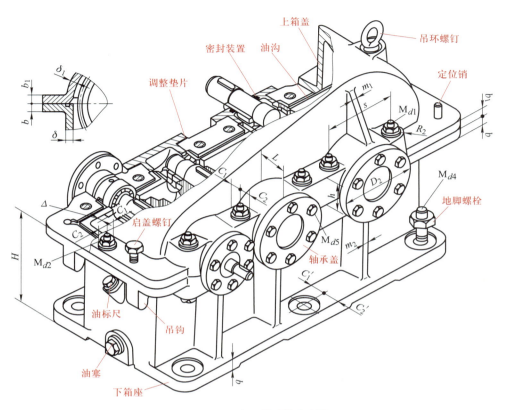

图 16-2　双级圆柱齿轮减速器

知识准备

螺钉、螺母的装配要点如下：

（1）螺杆不产生弯曲变形，螺钉头部、螺母底面应与连接件接触良好。

（2）螺钉或螺母的接触表面之间应保持清洁，螺孔内的污物应清理干净。

（3）在拧紧成组螺栓或螺钉时，为了使被连接件受力均匀一致，不产生变形，应根据被连接件的形状和螺母或螺钉的分布情况（图 16-1、16-2），按照先中间、后两边的原则分层次、对称、逐步拧紧。

（4）必须按照一定的拧紧力矩拧紧。拧紧力矩太大，会出现螺栓拉长甚至断裂和零件变形的现象；拧紧力矩太小，则不能保证机器工作时的可靠性与正确性。

（5）连接件在工作中受冲击或振动时，必须采用防松装置。

任务实施

减速器拆装的步骤、技术要求、操作要点分别见表 16-1 和表 16-2。

表16-1 拆卸减速器箱盖

序号	步 骤	技 术 要 求	操 作 要 点
1	轴承端盖螺钉的拆卸	1. 选用定尺寸扳手； 2. 对称拧松； 3. 拆除； 4. 根据螺钉大小分组收集	标注拆卸螺钉的顺序
2	轴承旁螺栓的拆卸	1. 选用一对定尺寸扳手； 2. 对称拧松； 3. 拆除	标注拆卸螺栓的顺序
3	凸缘螺栓的拆卸	1. 选用一对定尺寸扳手； 2. 对称拧松； 3. 拆除	
4	定位销的拆卸	1. 选用铜棒； 2. 轻击定位销的小端	
5	启盖	1. 选用定尺寸扳手； 2. 顺时针旋转启盖螺钉，直至箱盖与箱体分开	
6	吊运箱盖	1. 用钢丝绳和吊钩同时吊吊环螺钉，禁止吊一个吊耳； 2. 翻转180°并放置平稳，以免损坏结合面	

表16-2　装配减速器箱盖

序号	步　骤	技　术　要　求	
1	清理、清洗	1. 清理箱盖、箱体结合面处的玻璃胶； 2. 用煤油清洗箱盖、箱体轴承座孔等配合表面；禁止用煤油清洗油漆表面； 3. 用煤油清洗螺纹连接件	
2	退回启盖螺钉	将启盖螺钉退回到螺钉孔中 $2 \sim 3$ mm	
3	箱盖、箱体结合面密封	在箱盖、箱体结合面上均匀涂抹玻璃胶	
4	吊运箱盖	1. 用钢丝绳和吊钩同时吊吊环螺钉，禁止吊一个吊耳； 2. 箱盖、箱体对准后小心轻放	
5	定位销的安装	1. 在销孔处涂润滑油； 2. 将两个或两个以上定位销压入定位销孔	
6	轴承旁螺栓的装配	1. 选用一对定尺寸扳手； 2. 对称预紧； 3. 拧紧	
7	凸缘螺栓的装配	1. 选用一对定尺寸扳手； 2. 对称预紧； 3. 拧紧	
8	轴承端盖螺钉的装配	1. 选用定尺寸扳手； 2. 螺钉蘸少许润滑油拧入； 3. 对称拧紧	

⊙ 任务评价

采用自评、小组互评、教师评价相结合的方法，按照考核表进行评价（表16-3），最后由教师总结。

表16-3　实训考核评价表

序号	考　核　内　容	分值	评　价　标　准	检验结果	得分
1	准备工作充分	10	不充分适当扣分		
2	正确使用工具	10	不合理适当扣分		
3	轴承端盖螺钉组拆装方法	20	不正确扣全分		
4	箱体螺栓组的拆卸方法	20	达不到要求扣全分		
5	启盖螺钉的装拆方法	20	不正确扣全分		
6	定位销的装拆方法	10	不正确扣全分		
7	安全文明操作	10	酌情给分		

实践与训练2

轴系部件的分析与拆装

➲ 任务目标

1.分析如图16–1、16–2所示的减速器轴系部件的结构。

2.拆装、调整减速器轴系部件。

➲ 任务描述

1.观察并分析轴承的固定、轴系的定位。

2.滚动轴承润滑方案的拟订。

3.滚动轴承密封方案的确定。

4.轴系部件的拆卸与装配。

5.轴承组游隙、热膨胀间隙的调整。

➲ 物料准备

1.工具材料：固定扳手1套、活动扳手1把、一字螺丝刀1套、锤子、软锤；N32号机械油少许、润滑脂、塞尺。

2.设备：单级圆柱齿轮减速器、双级圆柱齿轮减速器。

➲ 技术要求

1.在装配轴系部件时，注意齿轮轮齿要啮合装入，不得撞击。

2.轴承装拆要按照技术要领操作，注意不受污染。

3.安全文明操作。

➲ 任务实施

轴系部件的结构分析与拆装见表16–4。

表16–4　轴系部件的分析与拆装

主动轴系的构成	闷盖—轴承—挡油盘—齿轮轴—挡油盘—轴承—透盖		
从动轴系的构成			
高速轴轴承型号		安装方式	面对面
低速轴轴承型号		安装方式	

续　表

低速轴轴承的固定	内圈	内圈的周向固定	
		内圈的轴向固定	
	外圈	外圈的周向固定	
		外圈的轴向固定	
低速轴轴系部件的定位方式	定位方式类型		
	特点		
	在图中标出力传递的路线		
滚动轴承游隙的调整	轴承游隙的调整方法很多,最常见的是用增减轴承盖与箱体间的垫片来调整 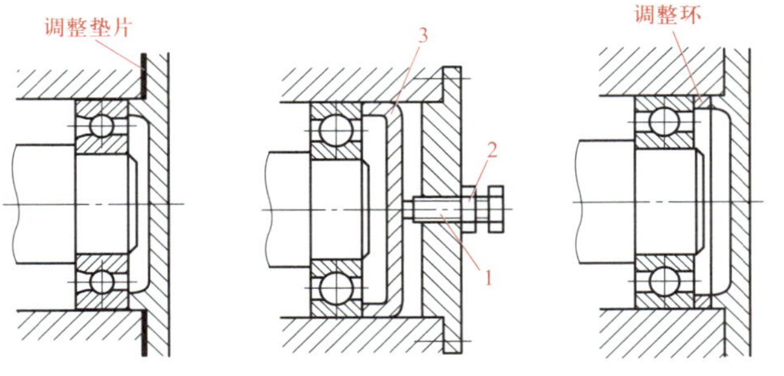 (a) 调整垫片　　(b) 调整螺钉　　(c) 调整环		
	本减速器采用何种方式调整轴承游隙		
滚动轴承的润滑	当 $dn \leqslant 2\times10^5$ 时,可以采用润滑脂润滑, d 为滚动轴承的内径(mm), n 为轴承的转速(r/min);当 $dn > 2\times10^5$ 时,或有集中供油系统时,可以采用润滑油润滑		
	本减速器采用何种润滑介质	A. 润滑油	B. 润滑脂
	润滑方式	A. 定期添加润滑脂　　B. 油杯润滑 C. 飞溅润滑　　D. 油泵润滑	
	轴承端盖导油槽开设数目		
	表述实现润滑的机理		

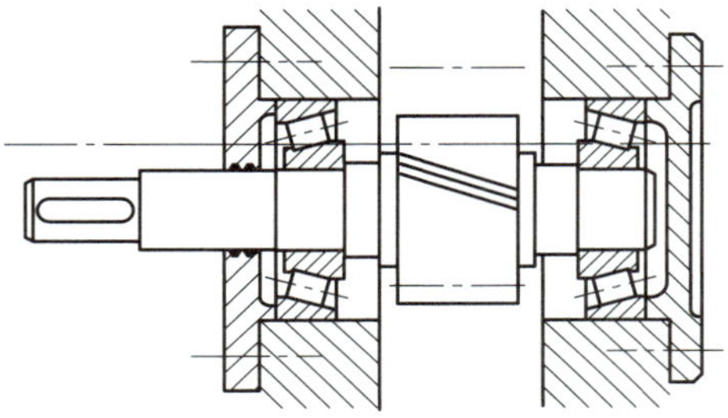

滚动轴承 密封方式	外密封	
	内密封	
	高速轴轴承设置挡油盘的意义	
	透盖孔与轴的关系	
	毡圈与轴的关系	
从动轴的拆卸	1. 拆卸轴承端盖	螺钉集中放入零件盘中
	2. 取出从动轴	
	3. 拆卸滚动轴承	滚动轴承、齿轮与轴过盈配合，一般情况下不拆卸
	4. 拆卸套筒	
	5. 拆卸齿轮	
	6. 拆卸平键	
从动轴的装配	1. 清理、清洗零件	清理毛刺、油污;清洗配合表面
	2. 装配键连接	
	3. 装配齿轮	
	4. 装配套筒	
	5. 装配轴承	
	6. 装配轴系部件	
	7. 装配轴承端盖	
游隙的调整		

续　表

游隙的调整	1. 将透盖和垫片组连接固定好
	2. 闷盖一侧不垫垫片,将螺钉拧至轴仅能勉强转动,此时用塞尺测量端盖与轴承座孔端面之间的间隙 δ,并记录下来
	3. 垫片组厚度 要获得游隙为 A 的间隙,闷盖一侧垫片组厚度 $b = \delta + A$
	4. 对称均匀拧紧轴承端盖螺钉

任务评价

采用自评、小组互评、教师评价相结合的方法,按照考核表进行评价 (表16–5),最后由教师总结。

表16–5　实训考核评价表

序号	考　核　内　容	分值	评　价　标　准	检验结果	得分
1	准备工作充分	10	不充分适当扣分		
2	正确使用工具	10	不合理适当扣分		
3	轴承固定方案分析	10	不正确扣全分		
4	轴系部件定位方案分析	10	不正确扣全分		
5	轴承润滑方案的确定	10	不正确扣全分		
6	滚动轴承的装拆	20	酌情给分		
7	滚动轴承游隙的调整	20	酌情给分		
8	安全文明操作	10	酌情给分		

实践与训练 3

减速器箱体的结构分析

任务目标

1. 了解减速器箱体的作用及结构。
2. 测量、记录减速器箱体的尺寸。

任务描述

1. 观察并分析减速器箱体在保证机器强度、刚度、稳定性、封闭性、制造工艺性、安装工艺性等方面采用何种结构,并积累工程经验。

2. 测量减速器的中心距、中心高、箱座上下凸缘的宽度和厚度、肋板的厚度、齿轮端面(蜗轮轮毂)与箱体内壁的距离、大齿轮齿顶圆(蜗轮外圆)与箱体内壁之间的距离、轴承内端面至箱体内壁之间的距离等。

通过记录减速器箱体的尺寸,进而形成定量的认识。

物料准备

1. 拆装用减速器:单级直齿轮减速器、双级直齿轮减速器。

2. 观察比较用减速器:单级直齿轮减速器、双级直齿轮减速器、蜗杆减速器。

3. 活动扳手、手锤、铜棒、钢板尺、卡钳、铅丝、轴承拆卸器、游标卡尺、百分表及表架。

4. 煤油若干、油盘若干只。

技术要求

1. 按照整体尺寸、安装尺寸、特性尺寸来观察、测量。

2. 安全文明操作。

任务实施

1. 仔细观察减速器外面各部分的结构,从观察中思考、讨论以下问题:

(1) 箱体选用何种材料制造,铸造工艺性对箱体壁厚有何要求?

(2) 如何保证箱体支撑具有足够的刚度?

(3) 轴承座两侧的上下箱体连接螺栓应如何布置?

(4) 支撑该螺栓的凸台高度应如何确定?

(5) 如何减轻箱体的重量和减少箱体的加工面积?

2. 测量、记录减速器箱体的结构尺寸并填入表16-6中。

表16-6 减速器箱体结构尺寸

观察分析步骤	结构名称	符号	尺寸/mm	技术要求
特征尺寸	中心距	a_1		表征减速器减速级数、传动比、齿轮大小、传递功率大小
		a_2		
	中心高	H		
总体尺寸	长×宽×高		× ×	占据空间大小
安装尺寸	地脚螺栓的直径	M_{df}		减速器地基或支架要与安装尺寸对应

观察分析步骤	结构名称	符号	尺寸／mm	技术要求
安装尺寸	地脚螺栓孔的直径			
	地脚螺栓孔的间距	长度方向		
		宽度方向		
箱座、箱盖最小厚度	箱座最小厚度			为了保证铸造时金属液能够充满型腔，铸件的最小壁厚一般不小于 8 mm
	箱盖最小厚度			
箱座尺寸	箱座上凸缘的厚度	b		凸缘应有一定的宽度，保证螺栓、螺母的安装空间，连接可靠；凸缘厚度应保证足够的连接刚度
	箱座上凸缘的宽度	L		
	箱座下凸缘的厚度	p		
	箱座下凸缘的宽度	$C_1 + C_2$		
肋板	上肋板厚度	m_1		提高箱体刚度、轴承座的刚度
	下肋板厚度	m_2		
传动零件距箱体内壁的尺寸	齿轮端面与箱体内壁的间距	a		运动零件与静止零件不发生干涉
	大齿轮齿顶圆与箱体内壁的间距	Δ		
	大齿轮齿顶圆到箱体底面的尺寸			齿轮齿顶圆距箱体底面尺寸为 30 ~ 50 mm，使油池底面油污不易搅起来，润滑油油温不至于过高
轴承孔	轴承孔直径	D_1		
		D		
	轴承内端面至箱体内壁的距离	l_2		
轴承旁螺栓	轴承旁螺栓直径	M_{d1}		为提高轴承的连接刚度，轴承旁螺栓在不与轴承孔干涉的情况下，应尽量靠近。轴承旁螺栓不宜过细
	轴承旁螺栓间距	s		
其他尺寸	箱盖箱座连接螺栓	M_{d2}		
	轴承盖螺钉	M_{d3}		
	起盖螺钉			
	定位销	d_5		

任务评价

采用自评、小组互评、教师评价相结合的方法，按照考核表进行评价（表16-7），最后由教师总结。

表16-7　实训考核评价表

序号	考 核 内 容	分值	评 价 标 准	检验结果	得分
1	准备工作充分	10	不充分适当扣分		
2	正确使用工具	10	不合理适当扣分		
3	观察、分析、讨论主动积极，掌握全面	40	根据掌握情况给分		
4	减速器箱体尺寸的测量、记录	30	根据测量记录情况给分		
5	安全文明操作	10	酌情给分		

实践与训练4

减速器的润滑与密封

任务目标

1. 观察分析减速器齿轮、轴承的润滑。
2. 观察分析减速器的密封。

任务描述

1. 分析减速器齿轮的润滑、轴承的润滑。
2. 分析减速器箱体、轴承端盖、密封圈、视孔盖的密封。

物料准备

钢板尺、密封胶、玻璃胶、垫片。

技术要求

1. 观察齿轮箱体内润滑油的深度、大齿轮轮齿没入油中的深度、润滑油牌号。
2. 观察滚动轴承的润滑方式、润滑油或润滑脂牌号、实现轴承润滑的机理。
3. 观察各结合面处采取的密封措施。

任务实施

将减速器润滑与密封的情况填入表16-8中。

表16-8　减速器的润滑与密封

项　目	观察、判断与分析	
轴承润滑方案	轴承润滑的目的： （1） （2） （3） （4）	
	润滑类型： 　A. 脂润滑　　B. 油润滑	润滑介质牌号：
	润滑脂添加量的控制： 润滑脂添加周期的控制：	
	润滑方式： A. 油浴或飞溅润滑　　　B. 滴油润滑　　　C. 喷油润滑　　　D. 油雾润滑	
	润滑油的来源： 上箱盖分界面处结构的设置： 箱座结合面的设置： 轴承端盖的设置： 用红色笔在图中画出润滑油流经的路线： 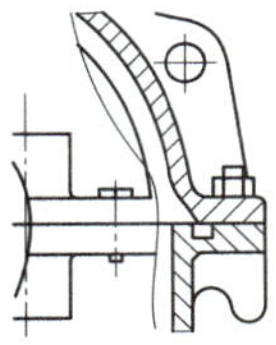 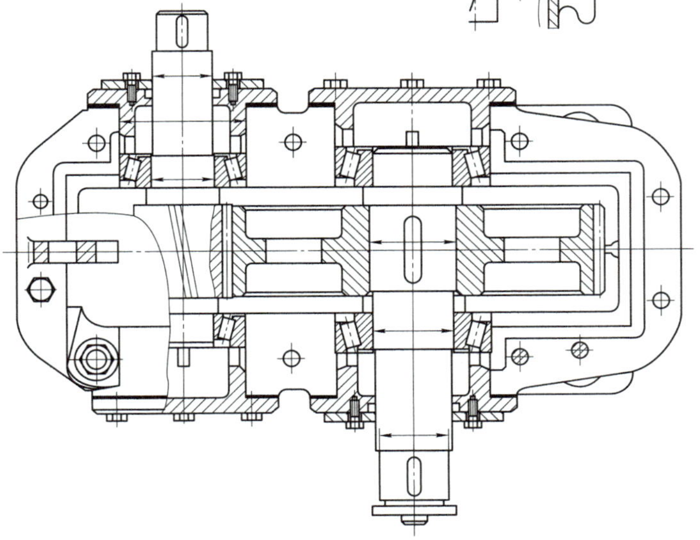	

项　目	观察、判断与分析
齿轮的润滑	润滑方式： A.油浴或飞溅润滑　　B.滴油润滑　　C.喷油润滑　　D.油雾润滑
	润滑介质牌号：
	润滑油添加量的控制： 油池深度：　　　　　　　　　　　～　　　　　mm 大齿轮没入油面以下：　　　　　～　　　　　mm 润滑油添加周期的控制： 润滑油温度的控制： 润滑油从何处添加： 添加润滑油的过滤措施是： 排放润滑油的部位：
密封	密封的作用： （1） （2）
轴承的密封	1. 轴承的外密封：防止外部灰尘和水分、杂质的侵入。 （1）轴承端盖与轴承座孔端面的密封： 　　　A.垫片　　　　　　　　　　B.密封圈密封 （2）轴外伸端处的密封： 　　　A.接触式密封　　　　　　　B.非接触式密封 （3）接触式密封： 　　　A.毡圈密封　　　　　　　　B.橡胶油封 （4）非接触式密封： 　　　A.油沟密封（间隙密封）　　B.甩油密封　　　　　C.曲路密封（迷宫密封） 2. 轴承的内密封：采用脂润滑时，防止减速器箱体内润滑油侵入轴承，使润滑脂变稀或变质，在轴承面向箱体内侧设置： 　　　A.挡油盘　　　　　　　　　B.甩油盘　　　　　　C.甩油环
轴承的端盖	轴承端盖的作用：轴承端盖用来轴向固定轴承，承受轴向力和调整轴承间隙，同时具有密封的作用，轴承端盖多用铸铁制造，设计时应使其厚度均匀 凸缘式轴承盖的特点： 嵌入式轴承盖的特点：

续　表

项　目	观察、判断与分析
箱体的密封	箱盖与箱座结合面的密封： A. 纸垫片　　　　B. 涂水玻璃或密封胶　　　C. 什么都不用　　　D. 金属垫片 视孔盖与箱盖处的密封： A. 金属垫片　　　B. 石棉橡胶纸垫片　　　C. 什么都不用 放油螺塞与箱座结合面的密封： A. 防油橡胶或皮革制成的垫片　　　　　　　B. 毛毡垫片

⊙ 任务评价

　　采用自评、小组互评、教师评价相结合的方法，按照考核表进行评价（表16–9），最后由教师总结。

表16–9　实训考核评价表

序号	考 核 内 容	分值	评 价 标 准	检验结果	得分
1	准备工作充分	10	不充分适当扣分		
2	正确使用工具	10	不合理适当扣分		
3	轴承润滑的观察与分析	15	根据过程和表格给分		
4	齿轮润滑的观察与分析	15	根据过程和表格给分		
5	轴承密封的观察与分析	15	根据过程和表格给分		
6	箱体密封的观察与分析	15	根据过程和表格给分		
7	轴承端盖特点的认识	10	根据过程和表格给分		
8	安全文明操作	10	酌情给分		

实践与训练 5

减速器附件的认知与操作

⊙ 任务目标

　　1. 观察分析减速器附件。

　　2. 正确使用减速器附件。

⊙ 任务描述

1. 观察指认减速器相关附件的安装位置。
2. 动手安装减速器相关附件。

⊙ 物料准备

扳手、手锤、螺丝刀。

⊙ 技术要求

1. 观察测量齿轮减速器窥视孔的尺寸,观察齿轮啮合情况。
2. 观察起盖螺钉的端部结构,测量起盖螺钉的直径。
3. 观察定位销设置的位置,测量定位销的直径、长度。
4. 观察箱盖起重的结构、减速器整机起吊的部位。
5. 观察油标的最低、最高刻度,测量减速器中的油面高度,并判断是否合格。

⊙ 任务实施

将减速器附件的认知与操作情况填入表16-10中。

表16-10 减速器附件的认知

项　目	观察、判断与分析
窥视孔	窥视孔的作用:
	窥视孔开设的位置: A.减速器的最高处　　　B.啮合区域的上方　　　C.箱盖的任何位置
	窥视孔的尺寸: 长 × 宽 =
通气器	通气器的作用:
	通气器的安装位置: A.减速器的最高处　　　B.啮合区域的上方　　　C.箱盖的任何位置

续　表

项　目	观察、判断与分析
定位销	定位销设置的原则： 定位销装配的时间： A.盖上箱盖，拧紧螺栓后　　　　　　B.盖上箱盖，同时拧紧螺栓、定位销 C.盖上箱盖，装入定位销，安装螺栓 定位销的数目： A.1个　　　　B.2个　　　　C.3个　　　　D.4个 定位销的尺寸：$d \times L$
起盖螺钉	起盖螺钉的作用： 起盖螺钉端部的结构： A.端部与螺钉杆一致　　　　B.端部小于螺钉直径的圆柱状 C.端部呈针形　　　　　　　D.端部小于螺钉直径的球状 起盖螺钉的尺寸： 起盖螺钉的螺纹长度（大于、等于、小于）箱盖凸缘的厚度 b_1
油标	测量减速器箱内的油面，并判断是否合格
放油螺塞	放油螺塞设置正确的是： 　　　(a)　　　　　　　　　(b)　　　　　　　　　(c) 放油操作： 1.操作步骤： 2.使用何种扳手： 3.扳手开口尺寸：
起吊装置	减速器箱盖采用：　A.吊环螺钉　　B.吊耳　　C.吊钩 减速器箱座采用：　A.吊环螺钉　　B.吊耳　　C.吊钩 起吊箱盖时用：A.箱座吊钩　　　　　　B.箱盖起吊装置 　　　　　　　C.不用吊钩　　　　　　D.用钢丝绳从轴承孔中穿过 起吊整机时用：A.箱座吊钩　　　　　　B.箱盖起吊装置 　　　　　　　C.减速器两个外伸轴　　D.减速器底座下穿过钢丝绳

任务评价

采用自评、小组互评、教师评价相结合的方法,按照考核表进行评价(表16-11),最后由教师总结。

表16-11 实训考核评价表

序号	考 核 内 容	分值	评 价 标 准	检验结果	得分
1	准备工作充分	10	不充分适当扣分		
2	正确使用工具	10	不合理适当扣分		
3	附件设置方案的分析	20	根据过程和表格给分		
4	定位销的操作与使用	10	不正确扣全分		
5	油标、放油螺塞的操作	20	根据过程和表格给分		
6	起吊装置的分析与使用	20	不正确扣全分		
7	安全文明操作	10	酌情给分		

实践与训练 6

Z4012A 台式钻床的安装与调试

任务目标

1. 了解装配的基本知识。

2. 掌握简单机器的装配方法。

任务描述

1. 观察并分析如图16-3所示台式钻床的结构与作用。

2. 安装与调试Z4012A台式钻床。

物料准备

1. 工具材料:固定扳手1套、活动扳手1把、一字螺丝刀1套、钳子、锉刀、锤子、软锤、轴用挡圈钳、塞尺、100 mm高的检验棒或检验块、钻头、扩孔钻、铰刀。N32号机械油少许、润滑脂。

2. 设备:Z4012A台式钻床。

技术要求

1. 安装、调试台式钻床。

2. 调试台式钻床,并达到使用要求。

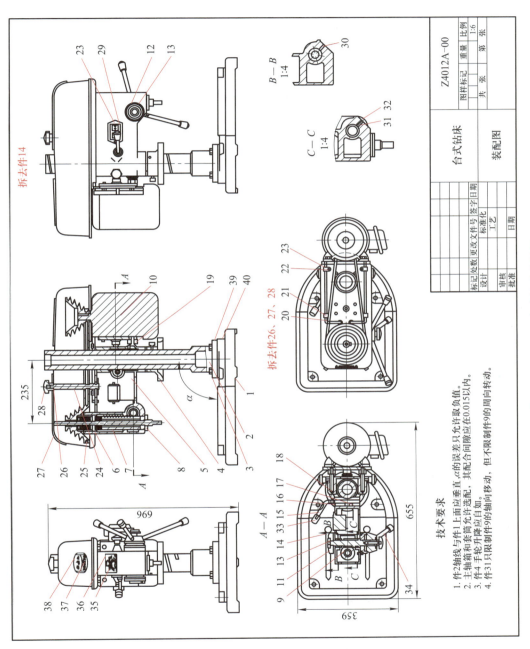

图 16-3　Z4012A 台式钻床总装图

技术要求

1. 件2轴线与件1上面应垂直，α的误差只允许取负值。
2. 主轴箱和套筒和套筒应选配，其配合间隙应在0.015以内。
3. 件4手轮升降应自如。
4. 件31只限制件9的轴向移动，但不限制件9的周向转动。

⊙ 知识准备

1. 装配的概念

任何机器都是由许多零件和部件组成的，按照规定的技术要求，将若干个合格零件安装成组件、部件，最后装配成机器，并经过调试、检验成为合格产品的工艺过程称为装配。

机器的质量不仅取决于零件的质量，还取决于装配的质量。

2. 常用装配方法

工程中应用的装配方法有：互换法、选配法、修配法、调整法。单件小批生产和修理时常用修配法。

3. 装配图的分析

（1）分析标题栏　从标题栏入手，了解装配体的名称和绘图比例，联系实际分析装配体的用途。

（2）分析明细栏　分析明细栏，了解零件的名称、材料、数量；对照装配图，确定装配关系与位置。

（3）分析图样　分析图样，了解零件的结构形状，装配体的工作原理，零件、部件之间的装配关系，机器的润滑密封要求。

（4）分析技术要求　技术要求是指装配机器时应重点注意的事项、遵循原则、运用方法、检验项目与精度要求。

4. 划分装配工序

（1）确定工序内容，如清洗、刮研、过盈连接、螺纹连接、校正、检验、试运转等。

（2）确定工序所用的设备与工具。

（3）制订各工序的操作规范。

（4）确定各工序的质量标准与检验方法。

⊙ 任务实施

安装与调试 Z4012A 台式钻床的方法与步骤见表 16–12。

表 16–12　Z4012A 台式钻床的安装与调试

操作方法	操 作 说 明
安装立柱组件	1. 以 Z4012A 的底座为基准件。 2. 将底座与立柱的接触面清理干净，涂油防锈。 3. 使用标准固定扳手，对称、均匀地拧紧四个螺栓。 4. 立柱与底座结合面为重要的固定结合面，紧固后应用 0.04 mm 的塞尺检测，塞尺在结合面的任何部位不得插入

续　表

操作方法	操作说明
安装升降手轮组件	1. 清理干净立柱外圆柱面及螺旋槽,并在表面涂润滑脂。 2. 升降手轮大端向下,套在立柱上,手轮内弹簧钢丝对准立柱的螺旋槽位置,按螺旋方向旋转装在立柱上。使手轮在正反转和上下移动时没有明显阻力或时紧时松的现象。 3. 装上保持器及钢球
安装主轴箱组件	1. 主轴箱与立柱配合孔测量后清理干净,表面涂润滑脂。 2. 将主轴箱组件装在立柱上,下部与升降手轮部件接触。 3. 正、反向转动手轮,使主轴箱组件上下移动,并在行程全长上应移动自如,没有明显阻力或时紧时松的现象,当主轴箱转过任意转角时也应升降自如
安装主轴箱锁紧功能组件	由于其他零部件多数都要装在主轴箱上,所以先装主轴箱锁紧功能组件,可使主轴箱固定,便于安装其他零部件。 1. 主轴箱锁紧功能组件包括锁紧手柄、左夹紧块、压缩弹簧和右夹紧块。 2. 将左、右夹紧块从主轴箱的同一孔的两端分别装入。 3. 装入左、右夹紧块后,旋转锁紧手柄锁紧时,左、右夹紧块上的斜面可贴紧立柱,使主轴箱不能转动或上下移动;旋松锁紧手柄时,压缩弹簧使左、右夹紧块向两边分开,脱离立柱,主轴箱才能转动或上下移动
安装花键、轴承座组件	1. 将轴承座、花键轴、两个轴承、花键轴下端轴用挡圈、轴承座内孔用挡圈作为整体,采用冷装的方法装入主轴箱孔中,冷却后快速装入,使轴承座的定位端面紧贴主轴箱孔口端面。 2. 装入后转动花键轴,测试花键轴转动的灵活性,沿轴向拉动花键轴应无轴向窜动。 3. 用百分表检测花键轴的径向跳动。 4. 然后配键装主轴带轮,使用软锤轻轻打入。接着安装上端轴用挡圈。 安装花键、轴承座组件时使用的工具有锉刀、锤子、软锤、轴用挡圈钳
安装弹簧盒、弹簧销	1. 将弹簧销打入弹簧盒的小孔内。 2. 将弹簧盒装入主轴箱的孔中,在弹簧盒与主轴箱孔配合的圆柱面上,沿圆周分布着几个凹坑,锥端紧定螺钉顶在凹坑内,用以固定弹簧盒的位置。 调整装入弹簧盒内的涡卷弹簧的位置以改变回复力时,可松开锥端紧定螺钉,转动弹簧盒。 安装弹簧盒、弹簧销时使用的工具有锤子、一字螺丝刀
安装主轴套筒组件	1. 装配时将主轴箱升高,使下部留有足够的空间。 2. 将防振垫装在主轴套筒组件上,然后整体从下端装入主轴箱孔中,使套筒上有齿的一面正对主轴箱上装齿轮轴的孔。 3. 将主轴套筒组件装入主轴箱后,在主轴正下方加一木制垫块,转动升降手轮,使主轴箱整体下降,主轴下端支撑在垫块上,锁闭主轴箱
安装齿轮轴组件	1. 将齿轮轴组件整体装入主轴箱孔中,齿轮轴上的齿与套筒上的齿应正确啮合,转动齿轮轴组件时,应带动主轴套筒组件上下灵活移动。 2. 齿轮轴的轴向位置由装在主轴箱上的两个紧定螺钉限制,一个是柱端紧定螺钉,另一个是平端紧定螺钉。柱端紧定螺钉顶在齿轮轴上的环形槽内,限制齿轮轴的轴向移动,同时螺钉前端面与齿轮轴留有间隙而不限制齿轮轴的转动;平端紧定螺钉顶在柱端紧定螺钉的后面起防松的作用。 安装齿轮轴组件时使用的工具为一字螺丝刀

续　表

操作方法	操作说明
安装涡卷弹簧和弹簧盒盖	1. 安装时应注意涡卷弹簧的盘旋方向,将弹簧带孔的一端套在弹簧销上,另一端卡在齿轮轴的端面窄槽内。 2. 装好后的涡卷弹簧胀开在弹簧盒内,下压操作手柄,齿轮轴转动,通过齿轮齿条啮合带动主轴套筒组件向下移动;松开操作手柄时,主轴套筒组件可自动向上复位。 3. 涡卷弹簧扭力的大小可通过转动弹簧盒,改变弹簧盒的径向位置来调整。 4. 装上弹簧盒,其材料为酚醛塑料,易裂易碎,应禁止磕碰和敲打。 安装涡卷弹簧和弹簧盒盖时使用的工具有钳子、一字螺丝刀
安装电动机组件	1. 将电动机组件的电动机座销对正装入主轴箱的两个孔中,同时装入螺套,旋上螺套后,电动机组件的前后移动可通过旋转螺套来调节。 2. 电动机组件前后移动可通过调整带的松紧程度来实现
安装开关	1. 修整开关方孔毛刺或不平处,琴键开关装入方孔,端面贴平。 2. 开关找平找正后,用螺钉固定。 安装琴键开关时使用的工具为一字螺丝刀
安装橡胶软线和管夹组件	1. 将橡胶软线紧贴下罩壳的外侧走线,并用管夹固定,软线不得翘起,以免装上 V 带后软线与 V 带产生摩擦。 2. 橡胶软线从主轴箱上部的孔中穿过,并入主轴箱,拆下琴键开关,接线后再将琴键开关装回原位。 安装橡胶软线和管夹时使用的工具为一字螺丝刀
安装 V 带	1. 安装 V 带,调整电动机组件的前后位置,使带松紧适度。 2. 当带处于上端带槽中时,主轴可高速旋转;当带处于下端带槽中时,主轴可低速旋转。当主轴低速转动时,带与橡胶软线应无摩擦
安装支柱和垫圈	1. 支柱起固定上罩壳的作用。 2. 安装支柱和垫圈的工具为标准固定扳手
安装上罩壳、星形把手	将上罩壳装在支柱上,上罩壳应与下罩壳扣接吻合,用星形把手固定上罩壳。上罩壳固定后,罩壳内壁与 V 带及带轮应均无干涉现象
安装接地标牌	接地标牌装在底座上,底座与接地标牌接触处应剔除漆皮。安装时使用的工具为扩孔钻、钻头、一字螺丝刀
安装手柄杆和手柄套	将三件手柄杆装在手柄座上;将三件手柄套装在手柄杆上;一件手柄套装在锁紧手柄上。 安装手柄杆和手柄套时使用的工具为标准固定扳手
Z4012A 台式钻床主要参数的整机测试	1. 松开主轴箱上的锁紧手柄,使主轴箱移至底座正上方,在底座上放置 100 mm 高的检验棒或检验块,旋转升降手轮降低主轴箱,在主轴下端面距检验棒或检验块的上端面有微量间隙时停止。 2. 锁紧主轴箱上的锁紧手柄,撤去检验棒或检验块。 3. 调松定深刻度盘,扳动操作手柄向下移动主轴,观察主轴下端面能否触及底座工作台面。若可触及底座工作台面,则证明主轴最大行程不少于 100 mm,达到了规定的要求
	操作手柄杆,使主轴伸出最大距离约 100 mm,用拉力计拉住手柄杆端部,拉力方向与手柄杆保持垂直,松开手柄时,拉力计显示的拉力不大于 40 N
	松开锁紧手柄,转动升降手轮,使主轴箱处于任意位置,但不锁紧。用拉力计拉住手轮边缘,拉力方向保持与手轮成切线方向,此时,能够拉动升降手轮转动,从而使主轴箱向上移动的最大拉力应不大于 60 N

续　表

操作方法	操　作　说　明
Z4012A 台式钻床主要参数的整机测试	空试车前锁紧手柄应紧固,主轴箱处于锁紧状态,拆去上罩壳,用手转动 V 带轮,观察主轴转动有无异常、V 带轮和 V 带与其他零件之间有无摩擦干涉的现象。同时,扳动操作手柄,使主轴套筒组件伸出在不同的位置,观察主轴转动有无异常。然后使操作手柄复位,按起动按钮起动电动机,再按停止按钮,使电动机停转,反复测试几次,观察开关控制起停情况,同时应观察电动机的旋转方向是否正确。从上向下观察时,主轴 V 带轮应顺时针旋转
	进行负荷测试前,应完成机床主传动系统最大功率试验和最大抗力试验,并完成钻孔、扩孔、铰孔等实际工作的测试

任务评价

采用自评、小组互评、教师评价相结合的方法,按照考核表进行评价 (表16–13),最后由教师总结。

表16–13　实训考核评价表

序号	考　核　内　容	分值	评　价　标　准	检验结果	得分
1	准备工作充分	10	不充分适当扣分		
2	正确使用工具	10	不合理适当扣分		
3	台式钻床装配方法	20	不正确适当扣分		
4	台式钻床装配质量	20	达不到要求适当扣分		
5	台式钻床装配时间	10	超时适当扣分		
6	台式钻床装配的测试	20	不正确适当扣分		
7	安全文明操作	10	酌情给分		

德技铸匠工坊

实践与训练
看视频 学技术
学榜样 做工匠

第十六章　综合实践
与训练

参 考 文 献

[1] 栾学钢, 韩芸芳. 机械设计基础 [M]. 4 版. 北京: 高等教育出版社, 2019.

[2] 栾学钢, 赵玉奇, 陈少斌. 机械基础 [M]. 2 版. 北京: 高等教育出版社, 2019.

[3] 赵玉奇, 车世明. 机械基础 [M]. 北京: 高等教育出版社, 2008.

[4] 徐刚涛. 机械设计基础 [M]. 北京: 高等教育出版社, 2007.

[5] 胡家秀. 机械设计基础 [M]. 北京: 机械工业出版社, 2008.

[6] 吴联兴. 机械基础练习册 [M]. 北京: 高等教育出版社, 2010.

[7] 濮良贵, 纪名刚. 机械设计 [M]. 8 版. 北京: 高等教育出版社, 2006.

[8] 沙杰. 机械工程实践教程 [M]. 北京: 机械工业出版社, 2013.

[9] 李伟. 装配钳工技术 [M]. 北京: 中国劳动社会保障出版社, 2013.